城镇供水行业职业技能培训系列丛书

变配电运行工
基础知识与专业实务

南京水务集团有限公司　主编

中国建筑工业出版社

图书在版编目（CIP）数据

变配电运行工基础知识与专业实务/南京水务集团有限公司主
编. —北京：中国建筑工业出版社，2019.6
（城镇供水行业职业技能培训系列丛书）
ISBN 978-7-112-23655-8

Ⅰ.①变…　Ⅱ.①南…　Ⅲ.①变电所-电力系统运行-技术培训-
教材　Ⅳ.①TM63

中国版本图书馆 CIP 数据核字(2019)第 081806 号

为更好地贯彻《城镇供水行业职业技能标准》，进一步提高供水行业从业人员
职业技能，南京水务集团有限公司主编了《城镇供水行业职业技能培训系列丛
书》。本书为丛书之一，以变配电运行工岗位应掌握的知识为指导，坚持理论联系
实际的原则，从基本知识入手，系统地阐述了该岗位应该掌握的基础理论与基本
知识、专业知识与操作技能以及安全生产知识。

本书可供城镇供水行业从业人员参考。

责任编辑：何玮珂　于　莉　杜　洁
责任校对：焦　乐

城镇供水行业职业技能培训系列丛书
变配电运行工基础知识与专业实务
南京水务集团有限公司　主编

*

中国建筑工业出版社出版、发行（北京海淀三里河路 9 号）
各地新华书店、建筑书店经销
北京科地亚盟排版公司制版
北京建筑工业印刷厂印刷

*

开本：787×1092 毫米　1/16　印张：18½　字数：458 千字
2019 年 8 月第一版　　2019 年 8 月第一次印刷
定价：**59.00** 元
ISBN 978-7-112-23655-8
（33960）

《城镇供水行业职业技能培训系列丛书》
编委会

主　　编：单国平

副 主 编：周克梅

主　　审：张林生　许红梅

委　　员：周卫东　陈振海　陈志平　竺稽声　金　陵　祖振权
　　　　　黄元芬　戎大胜　陆聪文　孙晓杰　宋久生　臧千里
　　　　　李晓龙　吴红波　孙立超　汪菲　刘　煜　周　杨

主编单位：南京水务集团有限公司

参编单位：东南大学
　　　　　江苏省城镇供水排水协会

本书编委会

主　　编：孙晓杰

副 主 编：孙明飞

参　　编：李　飞　丁亮亮　宁　波

《城镇供水行业职业技能培训系列丛书》
序　　言

　　城镇供水，是保障人民生活和社会发展必不可少的物质基础，是城镇建设的重要组成部分，而供水行业从业人员的职业技能水平又是供水安全和质量的重要保障。1996 年，中国城镇供水协会组织编制了《供水行业职业技能标准》，随后又编写了配套培训丛书，对推进城镇供水行业从业人员队伍建设具有重要意义。随着我国城市化进程的加快，居民生活水平不断提升，生态环境保护要求日益提高，城镇供水行业的发展迎来新机遇、面临更大挑战，同时也对行业从业人员提出了更高的要求。我们必须坚持以人为本，不断提高行业从业人员综合素质，以推动供水行业的进步，从而使供水行业能适应整个城市化发展的进程。

　　2007 年，根据原建设部修订有关工程建设标准的要求，由南京水务集团有限公司主要承担《城镇供水行业职业技能标准》的编制工作。南京水务集团有限公司，有近百年供水历史，一直秉承"优质供水、奉献社会"的企业精神，职工专业技能培训工作也坚持走在行业前端，多年来为江苏省供水行业培养专业技术人员数千名。因在供水行业职业技能培训和鉴定方面的突出贡献，南京水务集团有限公司曾多次受省、市级表彰，并于 2008 年被人力资源和社会保障部评为"国家高技能人才培养示范基地"。2012 年 7 月，由南京水务集团有限公司主编，东南大学、南京工业大学等参编的《城镇供水行业职业技能标准》完成编制（以下简称《标准》），并于 2016 年 3 月 23 日由住房城乡建设部正式批准为行业标准，编号为 CJJ/T 225—2016，自 2016 年 10 月 1 日起实施。该《标准》的颁布，引起了行业内广泛关注，国内多家供水公司对该《标准》给予了高度评价，并呼吁尽快出版配套培训教材。

　　为更好地贯彻实施《城镇供水行业职业技能标准》，进一步提高供水行业从业人员职业技能，自 2016 年 12 月起，南京水务集团有限公司又启动了《标准》配套培训系列丛书的编写工作。考虑到培训系列教材应对整个供水行业具有适用性，中国城镇供水排水协会对编写工作提出了较为全面且具有针对性的调研建议，也多次组织专家会审，为提升培训教材的准确性和实用性提供技术指导。历经两年时间，通过广泛调查研究，认真总结实践经验，参考国内外先进技术和设备，《标准》配套培训系列丛书终于顺利完成编制，即将陆续出版。

　　该系列丛书围绕《城镇供水行业职业技能标准》中全部工种的职业技能要求展开，结合我国供水行业现状、存在问题及发展趋势，以岗位知识为基础，以岗位技能为主线，坚持理论与生产实际相结合，系统阐述了各工种的专业知识和岗位技能知识，可作为全国供水行业职工岗位技能培训的指导用书，也能作为相关专业人员的参考资料。《城镇供水行业职业技能标准》配套培训教材的出版，可以填补供水行业职业技能鉴定中新工艺、新技术、新设备的应用空白，为提高供水行业从业人员综合素质提供了重要保障，必将对整个供水行业的蓬勃发展起到极大的促进作用。

中国城镇供水排水协会

2018 年 11 月 20 日

《城镇供水行业职业技能培训系列丛书》
前　言

　　城镇供水行业是城镇公用事业的有机组成部分，对提高居民生活质量、保障社会经济发展起着至关重要的作用，而从业人员的职业技能水平又是城镇供水质量和供水设施安全运行的重要保障。1996年，按照国务院和原劳动部先后颁发的《中共中央关于建立社会主义市场经济体制若干规定》和《职业技能鉴定规定》有关建立职业资格标准的要求，原建设部发布了《供水行业职业技能标准》，旨在着力推进供水行业技能型人才的职业培训和资格鉴定工作。通过该标准的实施和相应培训教材的陆续出版，供水行业职业技能鉴定工作日趋完善，行业从业人员的理论知识和实践技能都得到了显著提高。随着国民经济的持续、高速发展，城镇化水平不断提高，科技发展日新月异，供水行业在净水工艺、自动化控制、水质仪表、水泵设备、管道安装及对外服务等方面都发展迅速，企业生产运营管理水平也显著提升，这就使得职业技能培训和鉴定工作逐渐滞后于整个供水行业的发展和需求。因此，为了适应新形势的发展，2007年原建设部制定了《2007年工程建设标准规范制订、修订计划（第一批）》，经有关部门推荐和行业考察，委托南京水务集团有限公司主编《城镇供水行业职业技能标准》（以下简称《标准》），以替代1996年版《供水行业职业技能标准》。

　　2007年8月，南京水务集团精心挑选50名具备多年基层工作经验的技术骨干，并联合东南大学、南京工业大学等高校和省住房城乡建设系统的14位专家学者，成立了《城镇供水行业职业技能标准》编制组。通过实地考察调研和广泛征求意见，编制组于2012年7月完成了《标准》的编制，后根据住房和城乡建设部标准司、人事司及市政给水排水标准化技术委员会等的意见，进行修改完善，并于2015年10月将《标准》中所涉工种与《中华人民共和国执业分类大典》（2015版）进行了协调。2016年3月23日，《城镇供水行业职业技能标准》由住房和城乡建设部正式批准为行业标准，编号为CJJ/T 225—2016，自2016年10月1日起实施。

　　《标准》发布后，引起供水行业的广泛关注，不少供水企业针对《标准》的实际应用提出了问题：如何与生产实际密切结合，如何正确理解把握新工艺、新技术，如何准确应对具体计算方法的选择，如何避免因传统观念陷入故障诊断误区，等等。为了配合《城镇供水行业职业技能标准》在全国范围内的顺利实施，2016年12月，南京水务集团启动《城镇供水行业职业技能培训系列丛书》的编写工作。编写组在综合国内供水行业调研成果以及企业内部多年实践经验的基础上，针对目前供水行业理论和工艺、技术的发展趋势，充分考虑职业技能培训的针对性和实用性，历时两年多，完成了《城镇供水行业职业技能培训系列丛书》的编写。

　　《城镇供水行业职业技能培训系列丛书》一共包含了10个工种，除《中华人民共和国执业分类大典》（2015版）中所涉及的8个工种，即自来水生产工、化学检验员（供水）、供水泵站运行工、水表装修工、供水调度工、供水客户服务员、仪器仪表维修工（供水）、供水管道工之外，还有《大典》中未涉及但在供水行业中较为重要的泵站机电设备维修工、变配电运行工2个工种。

本系列丛书在内容设计和编排上具有以下特点：（1）整体分为基础理论与基本知识、专业知识与操作技能、安全生产知识三大部分，各部分占比约为3：6：1；（2）重点介绍国内供水行业主流工艺、技术、设备，对已经过时和应用较少的技术及设备只作简单说明；（3）重点突出岗位专业技能和实际操作，对理论知识只讲应用，不作深入推导；（4）重视信息和计算机技术在各生产岗位的应用，为智慧水务的发展奠定基础。本丛书既可作为全国供水行业职工岗位技能培训的指导用书，也能作为相关专业人员的参考资料。

《城镇供水行业职业技能培训系列丛书》在编写过程中得到了中国城镇供水排水协会的指导和帮助，刘志琪秘书长对编写工作提出了全面且具有针对性的调研建议，也多次组织专家会审，为提升培训教材的准确性和实用性提供了技术指导；东南大学张林生教授全程指导丛书编写，对每个分册的参考资料选取、体量结构、理论深度、写作风格等提出大量宝贵的意见，并作为主要审稿人对全书进行数次详尽的审阅；中国生态城市研究院智慧水务中心高雪晴主任协助编写组广泛征集意见，提升教材适用性；深圳水务集团、广州水投集团、长沙水业集团、重庆水务集团、北京市自来水集团、太原供水集团等国内多家供水企业对编写及调研工作提供了大力支持，值此丛书付梓之际，编写组一并在此表示最真挚的感谢！

丛书编写组水平有限，书中难免存在错误和疏漏，恳请同行专家和广大读者批评指正。

南京水务集团有限公司

2019年1月2日

前　言

随着社会和供水行业的不断发展，现代供水企业对员工综合业务素质和职业技能提出了更高的要求。供水企业中变配电运行工是对（用于生活、生产的）35kV 及以下电压等级变配电设备监视、操作、维护和检修的重要岗位，对保障供水企业的安全生产运行起到关键作用。供水行业职业技能培训是适应社会市场经济发展、完善职业技能鉴定、促进供水行业职业技能开发的一项重要工作。2016 年 3 月住房和城乡建设部发布了《城镇供水行业职业技能标准》CJJ/T 225—2016，该标准对变配电运行工职业技能提出了新的要求。为满足供水职工培训和鉴定的需要，编写组根据标准要求，结合供水行业的特点，编写了本教材。

本教材为城镇供水行业职业技能培训系列丛书之一，以变配电运行工本岗位应掌握的知识为指导，从基本知识入手，系统地阐述了本岗位应该掌握的基础理论与基本知识、专业知识与操作技能以及安全生产知识。本教材广泛吸取了本行业先进理论，结合新技术、新材料在本行业的运行，融合了编者们多年从事岗位实践的经验，着重介绍供配电系统、供电系统的主要设备以及变配电所常见运行维护管理知识，适合本岗位新入职及各等级员工的培训使用。

本书编写组水平有限，教材中难免有错漏，恳请读者和同行专家批评指正。

2019 年 3 月于南京

目　　录

第一篇　基础理论与基本知识

第1章 直流电路

1.1 电路及其基本量

1.1.1 电路

（1）电路及其功能

人们为了达成某种需要将一些电气设备或元器件按照一定方式组合起来，形成一个完整的电流通路，称为电路。电路有很多形式，大到高压输电网，小到硅片上的集成电路，都属于电路范畴，其主要功能为：进行能量的转换、传输和分配；实现信号的传递、存储和处理。本章我们主要学习最基础的直流电路。

如图 1-1 所示为一个由电池、开关、灯泡、导线组成的简单直流电路。当开关合上时，这些元器件形成一个闭合的电路，电池向电路输出电流，电流通过导线流过灯泡，灯泡便能够发光。

为方便识别、研究和设计等，电路通常画成电路图来表示，图中涉及的设备或元器件用国家统一规定的或者相关规范约定的符号表示（详见附录2）。

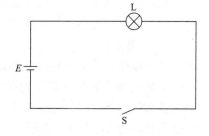

图 1-1　简单直流电路示意图

（2）电路的组成

电路一般由电源、开关、负载和连接导线组成。

电路有三种状态：通路、断路和短路。

通路是指电路形成闭合状态，有电流通过，也可称为闭路；只有在通路状态下，电路才能正常工作。

断路，也可称为开路，是指电路中某处断开，没有形成闭合的电路；断路时电路中没有电流通过。

短路分为两种：电源短路和负载短路。电源短路是指电源两端通过导体直接连在了一起，此时通过电源和导体的电流非常大，会损害电源和导体，是非常危险的；负载短路是指电路中某个负载两端通过导体连在了一起，此时该负载没有电流通过，不能正常工作。有时候人们会将负载短路来对电路进行检查调试，但电源短路一般是不被允许的。

1.1.2 电路的几个基本量

（1）电流

导体中带电粒子的定向有规律的移动就形成了电流。电流是有方向的，习惯上把导体中正电荷移动的方向定义为电流的方向。值得一提的是，通常在导体中移动的是自由电子，它带的是负电荷，因此它的移动方向与电流方向相反。虽然一般金属导体中没有正电荷移动，但从相对的角度来说负电荷的移动也就相当于正电荷的反向移动。

讲到带电粒子，引入一个物理量：电量，通常用符号 Q 表示，电量的单位为库伦，符号为 C。一个电子的电量数值为 1.6×10^{-19} C，任何电量的数值等于这个数值，或者是它的整数倍，因此我们把 1.6×10^{-19} C 称为基本电荷。

电流是有大小的，电流的大小取决于单位时间内通过导体横截面的电量，用 I 来表示电流，用 t 来表示时间，用 Q 来表示时间 t 内通过导体横截面的电量，那么电流的计算公式为：

$$I = \frac{Q}{t} \tag{1-1}$$

式中电量的单位为库伦（C），时间的单位为秒（s），电流的单位为安培（A）。那么 1A 的电流即为导体截面每秒通过的电量为 1C；如果每秒通过导体截面的电量为 10C，那么电流就是 10A。

直流电路中的电流方向不随时间而变化，称此电流为直流电；直流电分两种，一种为方向和大小都不随时间发生改变的电流，称为稳恒电流；另一种为方向不变，但大小随时间变化，称为脉动直流。通常提到的直流电指的是稳恒电流。

（2）电势、电势差与电动势

1）电势

处于电场中某个位置的电荷具有电势能，在电场力的作用下会向低势能点移动。单位正电荷从电场中某点 A 移动到零势能点（一般选取无穷远处或者大地为零势能点）电场力对它所做的功与之所带电量的比值，规定为该点 A 的电势，也可称为电位。零势能点的电势通常规定为 0，因此，电场中某点相对零势能点电势的差，即为该点的电势。电势通常用字母 φ 表示，电势的单位为伏特，符号为 V。

2）电势差

电场中两点之间的电势差也称为电位差，也就是通常所说的电压，电压是衡量电场力做功本领的物理量。电压的单位也是伏特（V），除了伏特外，电压的单位还有千伏（kV）、毫伏（mV）。

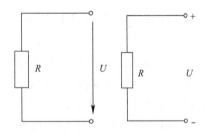

图 1-2　电压的方向表示

在电路中，对于负载来说，规定电流流进端为高电位端，电流流出端为低电位端，电压的方向由高电位指向低电位。电压在电路图中的表示如图 1-2 所示。

3）电动势

在电源外部，电流由电源正极流向电源负极；在电源内部，电源通过非静电力将正电荷由电源负极移送到电源正极，将非静电力做的功与移送电荷量的比值叫做电源的电动势。电动势是衡量电源将非电能转化为电能的本领的物理量。电动势用字母 E 表示，单位也是伏特（V）。

电源的电动势是由电源本身特性决定的，与外部电路无关。电动势的方向规定为：在电源内部由负极指向正极。

（3）电阻

导体对电流的阻碍作用称为电阻，电阻的大小反映出导体对电流阻碍作用的大小。电阻用字母 R 表示，单位为欧姆，简称欧，用符号 Ω 表示。

导体的电阻是导体本身的一种性质，一般来说它的大小取决于导体的材料、长度、横截面积，还与温度有关。实验表明，在温度不变的前提下，用同种材料制成的导线，长度一样时，横截面积越大，电阻值越小，电阻与横截面积成反比；横截面积一样时，长度越长，电阻值越大，电阻与长度成正比。结论可以总结成如下公式：

$$R = \frac{\rho L}{S} \tag{1-2}$$

式中 L 为导体的长度，单位为米（m）；S 为导体的横截面积，单位为平方米（m²）；ρ 为导体的电阻率，单位为欧姆米（$\Omega \cdot m$）。

公式（1-2）中的电阻率 ρ 与导体的几何形状无关，与导体的材料和温度有关，在恒定温度下，对于同一种材料的导体 ρ 是一个常数。不同的导体，有不同的电阻率，同一种导体，在温度不一样时，电阻率也不一样。

根据电阻率的大小，把各种材料分为导体、半导体和绝缘体。表 1-1 给出了一些常见材料在室温（20℃）下的电阻率值。

几种常见材料的电阻率 表 1-1

材料名称		电阻率（$\Omega \cdot m$）	材料名称		电阻率（$\Omega \cdot m$）
导体	银	1.6×10^{-8}	半导体	碳	3.5×10^{-5}
	铜	1.7×10^{-8}		锗	0.6
	金	2.4×10^{-8}		硅	2300
	铝	2.8×10^{-8}	绝缘体	塑料	$10^{15} \sim 10^{16}$
	钨	5.5×10^{-8}		陶瓷	$10^{12} \sim 10^{13}$
	铁	9.8×10^{-8}		云母	$10^{11} \sim 10^{16}$
	铂	1.05×10^{-7}		玻璃	$10^{10} \sim 10^{14}$
	锡	1.14×10^{-7}		石英	7.5×10^{17}
	锰铜	$(4.2 \sim 4.8) \times 10^{-7}$		火漆	5×10^{13}
	康铜	$(4.8 \sim 5.2) \times 10^{-7}$		石蜡	3×10^{16}
	镍铬合金	$(1.0 \sim 1.2) \times 10^{-6}$		橡胶	1×10^{16}

通常情况下，一般金属导体的温度越高，电阻也越大，例如白炽灯的灯丝，不通电情况下电阻为 100Ω 左右，而通电发光时，灯丝温度高达 1700℃，此时灯丝电阻高达 1200Ω。而碳和一些半导体材料的电阻值会随温度的上升而减小。还有一些电阻材料对温度非常敏感，称为热敏电阻，它们能将细微的温度变化转化为电信号，在温度监控领域用途非常广泛。除了热敏电阻外，还有一些特殊的电阻材料，如光敏电阻、压敏电阻、磁敏电阻、湿敏电阻等。

利用导体的电阻可以制作成各种不同用途的电阻器，图 1-3 是几种常见的电阻器。

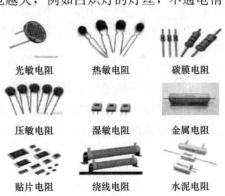

图 1-3 常见的电阻器

在电路中，常用符号—▭—来表示定值电阻，用符号▱来表示可变电阻。

1.2　电路的连接和等效电路

1.2.1　电路的连接

（1）电路的串联

如果某段电路中的各个元件是首尾连接起来的，那么这段电路就是串联连接，如图1-4中开关S、灯泡L_1和L_2就是以串联形式连接在一起。

串联电路有以下几个特点：

1）串联电路只有一条电流路径，各元件顺次相连，没有分支；

2）串联电路中各负载之间相互影响，若有一个负载断路，其他负载也无法工作；

3）串联电路的开关控制着整条串联电路上的负载，并与其在串联电路中的位置无关。

图1-5是一段由n个电阻串联而成的电路。

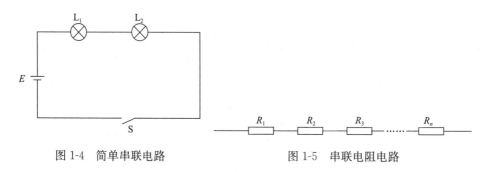

图1-4　简单串联电路　　　　图1-5　串联电阻电路

由串联电路的特点可知流过每个串联电阻的电流都相等，即：

$$I = I_1 = I_2 = \cdots = I_n$$

串联电路两端的总电压等于各个串联电阻两端电压之和，即：

$$U = U_1 + U_2 + \cdots + U_n$$

也可以写成：

$$U = IR_1 + IR_2 + \cdots + IR_n = I(R_1 + R_2 + \cdots + R_n)$$

所以，n个电阻串联的等效电阻为：

$$R = \frac{U}{I} = R_1 + R_2 + \cdots + R_n$$

即串联电路的等效电阻等于各串联电阻值之和。

串联电路中，各个电阻两端分配的电压与电阻值成正比，若已知串联电阻的总电压U以及各个电阻的电阻值R_1、R_2、$\cdots$、R_n，那么分配在其中一个电阻R_x两端的电压为：

$$U_x = \frac{R_x}{R_1 + R_2 + \cdots + R_n}U \tag{1-3}$$

公式（1-3）通常称为串联电路的分压公式。

在实际工作生活中，串联电阻有很多应用。比如当需要一个较大的电阻时，可以将几个较小的电阻串联起来；当某个负载的额定电压低于电源电压时，可以串联一个合适的电阻进行分压；当不希望电路中电流过大时，可以串联一个电阻进行限流。

【例1-1】 把一盏额定电压24V、额定电流2A的白炽灯接入220V的电源，需要串联一个多大的电阻？

解： 由于白炽灯额定电压为24V，直接接入220V电源是不行的，因此，需要串联一个适当的电阻分掉多余的电压，那么电阻两端的电压为：

$$U_2 = E - U_1 = 220 - 24 = 196V$$

由于串联电路中各元件通过的电流相等，串联电阻通过的电流也为2A，因此串联电阻的电阻值R为：

$$R = \frac{U_2}{I} = \frac{196}{2} = 98\Omega$$

所以需要串联一个98Ω的电阻。

（2）电路的并联

如果某段电路中的各个元件并列连接在电路的两点之间，那么这段电路就是并联连接，如图1-6中马路上的路灯电路图，各个路灯L_1、L_2、……、L_n就是并联连接的。

并联电路有以下几个特点：

1）并联电路由干路和若干条支路构成，每条支路各自和干路形成回路，每条支路两端的电压相等；

2）并联电路中各负载之间互不影响，若其中一个负载断路，其他负载仍可正常工作；

3）并联电路中，干路开关控制着所有支路负载，支路开关只控制其所在支路的负载。

图1-7是一段由n个电阻并联而成的电路

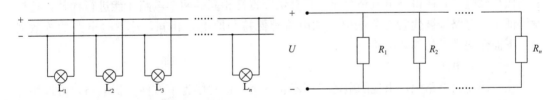

图1-6　路灯电路图　　　　　　　　图1-7　并联电阻电路

由并联电路的特点可知每个电阻两端的电压均相等，即：

$$U_1 = U_2 = \cdots = U_n = U$$

并联电路的总电流等于流过各个支路电阻的电流之和，即：

$$I = I_1 + I_2 + \cdots + I_n = \frac{U}{R_1} + \frac{U}{R_2} + \cdots + \frac{U}{R_n} = U\left(\frac{1}{R_1} + \frac{1}{R_2} + \cdots + \frac{1}{R_n}\right)$$

所以，n个电阻并联的等效电阻为：

$$R = \frac{U}{I} = \frac{1}{\left(\frac{1}{R_1} + \frac{1}{R_2} + \cdots + \frac{1}{R_n}\right)}$$

也可以写成：

$$\frac{1}{R} = \frac{1}{R_1} + \frac{1}{R_2} + \cdots + \frac{1}{R_n} \tag{1-4}$$

即并联电路的等效电阻的倒数等于各并联电阻倒数之和。

若两个电阻并联，则：

$$\frac{1}{R} = \frac{1}{R_1} + \frac{1}{R_2}$$

$$\frac{1}{R} = \frac{R_1 R_2}{R_1 + R_2}$$

在并联电路中通过各支路的电流与该支路的电阻值成反比，电阻值越大的支路流过的电流越小。

并联电路在实际工作生活中应用十分广泛，例如可以并联电阻以获得一个较小的电阻。日常工作生活中的电器大多在某几个固定的额定电压下工作，将额定电压相同的电器采用并联方式接入电路，这样每个电器都有其各自的回路，每个电器的运行停止均不影响其他电器的使用，比如家庭里的冰箱、电灯、空调等，工厂里的各种机器，还有前面提到的马路上的路灯，都是并联连接的。

（3）电路的混联

在一个电路中，既有串联电路又有并联电路称为混联电路；同样，既有电阻串联又有电阻并联称为电阻的混联。只要按照串联电路和并联电路的计算方法，将混联电路进行简化，就能够求得混联电路的等效电阻。但在某些混联电路中，各电阻之间的连接关系并不能一下子看出来，这个时候就要分析电路的连接结构，对电路进行等效变换，使电路中电阻之间的连接关系变得简单明朗，方便进行计算。

1.2.2 等效电路

对电路进行分析计算时，可以将复杂电路的某一部分进行简化，这样可以用一个简单电路代替该电路，使得整个电路简化。只有伏安特性相同的两个电路才能进行代替，这样就保证了该电路未被代替部分的电压和电流都保持与原电路相同，这就是电路的等效概念。下面介绍常见的等效电路。

（1）等效电源

在一些复杂电路中，出现的电源可能不止一个，这时候为了方便分析电路，可以用一个电源来等效替代。电源可分为电压源和电流源，由于实际电源与电压源比较接近，着重介绍一下电压源，电流源不予介绍。

电压源是一个理想电路元件。端电压保持不变，而电流大小由外电路决定，把这种电压源称为直流电压源。一般用图1-8所示符号表示直流电压源，简称电源，其中长线表示电源正端。

电源串联：

图1-9为n个电源串联，可以用一个等效电源代替，这个等效电源电压为：

$$U = U_1 + U_2 + \cdots\cdots + U_n = \sum_{i=1}^{n} U_i \tag{1-5}$$

电源并联：

只有电压相等且极性一致的电源才允许并联。并联电源等效电路为其中任一电源。

（2）等效电阻

电阻有三种连接方式：串联、并联以及混联。在前面内容中已经介绍了电阻的三种连接方式以及等效电阻，这里不再赘述。在实际应用中，电阻还有两种常见的连接方式：Y 形连接（也称为星形连接）和△形连接（三角形连接），如图 1-10 所示。

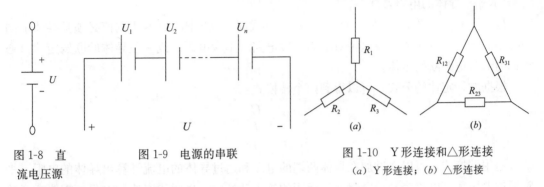

图 1-8　直
流电压源

图 1-9　电源的串联

图 1-10　Y 形连接和△形连接
(a) Y 形连接；(b) △形连接

Y 形连接和△形连接的连接电阻满足以下关系：

根据 Y 形连接电阻确定△形连接电阻：

$$\begin{cases} R_{12} = \dfrac{R_1 R_2 + R_2 R_3 + R_3 R_1}{R_3} \\ R_{23} = \dfrac{R_1 R_2 + R_2 R_3 + R_3 R_1}{R_1} \\ R_{31} = \dfrac{R_1 R_2 + R_2 R_3 + R_3 R_1}{R_2} \end{cases} \tag{1-6}$$

根据△形连接电阻确定 Y 形连接电阻：

$$\begin{cases} R_1 = \dfrac{R_{12} R_{31}}{R_{12} + R_{23} + R_{31}} \\ R_2 = \dfrac{R_{23} R_{12}}{R_{12} + R_{23} + R_{31}} \\ R_3 = \dfrac{R_{31} R_{23}}{R_{12} + R_{23} + R_{31}} \end{cases} \tag{1-7}$$

1.3　电路的基本定理

1.3.1　欧姆定律

（1）部分电路欧姆定律

我们知道，在导体的两端加上电压后，导体中就会产生电流，那么导体中的电流与导体两端所加的电压又有什么关系呢？早在 19 世纪初期德国物理学家欧姆（Georg Simon Ohm，1789—1854）就对这个问题进行过研究，通过一系列的实验表明：通过导体的电流与导体两端的电压成正比，与导体的电阻大小成反比，这就是欧姆定律。用 I 表示通过导体的电流，用 U 表示导体两端的电压，用 R 表示导体的电阻，那么欧姆定律就可以表示为：

$$I = \frac{U}{R} \tag{1-8}$$

式中 I——导体中的电流，A；

$\quad\quad U$——导体两端的电压，V；

$\quad\quad R$——导体的电阻，Ω。

I、U、R 三个物理量必须对应同一段电路或同一段导体，U 和 I 的值必须是导体上同一时刻的电压和电流值。像这种对象为一段电路（不含电源）或一段导体的欧姆定律，通常称为部分电路欧姆定律。

根据欧姆定律的公式，可以得到两个转换式：

$$R = \frac{U}{I}$$

$$U = IR$$

运用转换式，可以通过加在导体两端的电压和通过导体的电流计算出导体的电阻。平常通过电压表、电流表测量电阻就是运用的这个转换式，也叫伏安法测电阻。需要注意的是，导体的电阻是导体本身的特性，它与导体两端的电压和通过导体的电流并无关系，切不可认为导体电阻与电压成正比，与电流成反比。

【例1-2】 给一个电阻两端加上 200V 的电压，测得通过该电阻的电流为 5A，那么这个电阻的电阻值为多少？

解： 此题为已知电压、电流求电阻值，运用公式可得：

$$R = \frac{U}{I} = \frac{200}{5} = 40\Omega$$

这个电阻的电阻值为 40Ω。

运用转换式 $U = IR$，可以通过流过导体的电流和导体的电阻计算出加在导体两端的电压。

【例1-3】 一个电阻值为 25Ω 的电阻，要使通过它的电流为 6A，那么需要在该电阻两端加多大的电压？

解： 此题为已知电阻、电流求电压，运用公式可得：

$$U = IR = 6 \times 25 = 150V$$

需要在电阻两端加 150V 的电压。

注意：在直流电路中应用欧姆定律之前，首先要判断电路中的元件是否为纯电阻，在直流电路中，只有纯电阻才适用欧姆定律。

（2）全电路欧姆定律

图 1-11 是一个最简单的闭合电路图，由电源、电阻组成，如果电源的电动势为 E，电阻为 R，那么运用欧姆定律可以得到此闭合电路的电流为 $I = \frac{E}{R}$，但实际情况是电源内部一般都是有电阻的，这个电阻称为电源内电阻，简称内阻，用符号 r 表示。

将图 1-11（a）转化为图 1-11（b），将虚线框内电源及其内阻称为内电路，内电路之外称为外电路，此时电路中电流为：

$$I = \frac{E}{R + r} \tag{1-9}$$

这就是全电路欧姆定律，也称为闭合电路欧姆定律，内容为：在全电路中电流大小与电源电动势成正比，与整个电路的内外电阻之和成反比。

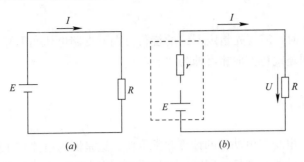

图 1-11　简单闭合电路及其全电路

(*a*) 简单闭合电路；(*b*) 全电路

由公式（1-9）可以得到 $E=IR+Ir$，定义 $U_{外}=IR$，$U_{内}=Ir$，其中 $U_{外}$ 是外电路上总的电压降，也叫做路端电压；$U_{内}$ 是内电路上总的电压降，也叫做内电压。因此全电路欧姆定律公式也可以表示为：

$$E=U_{外}+U_{内}$$

表述为：电源电动势的数值等于闭合电路中内外电路电压降之和。

1.3.2　基尔霍夫定律

能够运用等效转换进行化简、计算的直流电路，称为简单直流电路。但在实际工作中，经常会遇到较为复杂的直流电路，这时就需要运用基尔霍夫定律进行计算。

基尔霍夫定律是电路中电流和电压所遵守的基本定律，该定律主要包含基尔霍夫电流定律以及基尔霍夫电压定律。基尔霍夫定律不但适用于直流电路的分析，也适用于交流电路的分析。

为了说明基尔霍夫定律，先介绍支路、节点以及回路的概念。

支路：电路中分流同一个电流的每一个分支；

节点：两条或两条以上支路的连接点；

回路：电路中任一闭合路径。同时，把回路内不含支路的回路叫做网孔。

（1）基尔霍夫第一定律

在任一时刻，对于电路中的任一节点，都满足所有流出节点的支路电流代数和恒等于零，该定律即为基尔霍夫第一定律，又称基尔霍夫电流定律（Kirchhoff's Current Law，KCL）。根据 KCL，对于任一节点有：

$$\sum I=0 \tag{1-10}$$

KCL 中，代数和是根据电流是流入或流出节点来判断的，若流入节点的电流取"＋"，则流出节点的电流取"－"。因此，KCL 也可以理解为：在任一时刻，对于任一节点，流出节点的支路电流等于流入节点的支路电流，即：

$$\sum I_{in}=\sum I_{out}$$

（2）基尔霍夫第二定律

在任一时刻，沿着任一回路，所有支路电压的代数和恒等于零，该定律即为基尔霍夫第二定律，又称基尔霍夫电压定律（Kirchhoff Voltage Laws，KVL）。根据 KVL，对于任一回路有：

$$\sum U = 0 \tag{1-11}$$

注意：上式取和时，需要先指定回路的绕行方向，支路电压与回路绕行方向相同即为"＋"，支路电压与回路绕行方向相反即为"－"。

1.4　电功与电功率

在电路分析中，电功与电功率的计算非常重要。这是因为电路在工作情况下都伴随着电能与其他形式能量的相互转换；同时，电气设备本身存在功率的限制，在使用时要注意电流及电压是否超过额定值，过载可能会导致设备不能正常工作甚至损坏。

1.4.1　电功

电流通过某段电路所做的功叫电功。电流通过各种电器使其转动、发热、发光、发声等都是电流做功的表现。电流做功的过程，实际就是电能转化为其他形式的能量（机械能、热能、光能等）的过程；电流做多少功，就有多少电能转化为其他形式的能，就消耗了多少电能。其计算公式为：

$$W = UIt \tag{1-12}$$

式中　W——电流通过某段电路所做的功，即电功，J；

U——该段电路的电压，V；

I——通过该段电路的电流，A；

t——该段电路电流通过的时间，s。

电功 W 的单位是焦耳（J），1J 电功即表示在端电压为 1V，电流为 1A 的电路在 1s 内电流做的功。在工作中，电功常用单位是千瓦时（kWh），也就是我们平时所说的度。

$$1kWh = 1000 \times 3600 = 3.6 \times 10^6 J$$

对于纯电阻电路而言，电功也可以表示为：

$$W = I^2 Rt \tag{1-13}$$

1.4.2　电功率

单位时间内消耗的电能称为电功率，简称为功率，用字母 P 表示，功率表达式为：

$$P = \frac{W}{t} \tag{1-14}$$

根据 $W = UIt$，可得：

$$P = UI \tag{1-15}$$

功率的单位为瓦特，用 W 表示。电功率常用的单位还有 kW，$1kW = 1 \times 10^3 W$。功率为 1kW 的设备工作 1h 消耗的电能为 1kWh，即 1 度电。

第2章 交流电路

在直流电路（特指恒稳直流电路，不含脉动直流电路）中，电压、电流、电动势的大小和方向都不随时间而变化，即在直流电路中，电压、电流、电动势是恒定不变的；而在交流电路中，电压、电流、电动势的大小和方向都随时间作周期性变化。这种大小和方向随时间作周期性变化的电，称为交流电（alternating current，AC）。在日常的工作、生活中，使用最多的还是交流电，即使需要直流电的时候，往往也是通过交流电整流得到的。

按照交流电的变化规律，可以把交流电分为正弦交流电以及非正弦交流电两大类。

正弦交流电指的是，大小及方向随时间按照正弦规律变化的交流电。日常使用的交流电就是正弦交流电。图 2-1 所示即为正弦交流电。

非正弦交流电指的是，大小及方向随时间未

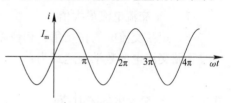

图 2-1　正弦交流电

按照正弦规律变化的交流电。如：方波、三角波、锯齿波等都是非正弦交流电。

2.1　正弦交流电

2.1.1　正弦交流电的特征量

（1）表征正弦交流电变化快慢的物理量有：周期、频率、角频率等。

交流电变化一次所需要的时间称为交流电的周期。周期常用字母 T 表示，单位是秒（s）。

频率是指 1s 内交流电重复变化的次数。频率常用字母 f 表示，单位是赫兹（Hz），简称赫。我国使用的交流电标准频率为 50Hz，因此，50Hz 叫做工频。

角频率是指每秒钟交流电变化的角度。角频率通常用 ω 表示，单位为 rad/s。这里是用弧度来表示角度。

周期、频率、角频率之间满足以下主要关系：

$$T = \frac{1}{f} \ \text{或} \ f = \frac{1}{T} \tag{2-1}$$

$$\omega = 2\pi f \ \text{或} \ f = \frac{\omega}{2\pi} \tag{2-2}$$

式中　ω——交流电的角频率，rad/s；

　　　f——交流电的频率，Hz；

　　　T——交流电的周期，s。

（2）描述正弦交流电大小的物理量有：瞬时值、最大值、最小值等。

瞬时值是指交流电在某一个瞬间的数值。常用小写字母表示，如电流用 i 表示，电压

用 u 表示，电动势用 e 表示。

交流电的最大瞬时值称为交流电的最大值。交流电流最大值用 I_m 表示，交流电压最大值用 U_m 表示，交流电动势最大值用 E_m 表示。

有效值是从热量角度来描述交流电大小的物理量。其定义为：将直流电与交流电分别通过同一等值电阻，在相同的时间内，两者在电阻上产生的热量相等，则此直流电的数值称为交流电的有效值。交流电有效值通常用大写字母表示。交流电有效电流、电压、电动势分别用 I、U、E 表示。

最大值、有效值之间满足以下关系：

$$I = \frac{I_m}{\sqrt{2}} \tag{2-3}$$

式中　I——交流电流有效值；

　　　I_m——交流电流最大值。

（3）正弦交流电的初相角、相位差

正弦交流电的数学表达式为：

$$i = I_m \sin(\omega t + \varphi) \tag{2-4}$$

式中　i——交流电的瞬时值；

　　　I_m——交流电的最大值；

　　　ω——交流电的角频率；

　　　φ——交流电的初相角，即 $t=0$ 时的相位角。

两个同频率正弦交流电的初相角之差称为两个交流电的相位差。在交流电路中，用相位差来表示同频率正弦交流电的相位关系。

注意：幅值、频率、初相角为正弦交流电的三要素。

2.1.2　正弦交流电的加减

正弦交流电用解析式表示时，可以直接加减，这样运算会极其繁琐；一般正弦交流电加减时，将正弦交流电用相量表示，正弦交流电的加减即是相量的加减，相量加减需要遵循平行四边形定则。

2.2　交流电路

2.2.1　单相交流电路

（1）纯电阻交流电路

1）纯电阻电路中电流与电压的关系

纯电阻电路是指电路中只有电阻，这种电路模型与直流电路基本相似。当电阻 R 两端施加交流电压 $u=U_m\sin\omega t$ 时，电阻 R 将通过电流 i，电压与电流满足欧姆定律。

$$i = u/R = \frac{U_m}{R}\sin\omega t = I_m\sin\omega t$$

用电压和电流有效值表示，则 $I=U/R$。

对于纯电阻电路，当外加电压是一个正弦量时，其电流也是同频率的正弦量，并且电压与电流同相位。

2）纯电阻电路的功率

在纯电阻电路中，电压瞬时值与电流瞬时值的乘积叫做瞬时功率。交流电大小随时间不断变化，因此，瞬时功率也是随时间不断变化的，所以瞬时功率没有任何实际意义。用瞬时功率在一个周期内的平均值来衡量交流电功率的大小，这个平均值称为有功功率 P。

对于纯电阻电路而言：

$$P = UI \tag{2-5}$$

式中　P——有功功率，W 或者 kW；

　U、I——交流电压以及交流电流的有效值。

（2）纯电感交流电路

纯电感电路是指电路中只有电感。交流电通过电感线圈时，电流时刻发生变化，电感线圈产生感应电动势，阻碍着电流的变化，这样就形成了对电流的阻碍作用。电感对交流电的阻碍作用叫做感抗，用符号 X_L 表示，单位是 Ω。

由于电感是由自感现象引起的，线圈的自感系数 L 越大，自感作用就越大，因而感抗也就越大；交流电的频率 f 越大，电流的变化率越大，自感作用也越大，感抗也就越大。感抗与自感系数及交流电的频率有如下关系：

$$X_L = \omega L = 2\pi f L \tag{2-6}$$

式中　X_L——线圈的感抗，Ω；

　　f——交流电的频率，Hz；

　　L——自感系数，H。

由公式（2-6）可知，感抗与频率有关，频率越大，感抗越大。

在纯电感电路中，电流有效值 I_L 等于电源有效值除以感抗，即：

$$I_L = \frac{U}{X_L} \tag{2-7}$$

1）纯电感电路中电流与电压的关系

在纯电感电路中，电流与电压的相位关系是：电流滞后电压 $\pi/2$，电压超前电流 $\pi/2$。

2）纯电感电路的功率

纯电感电路瞬时功率为：

$$P_L = u_L i_L = U_m \sin\left(\omega t + \frac{\pi}{2}\right) \times I_{Lm} \sin 2\omega t$$

化简得出：

$$P_L = \frac{1}{2} U_m I_{Lm} \sin 2\omega t \tag{2-8}$$

图 2-2 为纯电感电路瞬时功率的波形图。P_L 波形为一个正弦波，P_L 为正值时，表示线圈从电源吸收电能并把它转换为磁能储存在线圈周围磁场中，此时，线圈起着一个负载的作用；P_L 为负值时，表示线圈把储存的磁能转换为电能而输送回电源，此时，电感起着一个电源的作用。纯电感电路中，在一个周期内，平均功率为零。所以平均功率不能反映线圈能量交换的规模，因此用瞬时功率的最大值反映这种能量交换的规模，并把它称为电路的无功功率，用 Q_L 表示。

$$Q_{\mathrm{L}} = I^2 X_{\mathrm{L}} = \frac{U^2}{X_{\mathrm{L}}} \tag{2-9}$$

无功功率的单位为乏，用符号 var 表示。无功的概念是"交换"的意思，而不是消耗或无用，是相对"有功"而言的。

（3）纯电容交流电路

纯电容电路是指电路中只有电容。当电源电压推动自由电荷向某一方向作定向运动时，电容器两极板上积累的电荷会阻碍它们向这个方向作定向运动，这就产生了电容对交流电的阻碍作用，把这种阻碍作用叫做容抗。容抗用符号 X_{C} 表示，容抗的单位也是 Ω。

在同样的电压下，电容越大，电容器容纳的电荷就越多，充电电流和放电电流就越大，容抗就越小。交流电频率越高，充放电进行的越快，容抗就越小。因此，电容器的容抗与电容及交流电的角频率有以下关系：

$$X_{\mathrm{C}} = \frac{1}{2\pi f C} = \frac{1}{\omega C} \tag{2-10}$$

式中　X_{C}——电容器的容抗，Ω；

　　　　f——交流电频率，Hz；

　　　　ω——交流电的角频率，rad/s；

　　　　C——电容，F。

与感抗类似，容抗也与频率有关，频率越高，容抗越小。

1）纯电容电路中电流与电压的关系

与纯电感电路相反，在纯电容电路中，电流与电压的相位关系是：电流超前电压 $\pi/2$，电压滞后电流 $\pi/2$。

2）纯电容电路的功率

纯电容电路瞬时功率为：

$$P_{\mathrm{C}} = u_{\mathrm{C}} i_{\mathrm{C}} = U_{\mathrm{m}} \sin\omega t \times I_{\mathrm{Cm}} \sin\left(\omega t + \frac{\pi}{2}\right)$$

化简得出：

$$P_{\mathrm{C}} = \frac{1}{2} U_{\mathrm{m}} I_{\mathrm{Cm}} \sin 2\omega t \tag{2-11}$$

图 2-3 为纯电容电路瞬时功率的波形图。P_{C} 波形为一个正弦波，P_{C} 为正值时，表示电容器被充电，从电源吸收电能并把电能储存在电容器电场中，此时，电容器起着一个负载的作用；P_{C} 为负值时，表示电容器放电，把储存在电场中的能量送回电源，此时，电容器起着一个电源的作用。纯电容电路中，在一个周期内，电容器不消耗电能，平均功率为零。所以平均功率不能反映电容器能量交换的规模，因此用瞬时功率的最大值反映这种能量交换的规模，并把它称为电路的无功功率，用 Q_{C} 表示，单位也是 var。

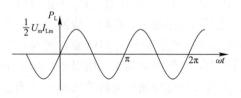
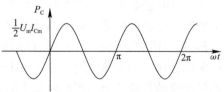

图 2-2　纯电感电路瞬时功率　　　　　　图 2-3　纯电容电路瞬时功率

$$Q_C = I^2 X_C = U^2 / X_C \tag{2-12}$$

（4）复合电路

1）电阻与电感串联交流电路

电阻与电感串联电路中，R、X_L 同时对电流性能的影响，用物理量阻抗 Z 来表示。电阻与电感串联电路阻抗为：

$$Z = \sqrt{R^2 + X_L^2} \tag{2-13}$$

此时，电路呈现感抗性质。

2）电阻与电容串联交流电路

电阻与电容串联电路中，阻抗为：

$$Z = \sqrt{R^2 + X_C^2} \tag{2-14}$$

此时，电路呈现容抗性质。

3）电阻、电感与电容串联交流电路

在实际交流电路中，电阻、电感、电容是同时存在的，电路中有连接导线及电气元件，它们都有电阻；发电机、电动机及变压器都有线圈，有线圈就存在电感；导线与导线之间、导体与设备金属外壳之间都存在电容。所以实际交流电路中，电阻、电感、电容是同时存在的，三个参数都影响电路中电流大小及相位。电阻、电感、电容串联电路中，阻抗为：

$$Z = \sqrt{R^2 + (X_L - X_C)^2} \tag{2-15}$$

式中　Z——交流电路总阻抗；

　　　R——交流电路电阻值；

　　　X_L——交流电路感抗值；

　　　X_C——交流电路容抗值。

串联电路的阻抗有三种情况：当 $X_L > X_C$ 时，电路呈现感抗性质；当 $X_L < X_C$ 时，电路呈现容抗性质；当 $X_L = X_C$ 时，电抗等于零，阻抗最小，电流最大，电流与电压同相，电路呈现纯电阻性质，此时电路发生串联谐振。

在含有电阻、电感、电容的交流电路中，功率有三种：有功功率 P、无功功率 Q 以及视在功率 S。

有功功率反映电路中电阻上消耗的功率，单位是 W 或 kW；

无功功率反映电路上电感、电容能量交换的功率，单位是 var 或 kvar；

视在功率反映电路总的功率情况，单位是 VA 或 kVA。

功率因数 $\cos\varphi$ 与功率之间的关系如下：

$$\cos\varphi = \frac{P}{S} \tag{2-16}$$

式中　φ——功率因数角。

当电阻、电感、电容串联电路中流过同一电流 i 时，电阻上的电压 U_R 与电流同方向，电感上的电压 U_L 超前电流 $\pi/2$，电容上的电压 U_C 滞后电流 $\pi/2$。U_L 与 U_C 相位差为 π，可以相互抵消，因此，合理选择电感与电容参数，使得 U_L 与 U_C 接近，就可以使电压尽可能作用在电阻上。

在高压远距离输电线路上，为了补偿线路的感抗压降，提高线路的末端电压，可以在线路中串入电容器来提高末端电压。

2.2.2　三相交流电的产生及其特性

（1）三相交流电的产生

三相交流电是由三相发电机产生的。三相发电机主要由定子和转子构成，在定子中嵌入三个空间相差 $120°$ 的绕组，每个绕组为一相，合起来为三相绕组。三相绕组始端为 U_1、V_1、W_1，末端为 U_2、V_2、W_2。转子是一对磁极，它们以均匀的角速度 ω 旋转。三相绕组的形状、匝数、尺寸相同，三相绕组分别感应的电动势振幅相等、频率相同。但是由于三个绕组在空间上隔开 $120°$，所以感应电动势在相位上互差 $120°$。若磁感应强度沿转子表面按正弦规律分布，则在三个绕组中分别感应出振幅相等、频率相同、相位互差 $120°$ 的三相正弦交流电动势。

（2）三相交流电的特性

单相交流电路中的电源只有一个交变电动势，对外引出两根线。三相交流电路中有三个交变电动势，它们频率相同，相位上互差 $120°$。三相交流电与单相交流电相比有以下优势：

1）三相发电机比尺寸相同的单相发电机输出的功率要大；

2）三相发电机的结构和制造不比单相发电机复杂多少，运转时比单相发电机振动小，而且使用、维护也比较方便；

3）在相同条件下，输送同样大的功率时，三相输电线比单相输电线可以节省约 25% 的材料。

由于三相交流电有以上优点，所以三相交流电比单相交流电应用更为广泛。

2.2.3　三相电源的连接方式

三相电源的连接方式有两种：星形连接以及三角形连接。

（1）三相电源的星形连接（Y形）

将三相发电机的末端 U_2、V_2、W_2 连接在一起，形成一个公共点，三相绕组的始端 U_1、V_1、W_1 分别引出，这种连接方式称为星形连接。

三相绕组连接在一起的公共点称为中性点，以 N 表示。从三个始端引出的三根导线称为相线。从中性点引出的导线称为中性线。如果中性点接地，则中性点改为零点，用 N_0 表示。由零点引出的导线称为零线。

相线与中性线之间的电压称为相电压，用 U_U、U_V、U_W 表示，相电压有效值用 U_P 表示。两根相线之间的电压称为线电压，用 U_{UV}、U_{VW}、U_{WU} 表示，线电压有效值用 U_L 表示。

采用星形连接时，线电压在数值上是相电压的 $\sqrt{3}$ 倍，即 $U_L = \sqrt{3}U_P$，相位上线电压超前相电压 $30°$；线电流等于相电流，即 $I_L = I_P$。

（2）三相电源的三角形连接（△形）

将三相绕组首尾依次相连，则称为三角形连接。三角形的三个角引出导线即为相线，采用三角形连接时，线电压等于相电压，即 $U_L = U_P$；线电流在数值上是相电流的 $\sqrt{3}$ 倍，即 $I_L = \sqrt{3}I_P$，相位上线电流超前相电流 $30°$。

2.2.4 功率及功率因数

在三相交流电路中，三相负载消耗的总功率等于每相负载消耗的功率之和。即：

$$P = P_U + P_V + P_W = U_U I_U \cos\varphi_U + U_V I_V \cos\varphi_V + U_W I_W \cos\varphi_W$$

式中　　U_U、U_V、U_W——各相电压；

　　　　I_U、I_V、I_W——各相电流；

　$\cos\varphi_U$、$\cos\varphi_V$、$\cos\varphi_W$——各相功率因数。

正常情况下对于对称三相交流电路有：

$$P = 3U_P I_P \cos\varphi \tag{2-17}$$

在实际工作中，由于测量线电流比测量相电流方便，所以三相总有功功率可以用线电压、线电流表示。

$$P = \sqrt{3} U_L I_L \cos\varphi \tag{2-18}$$

有功功率 P、无功功率 Q 以及视在功率 S 之间满足以下关系：

$$S = \sqrt{P^2 + Q^2} \tag{2-19}$$

2.2.5 正弦量的矢量表示

正弦交流电有三种表示方法：解析式表示法、波形图表示法、旋转矢量法。

（1）解析式表示法

正弦交流电的电动势、电压、电流的瞬时表达式就是交流电的解析式。如果知道了交流电的有效值、频率和初相位就可以写出它的解析式，可以算出交流电任何瞬间的瞬时值。

（2）波形图表示法

正弦交流电还可以用与解析式相对应的波形图，即正弦曲线来表示。在波形图上能反映出最大值、初相位及周期等。

（3）旋转矢量法

在线性正弦交流电路中，电源频率单一时，电路中所有电压、电流为同频率正弦量，此时，ω 可以不予考虑，主要研究幅度与初相角的变化。可以用一个有向线段表示正弦量，描述正弦量的有向线段称为矢量，矢量的模（长度）表示正弦量的有效值，矢量的幅角（有横轴的夹角）表示正弦量的初相角。因此，一个正弦量的最大值和初相角确定后，表示它的矢量就可以确定，为了与一般空间向量区别，把表示正弦交流电的这一矢量称为相量，用大写字母加上黑点符号表示。同频率的几个正弦量可以画在同一个图上，这样的图叫做相量图。在实际问题中遇到的都是有效值，因此，把相量图中各个相量长度缩小到原来的 $1/\sqrt{2}$，这样相量图中每个相量都是有效值。

复数及其运算是应用相量法的基础，复数的代数形式为：

$$F = a + jb \tag{2-20}$$

式中 j 为虚单位，$j = \sqrt{-1}$，a 为复数的实部，b 为复数的虚部。

用相量法表示交流电压为：

$$\dot{U} = U\cos\varphi + jU\sin\varphi = Ue^{j\varphi} \tag{2-21}$$

2.2.6　电路的暂态、稳态以及过渡过程

电路在直流或者周期性交流作用下，所产生的各支路电压和电流都是直流或者是幅值恒定的周期性电压或电流，电路的这种状态称为稳定状态，简称为稳态。

电路从一个稳态到另一个稳态要经过一个过程，就是电路的过渡过程。电路在过渡过程中的状态称为暂态。

电路结构或者电路元件参数值发生变化，且电路中存在储能元件时，就会产生过渡过程。电路结构或者电路元件参数值发生变化，称为换路。当电容元件在换路瞬间的电流值为有限值时，电容元件的电压不会发生跃变；当电感元件在换路瞬间的电压值为有限值时，电感元件的电流不会发生跃变。

第 3 章　磁 与 电 磁

磁与电磁之间有密切的联系，几乎所有的电子设备都会用到磁与电磁的基本原理。本章重点介绍电流的磁效应、磁路的基本物理量、磁场对电流的作用及电磁感应内容。

3.1　磁场的基本知识

3.1.1　磁场与磁感线

某些物体能够吸引铁、镍、钴等物质的性质称为磁性。具有磁性的物体称为磁体。磁体分天然磁体和人造磁体两大类。常见的人造磁铁有：条形磁铁、马蹄形磁铁和针形磁铁等。

磁体两端磁性最强的部分称为磁极。可以在水平面内自由转动的磁针，静止后总是一个磁极指南，另一个磁极指北。指北的磁极称为北极 N；指南的磁极称为南极 S。南极和北极总是成对出现并且强度相等。磁极之间存在相互作用力，同名磁极相互排斥，异名磁极相互吸引。

磁场——在磁体周围的空间中存在的一种特殊物质。磁极之间的作用力就是通过磁场进行传递的。

磁感线——磁场中画出的一些有方向的曲线，在这些曲线上，每一点的切线方向就是该点的磁场方向，也就是放在该点的磁针 N 极所指的方向。磁感线的方向：在磁体外部由 N 极指向 S 极，在磁体内部由 S 极指向 N 极。

3.1.2　磁场的基本物理量

大家知道，通过电流的导线周围存在着磁场，如图 3-1 所示。当线圈有电流通过时，也存在着磁场，用以产生磁场的电流称为励磁电流，磁场的方向与励磁电流方向之间的关系用右手螺旋定则判定，用右手握住线圈，弯曲的四指表示电流方向，伸直的拇指所指的方向则是磁场方向，如图 3-2 所示。

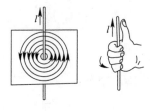

图 3-1　电流周围磁场

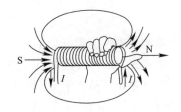

图 3-2　右手螺旋定则

（1）磁感应强度 B

通电导体在磁场中所受到的电磁力 F，除了与电流强度和垂直于磁场的导线长度 l 成正比以外，还和磁场的强弱有关。用以表示某点磁场强弱的量称为磁感应强度，用 B 表示。在数值上它等于垂直于磁场的单位长度导体通以单位电流所受的电磁力，即：

$$B = \frac{F}{Il} \tag{3-1}$$

磁感应强度是一个矢量，它的方向即为磁场的方向。各点的磁感应强度大小相等、方向相同的磁场为均匀磁场。磁感应强度的单位为 T（特斯拉）或 Wb/m^2（韦伯/米^2）。

（2）磁通 Φ

磁感应强度表征了磁场中某一点磁场的强弱和方向，但在工程上常涉及某一截面上总磁场的强弱，为此引入磁通的概念。穿过磁场中某一个截面的磁感应强度矢量叫做磁通。穿过垂直于磁场方向某一个截面的磁通 Φ 等于磁感应强度 B（如果不是均匀磁场，则取 B 的平均值）与该面积 S 的乘积，如图 3-3 所示。磁通表达式为：

$$\Phi = BS \tag{3-2}$$

磁场的单位为 Wb（韦伯）。将公式（3-2）写成：

$$B = \frac{\Phi}{S} \tag{3-3}$$

则磁感应强度 B 等于单位面积上穿过的磁通，故又称为磁通密度。

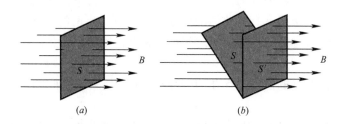

图 3-3　磁通示意图

（a）磁场垂直穿过平面；（b）磁场斜穿过平面

（3）磁导率 μ

不同的介质对磁场的影响不同，影响的程度与介质的导磁性能有关。磁导率是用来表示磁场中介质导磁性能的物理量，决定于介质对磁场的影响程度。磁导率的单位是 H/m（亨/米）。由实验测得，真空的磁导率为 $\mu_0 = 4\pi \times 10^{-7}\, H/m$。

μ_0 是一个常数。其他介质的磁导率 μ 与真空的磁导率 μ_0 的比值，称为该介质的相对磁导率 μ_r，即：

$$\mu_r = \frac{\mu}{\mu_0} \tag{3-4}$$

μ_r 越大，介质的导磁性能越好。

根据相对磁导率的大小，可把物质分为三类：

顺磁物质：相对磁导率稍大于 1。如空气、铝、铬、铂等。

反磁物质：相对磁导率稍小于 1。如氢、铜等。

铁磁物质：相对磁导率远大于 1，其可达几百甚至数万以上，且不是一个常数。如铁、钴、镍、硅钢、坡莫合金、铁氧体等。

铁磁物质广泛应用在变压器、电动机、磁电式电工仪表等电工设备中，只要在线圈中通较小的电流，就可产生足够大的磁感应强度。

（4）磁场强度 H

上述分析表明：磁感应强度与介质有关，即对于通有相同电流的同样导体，在不同介质中，磁感应强度不同。而介质对磁场的影响，常常使磁场的分析变得复杂。为了分析电流和磁场的依存关系，人们又引入一个把电和磁通量沟通起来的辅助量，叫做磁场强度，用符号 H 表示。磁场中某点的磁场强度 H，就是该点磁感应强度与介质磁导率 μ 的比值，即：

$$H = \frac{B}{\mu} \tag{3-5}$$

从某种意义上讲磁场强度 H 是电流建立磁场能力的量度。如图 3-4 所示，载流直导体周围点 P 的磁场强度可由公式（3-3）和公式（3-5）得到，即：

$$H = \frac{I}{2\pi r} \tag{3-6}$$

显然，磁场强度的大小与周围介质无关，仅与电流和空间位置有关。它的方向与该点的磁感应强度方向一致。磁场强度的单位是 A/m（安/米）。

【例 3-1】 如图 3-4 所示，通过 2A 电流的长直导线置于空气中，求距该导线 20cm 处的磁场强度和磁感应强度。

解： $H = \dfrac{B}{\mu} = \dfrac{I}{2\pi r} = \dfrac{2}{2 \times 3.14 \times 0.2} = 1.59 \text{A/m}$

因为空气中 $\mu = \mu_0$，所以，$B = \mu_0 H = 4\pi \times 10^{-7} \times 1.59 = 2 \times 10^{-6} \text{T}$

载流螺线管内部磁场可近似地看成匀强磁场。如图 3-5 所示，如果螺线管的匝数为 N，长度为 L，电流为 I，实验证明，其内部磁场强度为：

$$H = \frac{NI}{L} \tag{3-7}$$

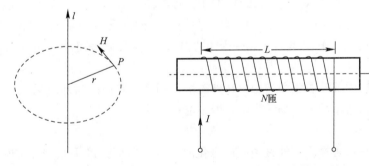

图 3-4　载流直导体的磁场　　　　图 3-5　载流螺线管的磁场

3.1.3 磁路

变压器、电动机等电工设备，为了获得较强的磁场，常常将线圈缠绕在有一定形状的铁芯上。铁芯具有良好的导磁性能，能使绝大部分磁通经铁芯形成一个闭合通路。线圈通以励磁电流产生磁场，这时铁芯被线圈磁场磁化产生较强的附加磁场，它叠加在线圈磁场上，使磁场大为加强。这种在铁芯内形成的闭合路径称为磁路。图 3-6（a）为一变压器的磁路。由于铁磁材料有较高的磁导率，所以大多数磁通是在磁路中形成闭合回路的，这部分磁通称为主磁通，用 Φ 表示。而小部分磁通不经磁路而在周围的空气中形成闭合回路，这部分磁通称为漏磁通，用 Φ_o 表示。磁路问题的实质是局限在一定路径内的磁场问题。在实际应用中，由于漏磁通很少，有时可忽略不计它的影响。

常见的几种电工设备的磁路如图 3-6 所示，图中的磁通可以由励磁电流产生，也可以由永磁体产生。磁路可以有气隙，如图 3-6（b）、（c）、（d）所示；也可以没有气隙，如图 3-6（a）所示。

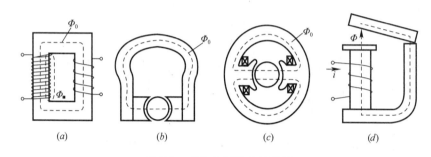

图 3-6　几种电工设备的磁路

（a）变压器；（b）电磁式仪表；（c）直流电机；（d）电磁铁

（1）铁磁材料的性能

使原来没有磁性的物质具有磁性的过程称为磁化。只有铁磁物质才能被磁化，而非铁磁物质是不能被磁化的。这是因为铁磁物质可以看作是由许多被称为磁畴的小磁体所组成的。

在无外磁场作用时，磁场排列杂乱无章，磁性互相抵消，对外不显磁性；但在外磁场作用下，磁场就会沿着外磁场方向变成整齐有序的排列，所以整体也就具有了磁性。

在外磁场作用下，铁磁物质内部磁场的方向与外磁场方向趋于一致，形成与外磁场方向相同的附加磁场，从而使铁磁物质内部的磁场显著增强，这就是铁磁物质的磁化。外磁场越强，与外磁场方向一致的磁场数量越多，附加磁场也越强。当外磁场增大到一定程度，全部磁场都转到与外磁场一致的方向时，附加磁场可比外磁场强几百倍，甚至数千倍。

非铁磁物质内部没有磁场结构，在外磁场作用下，它们的附加磁场很不显著。故一般认为，非铁磁物质不受外磁场的影响，即不能被磁化。

（2）磁化曲线

磁化曲线是铁磁物质在外磁场中被磁化时，其磁感应强度 B 随外磁场强度 H 的变化而变化的曲线，即 B-H 曲线。磁化曲线可由实验测定。

1）起始磁化曲线

从 $H=0$、$B=0$ 开始，未磁化过的铁磁材料的磁化曲线，称为起始磁化曲线，如图 3-7 中的曲线①所示。图中 H 和 B 分别为外磁场的磁场强度和铁磁材料内的磁感应强度。从曲线①可以看出，在 oa 段，随外磁场强度 H 的增大，磁感应强度 B 增加较慢，这时，铁磁材料内的磁场在微弱的外磁场作用下，只发生了微微的转向，B 随 H 的增加近似为线性；在 ab 段，随 H 的增大，B 迅速增加，铁磁材料内的磁场在足够强的外磁场作用下，随外磁场方向发生了明显的转向，产生了明显的附加磁场；在 bc 段，随 H 的增大，B 的增加又趋于缓慢；c 点以后，H 继续增大，B 则基本保持不变，曲线进入饱和阶段，这是因为外磁场增大到一定程度，磁场已全部转向外磁场方向，外磁场再增强，附加磁场已不可能随之进一步增强的缘故。显然，铁磁材料的 B 与 H 的关系是非线性的。

由于 B 与 H 关系的非线性，铁磁物质的磁导率 μ 不是常数，而是随外磁场强度 H 的变化而变化的。图 3-7 中的曲线②是铁磁材料的 μ-H 曲线，曲线③则是非铁磁材料的 B_0-H 曲线。

2）磁滞回线

铁磁材料在反复磁化过程中的 B-H 曲线称为磁滞回线，如图 3-8 所示。上述磁化过程进行到磁化曲线的 c 点，即 B 达到最大值 B_m 后，此时外磁场强度为 H_m，若转而逐步减小 H，则 B 也随之从 B_m 下降，但并不沿原来的 B-H 曲线下降，而是沿另一条曲线 cd 下降。当 $H=0$ 时，$B=B_r\neq0$（见曲线上的 d 点），B_r 称为剩余磁感应强度，简称剩磁。直到外磁场强度 H 反向增加到 $-H_c$ 时，B 才等于零（见曲线上的 e 点），剩磁消除。消除剩磁所需的反向磁场强度的大小 H_c 称为矫顽力。继续增大反向磁场强度到 $-H_m$，B 也相应反向增至 $-B_m$（见曲线上的 f 点）。再使 H 返回零（见曲线上的 g 点），并又从零增至 H_c（见曲线上的 h 点），再增至 H_m。即可得到图 3-8 所示的一条闭合曲线。由于在反复磁化过程中，磁感应强度 B 的变化滞后于磁场强度 H 的变化，故称这条闭合曲线为磁滞回线。

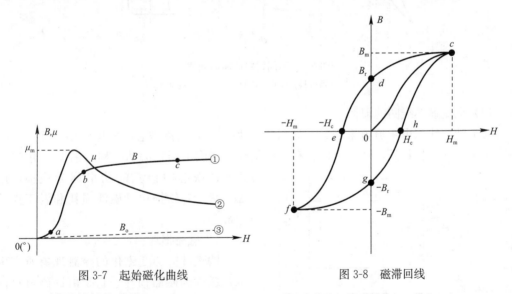

图 3-7　起始磁化曲线　　　　　　　　　图 3-8　磁滞回线

（3）铁磁材料的分类

不同的铁磁材料具有不同的磁滞回线，剩磁和矫顽力也不相同。因此，它们的用途不同。

铁磁材料按其磁滞回线形状及其在工程上的用途一般分为软磁材料、硬磁材料、矩磁材料三类。

1）软磁材料

软磁材料的剩磁（B_r）和矫顽力（H_c）较小，但磁导率却较高，易于磁化，磁滞回线狭窄，如图 3-9（a）所示。常用的软磁材料有纯铁、铸铁、铸钢、硅钢、坡莫合金、铁氧体等。变压器、电机和电工设备中的铁芯都采用硅钢片制作；收音机接收线圈的磁棒、中频变压器的磁芯等用的材料是铁氧体。

2）硬磁材料

硬磁材料的剩磁（B_r）和矫顽力（H_c）都较大，被磁化后其剩磁不易消失，磁滞回线较宽，如图 3-9（b）所示。常用的硬磁材料有碳钢、钨钢、钴钢及镍钴合金等。硬磁材料适宜作永久磁铁，许多电工设备如磁电式仪表、扬声器、受话器等都是用硬磁材料制作的。

3）矩磁材料

矩磁材料的磁滞回线接近矩形，如图 3-9（c）所示。它的特点是在较弱的磁场作用下也能磁化并达到饱和，当外磁场去掉后，磁性仍保持饱和状态，剩磁（B_r）很大，矫顽力（H_c）较小。矩磁材料稳定性良好且易于迅速翻转，主要用作记忆元件，如计算机存储器的磁芯等。

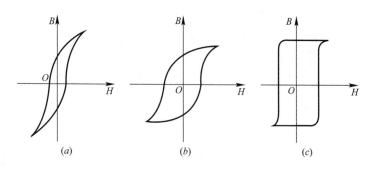

图 3-9　不同材料的磁滞回线

（a）软磁材料；（b）硬磁材料；（c）矩磁材料

（4）交流铁芯线圈的损耗

交流铁芯线圈由交流电来励磁，如图 3-10 所示。在交流铁芯线圈电路中，除了在线圈电阻上有功率损耗外，铁芯中也会有功率损耗。线圈上损耗的功率称为铜损，用 ΔP_{Cu} 表示；铁芯中损耗的功率称为铁损，用 ΔP_{Fe} 表示，铁损包括磁滞损耗和涡流损耗两部分。

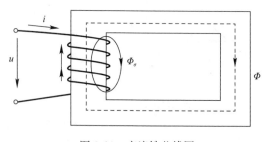

图 3-10　交流铁芯线圈

1）磁滞损耗

铁磁材料交变磁化的磁滞现象所产生的损耗称为磁滞损耗。它是由铁磁材料内部磁场反复转向，磁场间相互摩擦引起铁芯发热而造成的损耗，与磁滞回线所包围的面积成正比。为了减小磁滞损耗，铁芯均由软磁材料制成。

2）涡流损耗

铁磁材料不仅有导磁能力，也有导电能力，因而在交变磁通的作用下铁芯内将产生感应电动势和感应电流，感应电流在垂直于磁通的铁芯平面内围绕磁感线呈旋涡状，如图 3-11（a）所示，故称为涡流。涡流使铁芯发热，其功率损耗称为涡流损耗。

为了减小涡流，采用硅钢片叠成的铁芯，硅钢片不仅有较高的磁导率，还有较大的电阻率，可使铁芯的电阻增大，涡流减小，同时硅钢片的两面均有氧化膜或涂有绝缘漆，使各面之间互相绝缘，可以把涡流限制在一些狭长的截面内流动，从而减小了涡流损耗，如图 3-11（b）所示。所以各种交流电机、电器和变压器的铁芯普遍用硅钢片叠成。

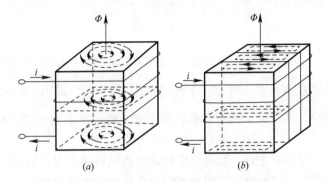

图 3-11　铁芯中涡流
（a）普通铁磁材料铁芯涡流示意图；（b）硅钢片叠成的铁芯涡流示意图

综上所述，交流铁芯线圈电路的功率损耗为：

$$\Delta P = \Delta P_{Cu} + \Delta P_{Fe} \tag{3-8}$$

3.1.4　磁场的基本定律

（1）安培环路定理

我们已经知道，载流直导体周围的磁场强度的大小与周围介质无关，仅与电流和空间位置有关。以直导体为圆心，半径为 r，载流直导体周围的某点 a 磁场强度为：

$$H = \frac{I}{2\pi r}$$

可以写成：$2\pi rH = lH = I$

式中 l 为包围电流 I 的闭合曲线。假设有一环形铁芯磁路，上面绕有 N 匝线圈，通电电流为 I，如图 3-12 所示。

取环中心的磁感线作为闭合曲线，可以得到磁场强度与电流的关系为：

$$Hl = NI$$

写成一般形式为：

$$\oint Hdl = \sum I \tag{3-9}$$

公式（3-9）便是有磁介质的安培环路定理。它表明，磁场强度的环流只和通电电流有关，能够比较方便地处理有磁介质存在时的磁场问题。无论空间有无磁介质存在，公式（3-9）都能适用。

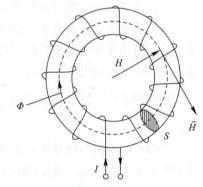

图 3-12　闭合曲线

（2）磁路欧姆定律

无分支磁路由某种铁磁材料构成，其横截面积为 S，平均长度为 L。当平均长度 L 远远大于横截面的线型尺寸时，就可以近似地认为磁通在横截面 L 上的分布是均匀的，即磁路内部是匀强磁场，则磁通的大小为：

$$\Phi = BS$$

如果通电线圈的匝数为 N，磁路的平均长度为 L，线圈中的电流为 I，那么螺线管线圈内的磁场强度为：

$$\Phi = \frac{NI}{\dfrac{l}{\mu S}} = \frac{F}{R_{\mathrm{m}}} \tag{3-10}$$

公式（3-10）在形式上与电路欧姆定律相似，所以称为磁路欧姆定律。式中 $F = NI$ 称为磁动势，其单位为 A·匝，由它产生磁通；$R_{\mathrm{m}} = \dfrac{l}{\mu S}$ 称为磁阻，单位为 H^{-1}，表示磁路对磁通阻碍作用的大小。由于铁磁物质的磁导率 μ 随励磁电流而变，所以磁阻 R_{m} 是个变量。

磁路与电路有很多相似之处：如磁路中的磁通由磁通势产生，而电路中的电流由电动势产生；磁路中有磁阻，它使磁路对磁通起阻碍作用，而电路中有电阻，它使电路对电流起阻碍作用。

磁阻与磁导率 μ、磁路截面积 S 成反比，与磁路长度 l 成正比，而电阻也与电阻率 ρ、电路导线截面积 S 成反比，与电路长度成正比。

必须注意，虽然磁路与电路具有对应关系，但两者的物理本质是不同的。如电路开路时，有电动势存在但可无电流；而在磁路中，即使磁路中存在气隙，但只要有磁动势就必有磁通。在电路中，直流电流通过电阻时要消耗能量；而在磁路中，恒定磁通通过磁阻时并不消耗能量。

3.2　电磁感应

3.2.1　磁场对电流的作用

磁场中的载流导体要受到力的作用，这是磁场的重要特性。

（1）磁场对通电直导体的作用

通常把通电导体在磁场中受到的力称为电磁力，也称安培力。通电直导体在磁场中的受力方向可用左手定则来判断。把一段通电直导体放入磁场中，当电流方向与磁场方向垂直时，导体所受的电磁力最大。

利用磁感应强度的表达式 $B = \dfrac{F}{IL}$，可得电磁力的计算式为：

$$F = BIl \tag{3-11}$$

如果电流方向与磁场方向不垂直，而是有一个夹角 α，如图 3-13 所示，这时通电直导体的有效长度为 $l\sin\alpha$。电磁力的计算式变为：

$$F = BIl\sin\alpha \tag{3-12}$$

（2）通电平行直导线间的作用

两条相距较近且相互平行的直导线，当通以相同方向的电流时，它们相互吸引；当通以相反方向的电流时，它们相互排斥。

判断受力时，可以用右手螺旋法则判断每个电流产生的磁场方向，再用左手定则判断另一个电流在这个磁场中所受电磁力的方向。

发电厂或变电所的母线排就是这种互相平行的载流直导体，为了使母线不致因短路时所产生的巨大电磁力作用而受到破坏，所以每间隔一定距离就安装一个绝缘支柱，以平衡电磁力。

（3）磁场对通电线圈的作用

磁场对通电矩形线圈的作用是电动机旋转的基本原理。当线圈平面与磁感线平行时，如图 3-14 所示，线圈在 N 极一侧的部分所受电磁力向下，在 S 极一侧的部分所受电磁力向上，线圈按顺时针方向转动，这时线圈所产生的转矩最大。当线圈平面与磁感线垂直时，电磁转矩为零，但线圈仍靠惯性继续转动。通过换向器的作用，与电源负极相连的电刷 A 始终与转到 N 极一侧的导线相连，电流方向为由 A 流出线圈；与电源正极相连的电刷 B 始终与转到 S 极一侧的导线相连，电流方向为由 B 流入线圈。因此，线圈始终能按顺时针方向连续旋转。

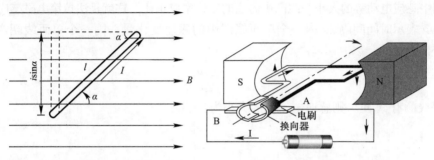

图 3-13　载流直导体在磁场中受力　　　图 3-14　磁场对通电线圈作用

3.2.2　楞次定律

（1）电磁感应现象

如图 3-15 所示，将一条形磁铁放置在线圈中，当其静止时，检流计的指针不偏转，但将它迅速地插入或拔出时，检流计的指针都会发生偏转，说明线圈中有电流。

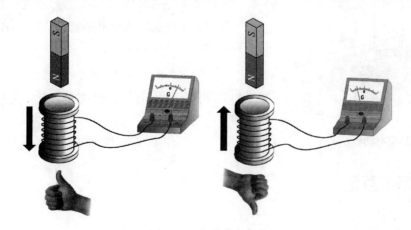

图 3-15　电磁感应实验

这种利用磁场产生电流的现象称为电磁感应现象，用电磁的方法产生的电流称为感应电流，产生感应电流的电动势称为感应电动势。

（2）楞次定律

右手定则可以判定闭合回路中导体在磁场中切割磁力线运动时，产生感应电流的方向。

在线圈回路中产生感应电动势和感应电流的原因是由于磁铁的插入和拔出导致线圈中的磁通发生了变化。

楞次定律指出了磁通的变化与感应电动势在方向上的关系，即：感应电流产生的磁通总是阻碍原磁通的变化。在其他电磁感应的实验中，也同样存在共同的规律。楞次从大量的实验中总结出如下结论：感应电流具有这样的方向，即感应电流的磁场总是阻碍引起感应电流的磁通量的变化。它是判断感应电流方向普遍适用的规律。

（3）法拉第电磁感应定律

在上述实验中，如果改变磁铁插入或拔出的速度，就会发现，磁铁运动速度越快，指针偏转角度越大，反之越小。而磁铁插入或拔出的速度，反映的是线圈中磁通变化的速度。即：线圈中感应电动势的大小与线圈中磁通的变化率成正比。这就是法拉第电磁感应定律。

用 $\Delta\Phi$ 表示时间间隔 Δt 内一个单匝线圈中的磁通变化量，则一个单匝线圈产生的感应电动势的大小为：

$$e = \frac{\Delta\Phi}{\Delta t}$$

如果线圈有 N 匝，则感应电动势的大小为：

$$e = N\frac{\Delta\Phi}{\Delta t} \tag{3-13}$$

3.2.3　直导线切割磁感线产生感应电动势

（1）感应电动势的方向

感应电动势的方向可用右手定则判断。平伸右手，大拇指与其余四指垂直，让磁感线穿入掌心，大拇指指向导体运动方向，则其余四指所指的方向就是感应电动势的方向。如图 3-16 所示。

（2）感应电动势的大小

当导体、导体运动方向和磁感线方向三者互相垂直时，导体中的感应电动势为：

$$e = Blv$$

如果导体运动方向与磁感线方向有一夹角 α，则导体中的感应电动势为：

$$e = Blv\sin\alpha$$

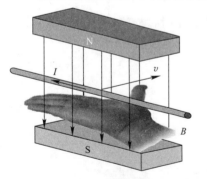

图 3-16　感应电动势方向判断

3.3　自感与互感

3.3.1　自感电动势

（1）自感现象

通过图 3-17 的实验来研究自感现象。在图 3-17（a）所示的电路中，HL1 和 HL2 是完全相同的两个灯泡，将 SA 闭合的瞬间，可以观察到灯泡 HL1 比跟线圈串联的灯泡 HL2 先亮。怎样解释这种现象呢？原来，当开关闭合时，电路中的电流由零增大，在灯泡 HL2 支路中，电流增大使穿过线圈的磁通也随着增加，由电磁感应定律可知，线圈中定要产生感应电动势；根据楞次定律可知，感应电动势要阻碍线圈中电流增加，因此灯泡 HL2 比灯泡 HL1 亮得迟缓些。

在图 3-17 （b）中，把灯泡和铁芯线圈并联接到直流电源上。将开关闭合灯泡正常发光；在切断电源的瞬间，灯泡不是立即熄灭，而是发出更强的光，然后才熄灭。其原因是切断电源时，线圈产生很大的感应电动势；尽管外电源被切断，线圈与灯泡组成闭合回路，线圈中的感应电动势在回路中产生很强的感应电流，使灯泡发出短暂的强光。

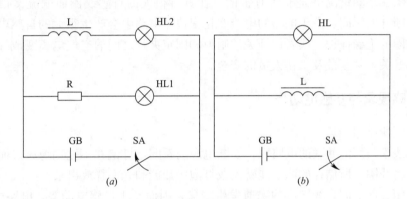

图 3-17　自感实验电路
（a）灯泡串联电感启动实验；（b）灯泡并联电感熄灭实验

从上述两个实验可以看出，当线圈中的电流发生变化时，线圈中就会产生感应电动势，这个电动势总是阻碍线圈中原来电流的变化。

这种由于流过线圈本身的电流发生变化而引起的电磁感应现象称为自感现象，简称自感。

在自感现象中产生的感应电动势称为自感电动势，用 e_L 表示，自感电流用 i_L 表示。

（2）自感系数

自感电流产生的磁通称为自感磁通。

一个线圈中通过单位电流所产生的自感磁通称为自感系数（简称电感），用 L 表示，即：

$$L = N \frac{e_L}{I} \tag{3-14}$$

自感的单位是亨利，用 H 表示。常采用较小的单位有毫亨（mH）和微亨（μH）。

线圈的电感是由线圈本身的特性决定的。线圈越长，单位长度上的匝数越多，截面积越大，电感就越大。有铁芯的线圈，其电感要比空心线圈的电感大得多。

有铁芯的线圈，其电感也不是一个常数，称为非线性电感。电感为常数的线圈称为线性电感。空心线圈当其结构一定时，可近似地看成线性电感。

（3）自感电动势

自感现象是电磁感应现象的一种特殊情况，遵从法拉第电磁感应定律。

$$e_L = -L \frac{\Delta I}{\Delta t} \tag{3-15}$$

由公式（3-15）可知，自感电动势的大小与电流变化成正比。公式中的负号是由楞次定律决定的，表明自感电动势总是企图阻止电流的变化。

自感电流的方向可根据楞次定律来判断。得出"增反减同"的规律。

自感现象广泛应用于各种电气设备和电子技术中，利用线圈具有阻碍电流变化的特点，可以稳定电路中的电流。日光灯电路中利用镇流器的自感现象，获得点燃灯管所需要的高压，并且使日光灯正常工作。无线电设备中常用电感线圈和电容的组合构成谐振电路和滤波器等。

自感现象在某些情况下是非常有害的。在具有很大的自感线圈而电流又很强的电路中，在电路断开的瞬间，由于电路的电流变化很快，电路中会产生很大的自感电动势，可能会击毁线圈的绝缘保护，或者使开关的闸刀和固定夹片之间的空气电离变成导体，产生电弧而烧坏开关，甚至危及工作人员的安全。

3.3.2　互感现象与互感电动势

（1）线圈所储存能量

在电感线圈与灯泡并联的电路中，切断电源的瞬间，灯泡并不立刻熄灭，而是发出短暂的强光，将线圈中所储存的磁场能转换成灯泡的热能和光能释放出来。

在开关闭合的瞬间，线圈内的磁通发生变化，因而产生自感电动势，电路中的电流 i 不能立刻由 0 变到稳定值 I。应用楞次定律可以判定出，自感电动势的极性与电源电动势的极性刚好相反。这样，电源电动势不仅要供给电路中因产生热量所消耗的能量，还要反抗自感电动势做功，并把它转化为磁场能，储存在线圈的磁场中，电流达到稳定值以后，磁通也达到稳定值，自感现象随之结束，电源不再反抗自感电动势做功，线圈的磁场能达到稳定值。理论和实验证明，线圈中的磁场能量为：

$$W_L = \frac{1}{2} L I^2 \tag{3-16}$$

式中　L——线圈的电感，H；

　　　I——通过线圈的电流，A；

　W_L——线圈中的磁场能量，J。

公式（3-16）表明，当线圈通有电流时，线圈就要储存磁场能，其大小与电流的平方成正比：L 一定时，通过线圈的电流越大，线圈储存的磁场能量越多。

（2）互感现象和互感电动势

通过如图 3-18 所示的实验来研究互感现象。线圈 A 和滑动变阻器 AP、开关串联以后接到电源 E 上，线圈 B 的两端分别和灵敏电流计的两个接线柱连接，当开关 SA 闭合或断开的瞬间，电流计的指引发生偏转；并且指针偏转的方向相反，说明电流方向相反。当开关闭合后，迅速改变滑动变阻器的电阻值，电流计的指针也会左右偏转，而且电阻值变化的速度越快，电流计指针偏转的角度越大。

实验表明，线圈 A 中的电流发生变化时，电流产生的磁场也要发生变化，通过线圈的磁通也要随之变化，其中必然有一部分磁通通过线圈 B，这部分磁通叫做互感磁通。互感磁通同样随着线圈 A 中电流的变化而变化，因此，线圈 B 中要产生感应电动势。同样，如果线圈 B 中的电流发生变化，也会使线圈 A 中产生感应电动势。这种现象叫做互感现象，所产生的感应电动势叫做互感电动势，用 e_M 来表示。

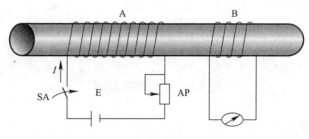

图 3-18　两个线圈间的互感

线圈 B 中互感电动势的大小不仅与线圈 A 中电流变化率的大小有关，而且还与两个线圈的结构以及它们之间的相对位置有关。当两个线圈相互垂直时，互感电动势最小。当两个线圈互相平行，且第一个线圈的磁通变化全部影响到第二个线圈时，称为全耦合，互感电动势最大。

线圈 B 中互感电动势的大小为：

$$e_{M2} = M \frac{\Delta I_1}{\Delta t} \tag{3-17}$$

式中　M——互感系数，简称互感，H。

互感电动势的方向用楞次定律判定。互感系数由这两个线圈的几何形状、尺寸、匝数以及它们之间的相对位置决定，与线圈中电流的大小无关。

在电力工程和无线电技术中，互感有着广泛的应用。应用互感可以很方便地把能量或信号由一个线圈传递到另一个线圈，我们使用的电力变压器、小型变压器、钳形电流表等都是根据互感原理工作的。

互感有时也会带来害处，例如，有线电话常常会由于两路电话间的互感而引起串音。无线电设备中，若线圈位置安放不当，会造成线圈间相互干扰，影响设备正常工作。在这种情况下就需要设法避免互感的干扰。

（3）互感线圈的同名端

两个或两个以上线圈彼此耦合时，常常需要知道互感电动势的极性。例如，电力变压器用规定好的字母标出原、副线圈间的极性关系。在电子技术中，互感线圈应用十分广泛，但是必须考虑线圈的极性，不能接错。例如，收音机的本机振荡电路，如果把互感线圈的极性接错，电路将不能起振。

为了方便工作，电路中常常用小黑点或小星号标出互感线圈的极性，称为"同名端"，它反映了互感线圈的极性，也反映了线圈的绕向。

下面说明互感线圈同名端的含义。如图 3-19 所示，当线圈 A 通有电流 i，并且电流随着时间增加时，电流 i 所产生的自感磁通和互感磁通也随着时间增加。由于磁通的变化，线圈 A 中要产生自感电动势，线圈 B 中要产生互感电动势。以磁通作为参考方向，应用右手螺旋法则，判断线圈 A 中自感电动势的方向。从而判定互感线圈 B 和 C 中的互感电动势的极性。

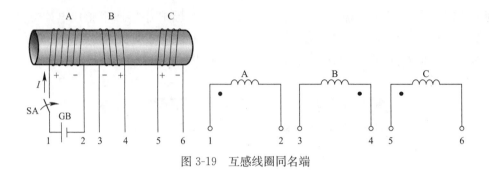

图 3-19　互感线圈同名端

3.4　涡流和磁屏蔽

（1）涡流

将导线绕在金属块上，当变化的电流（交流电）通过导线时，穿过金属块的磁通发生变化，金属块中会产生闭合涡旋状感应电流，这种感应电流叫做涡电流，简称涡流。

一般来说，导体中涡流的分布情况是比较复杂的，涡流的大小和方向与导体材料和形状，以及磁通在导体内的分布和变化情况有关。

涡流的用途很多，主要有电磁阻作用、电磁驱动作用和热效应，下面主要介绍涡流的热效应。

强大的涡流在金属块内流动时，使导体产生大量的热。这种涡流通过金属块将电能转化为热能的现象叫做涡流的热效应。

涡流的热效应在电机及变压器等设备中是非常有害的。当电机或变压器的线圈中有交流电通过时，铁芯中要产生强大的涡流，释放出大量的热，白白损耗大量的能量，甚至会烧毁电机或变压器，使它们不能正常工作。为了减小涡流和涡流所造成的影响，铁芯常采用涂有绝缘漆或表面用绝缘介质膜的硅钢片叠合而成，并使硅钢片平面与磁力线平行，这样又使硅钢片恰好切断涡流的通路。硅钢片中涡流通过的横截面积减小，回路电阻增大，则涡流减小，电能的损耗减小。

（2）磁屏蔽

在电子技术中，许多地方要用到互感，如收音机的输入回路、中频变压器都是利用互感工作的；但是，有些地方必须避免发生互感。

为了消除互感，可把元器件或线圈放在用铁磁材料制成的屏蔽罩内。由于铁磁材料的磁导率比空气的磁导率大几千倍，因此铁壁的磁阻比空气的磁阻小很多，外磁场的磁通沿磁阻小的空腔两侧铁壁通过，进入空腔的磁通很少，从而起到磁屏蔽的作用。为了更好地达到磁屏蔽的目的，常常采用多层铁壳屏蔽的办法，把漏进空腔的残余磁通一次一次地屏蔽掉。对高频变化的磁场，常常用铜或铝等导电性能良好的金属制成屏蔽罩，交变的磁场在金属屏蔽罩上产生很大的涡流，利用涡流的去磁作用来达到磁屏蔽的目的。在这种情况下，一般不采用铁磁材料制成的屏蔽罩。这是由于铁的电阻率较大，因此涡流较小，去磁作用小，而功率损耗较大，效果不好。

静电屏蔽是屏蔽层把电力线中断，即电力线不能进入屏蔽罩。磁屏蔽是磁力线旁路，即让磁力线从屏蔽罩的侧壁通过，两者的屏蔽原理是不同的。

第4章 相关基础知识

4.1 给水工程基础

给水工程作为城市和工矿企业的一个重要基础设施，必须保证以足够的水量、合格的水质、充裕的水压供给相关居民生活用水、生产用水和其他用水，不但能满足近期的需要，还需兼顾到今后的发展。

4.1.1 给水系统

给水系统由相互联系的一系列构筑物和输配水管网组成。它的任务是从水源取水，按照用户对水质的要求进行处理，然后将合格的水输送至用水区域，并向用户配水。

（1）给水系统分类

1）按水源种类，分为地表水（江河、湖泊、水库、海洋等）给水系统和地下水（浅层地下水、深层地下水、泉水等）给水系统。

2）按供水方式，分为自流供水系统（重力供水）、水泵供水系统（压力供水）和混合供水系统。

3）按使用目的，分为生活给水系统、生产给水系统和消防、绿化等特殊给水系统，也可以供给多种使用目的，如生活、生产给水系统。

4）按服务对象，分为城市居民给水系统和工业给水系统。

（2）给水系统组成

给水系统通常由取水构筑物、水处理构筑物、泵站、输水管渠或管网、调节构筑物等设施组成。

1）取水构筑物，用以从选定的水源（包括地表水和地下水）取水。

2）水处理构筑物，是将取水构筑物的来水进行处理，以期符合用户对水质的要求。这些构筑物常集中布置在水厂范围内。

3）泵站，用以将所需水量提升到要求的高度，可分为抽取原水的一级泵站、输送清水的二级泵站和设于管网中的增压泵站等。

4）输水管渠或管网，输水管渠是将原水送到水厂或将水厂的水送到管网的管渠，其主要特点是沿线无流量分出；管网则是将处理后的水送到各个给水区域的全部管道。

5）调节构筑物，包括各种类型的贮水构筑物，例如高位水池、水塔、清水池等，用以贮存和调节水量。高位水池和水塔兼有保证水压的作用；大城市通常不用水塔，中小城市或企业为了贮备水量和保证水压，常设置水塔。

（3）设计用水量

城市给水系统供水量应满足其服务对象的下列各项用水量：

1）综合生活用水，包括居民生活用水和公共建筑及设施用水，居民生活用水指城市居民的饮用、烹调、洗涤、冲厕、洗浴等日常生活用水；公共建筑及设施用水，包括娱乐场所、宾馆、浴室、商业建筑、学校和机关办公楼等用水，但不包括城市浇洒道路、绿化和市政等用水；

2）工业企业用水，包括工业企业生产用水和工作人员生活用水；

3）浇洒道路和绿地用水；

4）管网漏损水量；

5）未预见用水量；

6）消防用水。

为具体确定给水系统各项用水量，需确定用水量的单位指标数值，这种用水量的单位指标称为用水定额。用水量的一般计算方法为：

用水量＝用水定额×实际用水的单位数目

用水定额是指设计年限内达到的用水水平，居民生活用水定额和综合生活用水定额，应根据当地国民经济和社会发展规划及水资源充沛程度，在现有用水定额基础上，结合给水专业规划和给水工程发展条件综合分析确定。

4.1.2 水质标准

水质标准是用水对象所要求的各项水质参数应达到的指标和限值。水质参数指能反映水的使用性质的量，但不涉及具体数值。

（1）水源相关标准

目前水源相关标准主要有《地表水环境质量标准》GB 3838—2002 及《地下水质量标准》GB/T 14848—2017。

我国现行《地表水环境质量标准》GB 3838—2002 于 2002 年 4 月 28 日发布，并于 2002 年 6 月 1 日实施。该标准按照地表水环境功能分类和保护目标，规定了水环境质量应控制的项目及限值，以及水质评价、水质项目的分析方法和标准的实施与监督。

《地表水环境质量标准》GB 3838—2002 将标准项目分为：地表水环境质量标准基本项目、集中式生活饮用水地表水源地补充项目、集中式生活饮用水地表水源地特定项目。标准项目共计 109 项，其中地表水环境质量标准基本项目 24 项，集中式生活饮用水地表水源地补充项目 5 项，集中式生活饮用水地表水源地特定项目 80 项。

《地下水质量标准》GB/T 14848—2017 于 2018 年 5 月 1 日实施，该标准规定了地下水质量分类、指标及限值，地下水质量调查与监测，地下水质量评价等内容。

《地下水质量标准》GB/T 14848—2017 依据我国地下水质量状况和人体健康风险，并参照生活饮用水、工业、农业等用水质量要求，将地下水质量进行分类。

（2）出厂水相关标准

生活饮用水卫生标准是从保护人群身体健康和保证人类生活质量出发，对饮用水中与人群健康相关的各种因素（物理、化学和生物），以法律形式作出的量值规定，以及为实现量值所作的有关行为规范的规定，经国家有关部门批准，以一定形式发布。

我国现行《生活饮用水卫生标准》GB 5749—2006 于 2007 年 7 月 1 日实施，该标准规定了生活饮用水水质卫生要求、生活饮用水水源水质卫生要求、集中式供水单位卫生要求、二次供水卫生要求、涉及生活饮用水卫生安全产品卫生要求、水质监测和水质检验方法；适用于城乡各类集中式供水的生活饮用水，也适用于分散式供水的生活饮用水。

现行《生活饮用水卫生标准》GB 5749—2006 中，水质指标分为微生物指标、毒理指标、感官性状和一般化学指标、放射性指标 4 类。

（3）水源及取水构筑物

1）水源分类

天然水源可分为地表水和地下水两大类。地表水按水体存在的方式有江河、湖泊、水库和海洋等；地下水按水文地质条件可分为潜水（无压地下水）、自流水（承压地下水）和泉水等。

2）水源中的杂质

无论哪种水源，其原水中都可能含有不同形态、不同性质、不同密度和不同数量的各种杂质。水中的这些杂质，有的来源于自然过程的形成，例如地层矿物质在水中的溶解，水中微生物的繁殖及其死亡后的残骸，水流对地表及河床冲刷所带入的泥沙和腐殖质等；有的来源于人为因素的排放污染，如人工合成的有机物等。无论哪种来源的杂质，都可以分为无机物、有机物及微生物。按照杂质粒径大小可分为溶解物、胶体和悬浮物三类。

3）取水构筑物

① 地表水取水构筑物

地表水取水构筑物应根据取水量、水质要求、取水河段的水文特征、河床岸边地形和地质条件进行选择，同时还必须考虑到对取水构筑物的技术要求和施工条件，经过技术经济综合比较后确定。

地表水取水构筑物按构造形式大致可分成三类：固定式取水构筑物、移动式取水构筑物和山区浅水河流取水构筑物。

② 地下水取水构筑物

由于地下水类型、埋藏深度、含水层性质等各不相同，开采和取集地下水的方法和取水构筑物形式也各不相同。地下水取水构筑物有管井、大口井、辐射井、复合井及渗渠等，其中以管井和大口井最为常见。

4.1.3 自来水厂处理工艺流程

（1）常规处理

饮用水的常规处理主要是采用物理化学作用，使浑水变清（主要去除对象是悬浮物和胶体杂质）并杀菌灭活，使水质达到饮用水水质标准。

饮用水处理工艺流程是由若干处理单元设施优化组合成的水质净化流水线。饮用水的常规处理通常是在原水中加入适当的促凝药剂（絮凝剂、助凝剂），使杂质微粒互相凝聚而从水中分离出去，包括混凝（凝聚和絮凝）、沉淀（或气浮、澄清）、过滤、消毒等。一般地表水源饮用水的处理都是采用此种方法。

（2）预处理和深度处理

对微污染饮用水源水的处理方法，除了要保留或强化传统的常规处理工艺之外，还应附加生化或特种物化处理工序。一般把附加在常规处理工艺之前的处理工序叫做预处理；把附加在常规处理工艺之后的处理工序叫做深度处理。

预处理和深度处理的基本原理，概括起来主要是吸附、氧化、生物降解、膜滤四种作用。或者利用吸附剂的吸附能力去除水中有机物；或者利用氧化剂及光化学氧化法的强氧化能力分解有机物；或者利用生物氧化法降解有机物；或者以膜滤法滤除大分子有机物。有时几种作用也可同时发挥。因此，可根据水源水质，将预处理、常规处理、深度处理有机结合使用，以去除水中各种污染物质，保证饮用水水质。

4.1.4　给水处理

（1）预处理

随着我国工业化程度的不断提高和经济的持续较快增长，我国有相当比例的城镇饮用水水源受到微污染。随着人民生活质量的不断提高和检测分析手段的进步，人们对饮用水水质的要求将更加严格，相应供水水质标准也要不断提高。因此，对于微污染水源的预处理技术已成为一项非常重要和迫切的新课题，根据预处理原理的不同可以分为化学预氧化法、生物预处理法和吸附预处理法三类。

（2）混凝

混凝阶段处理的对象，主要是水中的悬浮物和胶体杂质。简而言之，"混凝"就是水中胶体颗粒以及微小悬浮物的聚集过程。

1）水中胶体的稳定性

所谓"胶体稳定性"，是指胶体颗粒在水中长期保持分散悬浮状态的特性。胶体颗粒具有稳定性的原因主要有三个：微粒的布朗运动、胶体颗粒间的静电斥力和胶体颗粒表面的水化作用。其中，由微粒的布朗运动引起的称为动力学稳定，由胶体颗粒间的静电斥力和胶体颗粒表面的水化作用引起的称为聚集稳定。

2）混凝机理

水处理中的混凝过程比较复杂，不同种类的混凝剂在不同的水质条件下，其作用机理有所不同。当前，看法比较一致的是，混凝剂对水中胶体颗粒的混凝作用有 3 种：电性中和、吸附架桥和卷扫作用。这 3 种作用机理究竟以何种为主，取决于混凝剂种类和投加量、水中胶体颗粒性质和含量以及水的 pH 值等。

在水中的布朗运动和水力或机械搅拌下，水中的颗粒相互碰撞。颗粒相互碰撞使杂质颗粒之间或杂质与混凝剂之间发生絮凝。

3）常见处理构筑物

絮凝处理构筑物是通过水力搅拌或机械搅拌扰动水体，产生速度梯度或涡旋，促使颗粒相互碰撞聚集，形成肉眼可见的大的密实絮体。

絮凝池形式较多，概括起来分为水力搅拌式和机械搅拌式，常见的有折板絮凝池、网格（栅条）絮凝池、机械搅拌絮凝池和隔板絮凝池。

常见多通道折板絮凝池如图 4-1 所示，单通道折板絮凝池如图 4-2 所示。

（3）沉淀

沉淀是原水或经过加药、混合、反应的水，在沉淀设备中依靠颗粒的重力作用进行泥水分离的过程。

1）沉淀原理

当水中悬浮颗粒的密度大于水的密度时，颗粒下沉；相反，当水中悬浮颗粒的密度小

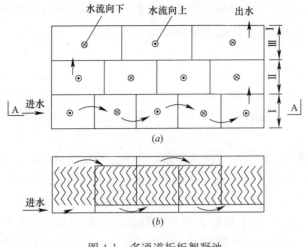

图 4-1　多通道折板絮凝池

(*a*) 平面图；(*b*) A-A 剖面图

于水的密度时，颗粒上浮。

2) 常见处理构筑物

沉淀池形式较多，常见的有平流沉淀池、斜板/斜管沉淀池。

平流沉淀池为矩形水池，上部为沉淀区，或称泥水分离区，底部为存泥区。经混凝后的原水进入沉淀池，沿进水区整个断面均匀分布，经沉淀区后，水中颗粒沉于池底，清水由出水口流出，存泥区的污泥通过吸泥机或排泥管排出池外。

平流沉淀池去除水中悬浮颗粒的效果，常受到池体构造及外界条件影响，即实际沉淀池中颗粒运动规律和沉淀理论有一定差别。

平流沉淀池分为进水区、沉淀区、出水区和存泥区四部分，如图 4-3 所示。

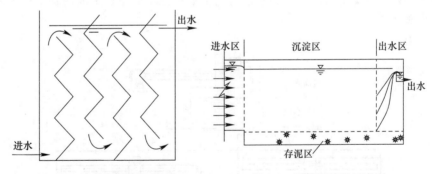

图 4-2　单通道折板絮凝池　　　　图 4-3　平流沉淀池示意图

平流沉淀池底部设有存泥区，排泥方式不同，则存泥区高度不同。小型沉淀池设置的斗式、穿孔管排泥方式，需根据设计的排泥斗间距或排泥管间距设定存泥区高度。多年来，平流沉淀池普遍使用机械排泥装置，池底为平底，一般不再设置排泥斗、泥槽和排泥管。

桁架式机械排泥装置分为泵吸式和虹吸式两种，这两种排泥装置安装在桁架上，利用电机、传动机构驱动滚轮，沿沉淀池长度方向运动。为排出进水端较多积泥，有时设置排泥机在前三分之一长度处折返一次。机械排泥较彻底，但排出的积泥浓度较低。为此，有的沉淀池把排泥设备设计成只刮不排装置，即采用牵引小车或伸缩杆推动刮泥板把沉泥刮到底部泥槽中，由泥位计控制排泥管排出。

（4）澄清

前文中介绍的絮凝和沉淀分属于两个过程并在两个单元中完成，可以概括为絮凝池内的待处理水中的脱稳杂质通过碰撞结合成相当大的絮体，随后通过重力作用在沉淀池内下沉。把絮凝和沉淀这两个过程集中在同一个构筑物内进行的构筑物就叫澄清池。

1）澄清原理

澄清池主要依靠活性泥渣层的拦截和吸附作用达到澄清的目的，当脱稳杂质随水流与泥渣层接触时，被泥渣层阻留下来，从而使水澄清。这种把泥渣层作为接触介质的过程，实际上也是絮凝过程，一般称为接触絮凝。在澄清池中通过机械或水力作用悬浮保持着大量的矾花颗粒（泥渣层），进水中经混凝剂脱稳的细小颗粒与池中保持的大量矾花颗粒发生接触絮凝反应，被直接黏附在矾花上，然后再在澄清池的分离区与清水进行分离。而澄清池的排泥措施，能不断排除多余的陈旧泥渣，其排泥量相当于新形成的活性泥渣量。故泥渣层始终处于新陈代谢状态中，保持接触絮凝的活性。

2）常见处理构筑物

澄清池的种类很多，但从净化作用原理和特点上划分，可归纳成两类，即泥渣接触过滤型（或悬浮泥渣型）澄清池和泥渣循环分离型（或回流泥渣型）澄清池。

脉冲澄清池也是利用水流上升的能量来完成絮体的悬浮和搅拌作用的，但它采取了新措施来保证悬浮泥渣层的工作稳定性，属于悬浮泥渣型澄清池，其工艺流程如图4-4所示。脉冲澄清池的特点是澄清池的上升流速发生周期性的变化，这种变化是由脉冲发生器引起的。当上升流速较小时，悬浮泥渣层收缩、浓度增大而使颗粒排列紧密；当上升流速较大时，悬浮泥渣层膨胀。悬浮泥渣层不断产生周期性的收缩和膨胀不仅有利于微絮凝颗粒与活性泥渣进行接触絮凝，还可以使悬浮泥渣层的浓度分布在全池内趋于均匀并防止颗粒在池底沉积。

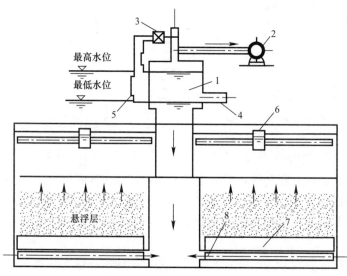

图4-4　采用真空泵脉冲发生器的澄清池的剖面图

1—进水室；2—真空泵；3—进气阀；4—进水管；5—水位电极；6—集水槽；7—稳流板；8—配水管

脉冲发生器有多种形式。脉冲澄清池中设有进水区，从前一道工序来的水先进入进水区。在进水区设真空或虹吸系统，抽真空时进水室充水。破坏真空或形成虹吸时，进水区中的存水通过澄清池的配水系统向池内快速放水。在脉冲水流的作用下，池内悬浮泥渣层处于周期性的膨胀和沉降状态：在放水期间，池内悬浮泥渣层上升；在停止进水期间，池内悬浮泥渣层下沉。这种周期性的脉冲作用使得悬浮泥渣层工作稳定，断面上泥渣浓度分布均匀，增加了水中颗粒与泥渣间的接触碰撞机会，并增强了澄清池对水量变化的适应性。因此，脉冲澄清池的净水效果好，产水率高。但与机械搅拌澄清池相比，脉冲澄清池对原水水质、水量变化的适应性较差，并且对操作管理的要求也较高。

关于脉冲澄清池的脉冲周期，国内经验数据尚不够，一般周期为 30～40s，冲放比为 3：1～4：1。

（5）过滤

过滤是水中的悬浮颗粒经过具有孔隙的滤料层被截留分离出来的过程。滤池是实现过滤功能的构筑物，通常设置在沉淀池或澄清池之后。

1）过滤目的

在常规水处理过程中，一般采用颗粒石英砂、无烟煤、重质矿石等作为滤料截留水中杂质，从而使水进一步变清。过滤不仅可以进一步降低水的浊度，而且水中部分有机物、细菌、病毒等也会附着在悬浮颗粒上一并去除。至于残留在水中的细菌、病毒等失去悬浮颗粒的保护后，在后续的消毒工艺中将更容易被杀灭。在饮用水净化工艺中，当原水常年浊度较低时，有时沉淀或澄清构筑物可以省略，但是过滤是不可缺少的处理单元，它是保障饮用水卫生安全的重要措施。

2）常见处理构筑物

在水处理过程中，滤池的形式多种多样，但其截留水中杂质的原理基本相同，依据滤池在滤速、构造、滤料和滤料组合、反冲洗方法等方面的区别，我们可以对滤池进行分类。

滤池的形式丰富，各自具有一定的适用条件。目前使用比较普遍的有普通快滤池、V型滤池等。

滤池的形式虽然多种多样，但是其过滤的原理基本一样，基本工作过程也基本一致。滤池的基本工作过程包含过滤与反冲洗两个部分。我们以普通快滤池为例（见图 4-5），介绍一下普通快滤池的工作过程。

① 过滤：过滤时，关闭冲洗水支管 4 上的阀门与排水阀 5，开启进水支管 2 与清水支管 3 上的阀门。来自上一道净水工艺的浑水就经进水总管 1、进水支管 2 从浑水渠 6 进入滤池。经过滤料层 7、承托层 8 后，由配水系统的配水支管 9 汇集起来再经过配水干管 10、清水支管 3、清水总管 12 进入下一道净水工艺相应的构筑物。浑水中的杂质将在滤料层被截留。随着滤料层截留的杂质逐渐增加，滤料层中的水头损失增加。当滤池水头损失增加导致滤池产水量过小或水质不达标时，滤池便停止过滤，进行反冲洗以使滤料层恢复截污能力。

② 反冲洗：反冲洗时，关闭进水支管 2 与清水支管 3 上的阀门，开启冲洗水支管 4 上的阀门与排水阀 5。冲洗水经冲洗水总管 11、冲洗水支管 4，再经配水干管 10、配水支管 9 后从配水支管上的孔眼流出，由下至上依次穿过承托层与滤料层。滤料层在均匀分布的

冲洗水的作用下，达到流化态，滤料由于受到水流剪切力及滤料颗粒碰撞摩擦的双重作用，截留在滤料中的杂质得以与滤料分离。反冲洗废水流入冲洗排水槽 13，再经浑水渠 6、排水管和废水渠 14 进入下水道。

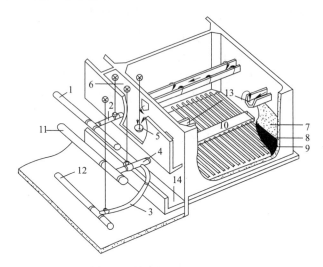

图 4-5　普通快滤池结构简图

1—进水总管；2—进水支管；3—清水支管；4—冲洗水支管；5—排水阀；6—浑水渠；7—滤料层；8—承托层；
9—配水支管；10—配水干管；11—冲洗水总管；12—清水总管；13—冲洗排水槽；14—废水渠

3）滤料

滤池是通过滤料层来截留水中悬浮固体的，所以滤料层是滤池最基本的组成部分。好的滤料可以保证滤池具有较低的出水浊度与较长的过滤周期，并且反冲洗时滤料不易破损跑漏等，所以滤料的选择十分重要。

① 滤料的选择条件

a. 有足够的机械强度，以免在反冲洗过程中颗粒发生过度的磨损而破碎。

b. 具有足够的化学稳定性，以免在过滤的过程中，发生溶解于过滤水的现象，引起水质的恶化。

c. 能就地取材、性价比更高。在水处理中最常用的滤料是石英砂，它可以是河砂或海砂，也可以是采砂场取得的砂。

d. 具有适当的级配与孔隙率。滤料外形接近于球状，表面比较粗糙而有棱角，这样吸附表面比较大，棱角处吸附力最强。

② 滤料的级配

滤料粒径级配指滤料中各种粒径颗粒所占的质量比例。粒径指的是正好可通过某一筛孔的孔径。

a. 有效粒径

粒径分布曲线上小于该粒径的滤料含量占总滤料质量的 10% 的粒径称为有效粒径，也指通过滤料质量 10% 的筛孔孔径，用 d_{10} 表示。

b. 不均匀系数

$$K_{80} = \frac{d_{80}}{d_{10}} \tag{4-1}$$

式中 d_{10}——通过滤料质量 10% 的筛孔孔径；

$\quad\quad d_{80}$——通过滤料质量 80% 的筛孔孔径。

d_{10} 反映了细颗粒的直径，d_{80} 反映了粗颗粒的直径；K_{80} 是 d_{80} 与 d_{10} 之比，K_{80} 越大表示粗细颗粒尺寸相差越远，滤料粒径也越不均匀，下层含污能力便越低。反冲洗后，滤料易出现上细下粗的现象，这对过滤是很不利的。

（6）臭氧-生物活性炭滤池

近年来，随着水源水污染的不断加剧以及饮用水水质标准的日益提高，以往常用的混凝、沉淀、过滤技术已经不能满足现状水源水处理要求，强化预处理工艺、强化常规处理工艺和深度处理工艺是今后给水设计中的主要发展方向。其中臭氧-生物活性炭技术是一种非常有效的处理手段，已逐渐在新建水厂和水厂提标改造中广泛应用。

臭氧-生物活性炭工艺主要是利用臭氧的预氧化作用和生物活性炭滤池的吸附降解作用达到去除水源水中有机物的效果。常见的臭氧-生物活性炭工艺流程如下：

$$\begin{array}{c} \downarrow O_2 \\ \text{臭氧发生器} \\ \downarrow O_3 \end{array}$$

原水 $\longrightarrow$ 混凝 $\longrightarrow$ 沉淀 $\longrightarrow$ 过滤 $\longrightarrow$ 臭氧反应器 $\longrightarrow$ 生物活性炭滤池 $\longrightarrow$ 消毒 $\longrightarrow$ 出水

（7）膜处理

膜技术是 21 世纪水处理领域的关键技术，也是近年来水处理领域的研究热点。膜分离可以完成其他过滤所不能完成的任务，可以去除更细小的杂质，可以去除溶解态的有机物和无机物，甚至是盐。膜分离是指在某种外加推动力的作用下，利用膜的透过能力，达到分离水中离子或分子以及某些微粒的目的。利用压力差的膜法有微滤、超滤、纳滤和反渗透。

（8）消毒

经过混凝、沉淀和过滤等工艺后，水中悬浮颗粒大大减少，大部分黏附在悬浮颗粒上的致病微生物也随着浊度的降低而被去除。消毒是常规水处理工艺的最后一道安全保障工序，通过消除水中致病微生物的致病作用，可以防止疾病通过饮用水传播。

1) 消毒分类

消毒的方法有化学消毒法和物理消毒法。化学消毒法主要分为两大类：氧化型消毒剂与非氧化型消毒剂。前者包含了日前常用的大部分消毒剂，如氯、次氯酸钠、二氧化氯、臭氧等；后者包含了一类特殊的高分子有机化合物和表面活性剂，如季铵盐类化合物等。物理消毒法一般是利用某种物理效应，如超声波、电场、磁场、辐射、热效应等的作用，干扰破坏微生物的生命过程，从而达到灭活水中病原体的目的。

2) 氯消毒原理

无论是用氯还是次氯酸钠消毒，一般认为主要是通过次氯酸（HOCl）起作用。次氯酸不仅可与细胞壁发生作用，且因分子小、不带电荷，故侵入细胞内与蛋白质发生氧化作用或破坏其磷酸脱氢酶，使糖代谢失调而致细胞死亡。而 OCl⁻ 因为带负电，难于接近到带负电的细菌表面，所以 OCl⁻ 的灭活能力要比 HOCl 差很多。生产实践证明，pH 值低时，消毒能力强，证明 HOCl 是消毒的主要因素。因为有相似的消毒原理，所以氯（Cl_2）和次氯酸钠（NaOCl）都是广义的氯消毒的范畴。

很多地表水源由于有机物的污染而含有一定量的氨氮。氯或次氯酸钠消毒生成的次氯酸（HOCl）加入这种水中，发生如下的反应：

$$NH_3 + HOCl \Longrightarrow NH_2Cl + H_2O \tag{4-2}$$

$$NH_2Cl + HOCl \Longrightarrow NHCl_2 + H_2O \tag{4-3}$$

$$NHCl_2 + HOCl \Longrightarrow NCl_3 + H_2O \tag{4-4}$$

从上述反应可知：次氯酸（HOCl）、一氯胺（NH_2Cl）、二氯胺（$NHCl_2$）、三氯胺（NCl_3）同时存在于水中，它们在平衡状态下的含量比例取决于消毒剂、氨的相对浓度以及 pH 值和温度。一般来讲，当 pH 值大于 9 时，主要是 NH_2Cl；当 pH 值等于 7 时，NH_2Cl、$NHCl_2$ 同时存在，近似等量；当 pH 值小于 6.5 时，主要是 $NHCl_2$；而 NCl_3 只有在 pH 值小于 4.5 时才会存在。

在不同比例的混合物中，其消毒效果是不同的。或者说，消毒的主要作用来自于 HOCl，氯胺的消毒作用来自于上述反应中维持平衡所不断释放出来的 HOCl。因此氯胺的消毒比较缓慢，需要较长的接触时间。有试验结果表明，用氯消毒，5min 可以灭活 99% 以上的细菌；而用氯胺时，相同条件下，5min 仅仅可以灭活 60% 的细菌；如要达到灭活 99% 以上的细菌，需要将水与氯胺的接触时间延长到十几个小时。

水中的氯胺称为化合性氯或结合氯。为此可以将水中的氯消毒分为自由性氯消毒与化合性氯消毒，自由性氯消毒效果要好于化合性氯消毒，但化合性氯消毒的持续性较好。

（9）生产尾水处理

自来水厂生产尾水的处理流程大致可以分为调节、浓缩、脱水、污泥处置四道基本工序。四道工序依次递进，调节是浓缩的前处理，调节、浓缩是脱水的前处理，脱水后的污泥最终需要进行污泥处置。在各道工序中，都要去除一部分水量，生产尾水中的污泥浓度将逐渐增大，含水率逐步减小。在进入脱水工序前，污泥浓度要满足脱水机的进泥浓度要求，一般要求含水率小于等于 97%，即含固率达到 3% 以上。

生产尾水在调节、浓缩的过程中将产生上清液，在脱水的过程中将产生分离液。多数情况下，当上清液水质符合排放水域的排放标准时，可以直接排放；当水质满足要求时也可以考虑回用，和原水按比例混合后重新进入净水处理系统。分离液中悬浮物浓度较高，一般不符合排放标准，故不宜直接排放，可返回重新参与浓缩。含有高分子助凝剂成分的分离液回流到浓缩系统中，也有利于提高泥水的浓缩程度。

最常见的工艺组合方式如图 4-6 所示。

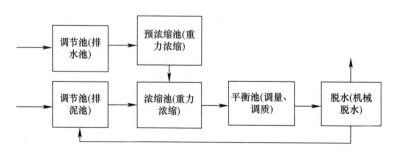

图 4-6　最常见的工艺组合方式

4.2 计算机基础

电子计算机是一种按程序控制自动而快速进行信息处理的电子设备，也称信息处理机，俗称电脑。它接收用户输入的指令与数据，经过中央处理器的数据与逻辑单元运算后，可以产生或储存成有用的信息。因此，只要有输入设备及输出设备，让你可以输入数据使该机器产生信息的，那就是一台计算机了。计算机包括一般商店用的简易加减乘除计算器、手机、车载 GPS、ATM 机、个人电脑、笔记本电脑、上网本等。

计算机作为一种信息处理工具，具有运算速度快、运算精度高、具有记忆和逻辑判断能力、存储程序并自动控制等特点。

按计算机的综合性能指标，结合计算机应用领域的分布将其分为高性能计算机、微型计算机、工作站、服务器、嵌入式计算机。

目前，计算机主要应用于科学计算（数值计算）、数据处理（信息管理）、过程控制（实时控制）、计算机辅助工程（主要包括计算机辅助设计（CAD）、计算机辅助制造（CAM）、计算机辅助教学（CAI）和计算机辅助测试（CAT））等几个方面。

4.2.1 硬件

冯·诺依曼体系结构是现代计算机的基础，现在大多数计算机仍是冯·诺依曼计算机的组织结构或其改进体系。依照冯·诺依曼体系，计算机硬件由以下 5 个部分组成：控制器、运算器、存储器、输入设备、输出设备。

（1）CPU

CPU（Central Processing Unit，中央处理器）是计算机的核心部件，其参数有主频、外频、倍频、缓存、前端总线频率、技术架构（包括多核心、多线程、指令集等）、工作电压等。

CPU 又分为桌面（台式机上使用）和移动（笔记本上使用）两种。

（2）显卡

显卡承担图像处理、输出图像模拟信号的任务。它将电脑的数字信号转换成模拟信号，通过屏幕、投影仪等输出图像。可协助 CPU 工作，提高计算机整体的运行速度。

部分 CPU 会集成图形处理器（Graphic Processing Unit，GPU），可以实现图像的输出，俗称集成显卡（有些叫核心显卡）。

显卡和 CPU 的主要区别在于，CPU 是通用处理器，可以处理包括图像的各种信息，而显卡只专注于图像处理，并且在图像处理的效率上优于 CPU。

（3）存储器

存储器是用来存储程序和数据的部件。存储器容量用 B、kB、MB、GB、TB 等存储容量单位表示。通常将存储器分为内存储器（内存）和外存储器（外存）。

内存储器又称为主存储器，可以由 CPU 直接访问，优点是存取速度快，但存储容量小，主要用来存放系统正在处理的数据。

我们日常使用的电脑，打开一个应用，电脑会先从硬盘读取该应用的程序数据和配置信息。即使是在固态硬盘逐渐普及的今天，硬盘读写速度依旧远远低于 CPU 的处理速度。

如果没有内存条，受制于硬盘的读写速度，处理速度会非常慢。内存的出现极大地缓解了两边的速度差距，电脑会将常用数据从硬盘存储至内存条，当我们想使用该数据时，就可以直接读取内存中的信息，在多数情况下避免了硬盘的速度瓶颈。

内存条按照工作方式，可分为 FPA EDO DRAM、SDRAM、DDR（DOUBLE DATA RAGE）、RDRAM（RAMBUS DRAM）等。常见的 DDR 又分为 DDR、DDR2、DDR3、DDR4 等不同代产品，为了区分，不同代的内存条，接口有所不同。

外存储器又叫辅助存储器，如硬盘、软盘、光盘等。存放在外存中的数据必须调入内存后才能运行。外存存取速度慢，但存储容量大，主要用来存放暂时不用，但又需长期保存的程序或数据。

以硬盘为例，按照存储介质的不同，可以分为三大类：固态硬盘（SSD）、机械硬盘（HDD）、混合硬盘（HHD）。SSD 采用闪存颗粒来存储，HDD 采用磁性碟片来存储，HHD 是把磁性硬盘和闪存集成到一起的一种硬盘。

（4）主板

主板（Motherboard），即计算机的主电路板。主板之于电脑犹如神经系统之于人，它连接电脑的其余各个组件，在输送电能的同时，为各组件提供传输数据的通道。

典型的主板能提供一系列接合点，供处理器、显卡、声效卡、硬盘、存储器、对外设备等设备接合。它们通常直接插入有关插槽，或用线路连接。主板上最重要的构成组件是芯片组（Chipset）。这些芯片组为主板提供一个通用平台供不同设备连接，控制不同设备的沟通。芯片组亦为主板提供额外功能，例如集成显核、集成声卡（也称内置显核和内置声卡）。一些高价主板也集成红外通信技术、蓝牙和 802.11（Wi-Fi）等功能。

（5）输入输出设备

输入输出设备（I/O 设备），是数据处理系统的关键外部设备之一，可以和计算机本体进行交互使用。

常见的输入输出设备有键盘、鼠标、显示器、投影仪、摄像头、麦克风、打印机、扫描仪等。

4.2.2　软件

（1）操作系统

操作系统（Operating System，OS）是管理和控制计算机硬件与软件资源的计算机程序，是直接运行在"裸机"上的最基本的系统软件，任何其他软件都必须在操作系统的支持下才能运行。

操作系统是用户和计算机的接口，同时也是计算机硬件和其他软件的接口。操作系统的功能包括管理计算机系统的硬件、软件及数据资源，控制程序运行，改善人机界面，为其他应用软件提供支持，让计算机系统所有资源最大限度地发挥作用，提供各种形式的用户界面，使用户有一个好的工作环境，为其他软件的开发提供必要的服务和相应的接口等。实际上，用户是不用接触操作系统的，操作系统管理着计算机硬件资源，同时按照应用程序的资源请求分配资源，如划分 CPU 时间、内存空间的开辟、调用打印机等。

1）操作系统的发展历史

计算机操作系统的发展经历了两个阶段。第一个阶段为单用户、单任务的操作系统，继 CP/M 操作系统之后，还出现了 C-DOS、M-DOS、TRS-DOS、S-DOS 和 MS-DOS 等磁盘操作系统。第二个阶段是多用户多道作业和分时系统。其典型代表有 UNIX、XENIX、OS/2 以及 Windows 操作系统。分时的多用户、多任务、树形结构的文件系统以及重定向和管道是 UNIX 的三大特点。

Windows 是 Microsoft 公司在 1985 年 11 月发布的第一代窗口式多任务系统，它使 PC 机开始进入了所谓的图形用户界面时代。目前 Windows 的 PC 机已经发展到 Windows 10，服务器端已经发展到 Windows Server 2012。

2）Windows 10

Windows 10 是美国微软公司研发的新一代跨平台及设备应用的操作系统。Windows 10 是微软公司独立发布的最后一个 Windows 版本，下一代 Windows 将作为更新形式出现。相比之前的版本，Windows 10 具有以下优点：

① 亦新亦旧的开始菜单

这是 Windows 10 上的新功能。点击左下角的 Windows 标志，或者按下键盘上的 Windows 键，新的开始菜单体验就会呈现，它综合了 Windows 7 和 Windows 8 的特点。你可以在左侧找到你最常使用的程序，右侧呈现了 Windows 8 一样的磁贴。动态磁贴周期性地翻转，刷新内容。

② 多任务视图

你可能习惯于在一个窗口打开多个程序，而将其他程序关闭或者最小化。如果你想同时使用多个程序，你必须购买另一个屏幕。多任务视图能够让你不必最小化不用的程序，而是将它们放在整个屏幕的程序后面，以保持每个程序的位置不变。Windows 10 的多任务视图允许你在多个虚拟屏幕上安排多个软件，除了你正在运行的程序之外其他程序都隐藏在该程序下面。

（2）数据库

数据库（Database）是按照数据结构来组织、存储和管理数据的仓库，它产生于六十多年前，随着信息技术和市场的发展，特别是 20 世纪 90 年代以来，数据管理不再仅仅是存储和管理数据，而是转变成用户所需要的各种数据管理方式。数据库有很多种类型，从最简单的存储有各种数据的表格，到能够进行海量数据存储的大型数据库系统都在各个方面得到了广泛的应用。

所有关系型数据库中的数据全部为结构化数据，有 DB2，Oracle MYSQL、Access 等。

针对同一数据库，还需要了解数据库版本号等信息，比如 Oracle 数据库，不同版本导致软件操作方法有所不同。

目前主要的数据库如下：

1）DB2。关系型数据库，适用于大型的分布式应用系统，是应用非常好的数据库。DB2 的稳定性、安全性、恢复性等都无可挑剔，而且从小规模到大规模的应用都非常适合。但是 DB2 使用起来较为繁琐，数据库的安装要求较多，很多软件都可能和 DB2 产生冲突。因此一般 DB2 都是安装在小型机或者大型服务器上的，一般不建议在 PC 机上安装。

2）Oracle。关系型数据库，具备强大的数据字典，是目前市场占有率最大且最实用的数据库。Oracle 的安装也较为繁琐，需要的程序文件较多。不过 Oracle 使用起来非常灵活，对于初学者来说，它可以有较为简单的配置；对于要求很高的企业级应用，它也提供了高级的配置和管理方法。

3）MYSQL。这是一个很好的关系型数据库。MYSQL 使用免费，程序虽小，但功能却很全，而且安装简单。现在很多网站都使用 MYSQL。MYSQL 除了在字段约束上略有不足外，其他方面都很不错。

4）Access。典型的桌面数据库。如果用它做个简单的单机系统，如记账、备忘录之类的，运行起来还算流畅；但如果需要它在局域网里跑个小程序，程序的运行会比较吃力。Access 的数据源连接很简单，它是 Windows 自带数据源。

（3）编程语言

目前主流编程语言有 C、C++、Java、.NET、Ruby、JavaScript，各有特点，特性对比见表4-1。

编程语言特性对比

表 4-1

编程语言	类型	静态/动态	支持面向过程	支持基于对象	支持范型	支持模板	支持面向对象
C	无类型	静态	是	否	否	否	否
C++	强类型	静态	是	是	否	是	是
Java	强类型	静态检验类型	否	否	是	否	是
.NET	强类型	动态解释执行	否	是	是	否	是
Ruby	强类型	动态	否	是	否	否	否
JavaScript	强类型	动态	是	是	否	否	否

（4）办公软件

办公软件指可以进行文字处理、表格制作、幻灯片制作、图形图像处理、简单数据库处理等方面工作的软件。目前办公软件的应用范围很广，大到社会统计，小到会议记录，数字化的办公离不开办公软件的鼎力协助。目前办公软件正朝着操作简单化、功能细化等方向发展。另外，政府用的电子政务，税务用的税务系统，企业用的协同办公软件，不再是传统的打打字、做做表格之类的软件。现今主要的办公软件是 Microsoft Office。

Microsoft Office 是微软公司开发的一套基于 Windows 操作系统的办公软件套装。常用组件有 Word、Excel、PowerPoint 等。

Word 是文字处理软件。它被认为是 Office 的主要程序。它在文字处理软件市场上占有统治地位。它私有的 DOC 格式被尊为一个行业的标准，虽然 Word 2007 以上版本也支持一个基于 XML 的格式。

Excel 是电子数据表程序（进行数字和预算运算的软件程序），它是最早的 Office 组件。Excel 内置了多种函数，可以对大量数据进行分类、排序甚至绘制图表等。

PowerPoint 是微软公司设计的演示文稿软件。用户不仅可以在投影仪或者计算机上进行演示，也可以将演示文稿打印出来，制作成胶片，以便应用到更广泛的领域中。利用 PowerPoint 不仅可以创建演示文稿，还可以在互联网上召开面对面会议、远程会议或在网上给观众展示演示文稿。

4.2.3 网络与信息安全

（1）网络协议

计算机网络，是指将地理位置不同的具有独立功能的多台计算机及其外部设备，通过通信线路连接起来，在网络操作系统、网络管理软件及网络通信协议的管理和协调下，实现资源共享和信息传递的计算机系统。

1）虽然网络类型的划分标准各种各样，但是从地理范围划分是一种大家都认可的通用网络类型划分标准。按这种标准可以把各种网络类型划分为局域网、城域网、广域网三种。

① 局域网（Local Area Network，LAN）

我们常见的"LAN"就是指局域网，这是我们最常见、应用最广的一种网络。局域网随着整个计算机网络技术的发展和提高得到充分的应用和普及，几乎每个单位都有自己的局域网，甚至有的家庭中都有自己的小型局域网。所谓局域网，就是在局部地区范围内的网络，它所覆盖的地区范围较小。局域网在计算机数量配置上没有太多的限制，少的可以只有两台，多的可达几百台。一般来说，在企业局域网中工作站的数量在几十到两百台次左右。在网络所涉及的地理距离上一般来说可以是几米至 10km以内。局域网一般位于一个建筑物或一个单位内，不存在寻径问题，不包括网络层的应用。

② 城域网（Metropolitan Area Network，MAN）

这种网络一般来说是在一个城市，但不在同一地理小区范围内的计算机互联。这种网络的连接距离可以在 10～100km。

③ 广域网（Wide Area Network，WAN）

这种网络也称为远程网，所覆盖的范围比城域网（MAN）更广，它一般是在不同城市之间的 LAN 或者 MAN 网络互联，地理范围可从几百千米到几千千米。因为距离较远，信息衰减比较严重，所以这种网络一般需要租用专线，通过 IMP（接口信息处理）协议和线路连接起来，构成网状结构，解决寻径问题。

在计算机通信中，通信协议用于实现计算机与网络连接之间的标准，网络如果没有统一的通信协议，电脑之间的信息传递就无法识别。通信协议是指通信各方事前约定的通信规则，可以简单地理解为各计算机之间进行相互会话所使用的共同语言。两台计算机在进行通信时，必须使用通信协议。

为了简化网络设计的复杂性，通信协议通常采用分层结构。各层协议之间既相互独立又相互高效地协调工作。每一层实现相对独立的功能，下层向上层提供服务，上层是下层的用户，各个层次相互配合共同完成通信功能。

2）常见的两种计算机网络参考模型：OSI 参考模型和 TCP/IP 模型。

① OSI 参考模型

开放系统互连（Open System Interconnect，OSI）参考模型是国际标准化组织（ISO）和国际电报电话咨询委员会（CCITT）联合制定的，它为开放式互连信息系统提供了一种功能结构的框架。它从低到高分别是：物理层、数据链路层、网络层、传输层、会话层、表示层和应用层，如图 4-7 所示。

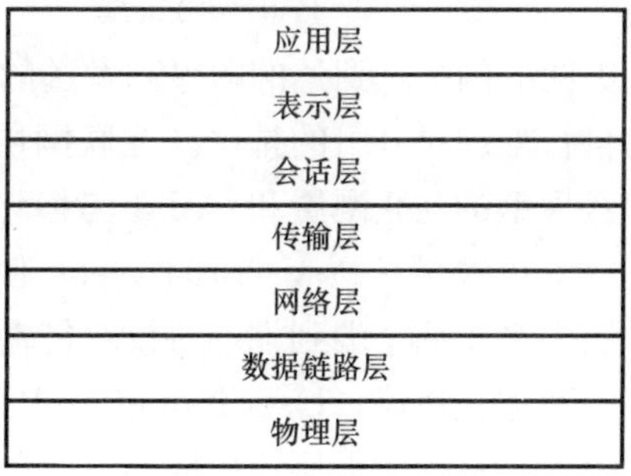

物理层（Physical Layer）主要是处理机械的、电气的和过程的接口，以及物理层下的物理传输介质等。

| 应用层 |
| 表示层 |
| 会话层 |
| 传输层 |
| 网络层 |
| 数据链路层 |
| 物理层 |

图 4-7 OSI 参考模型

数据链路层（Data Link Layer）的任务是加强物理层的功能，使其对网络层显示为一条无错的线路。

网络层（Network Layer）用于确定分组从源端到目的端的路由选择。路由可以选用网络中固定的静态路由表，也可以在每一次会话时决定，还可以根据当前的网络负载状况，灵活地为每一个分组分别决定。

传输层（Transport Layer）从会话层接收数据，并传输给网络层，同时确保到达目的端的各段信息正确无误，而且使会话层不受硬件变化的影响。通常，会话层每请求建立一个传输连接，传输层就会为其创建一个独立的网络连接。但如果传输连接需要较高的吞吐量，传输层也可以为其创建多个网络连接，让数据在这些网络连接上分流，以提高吞吐量。另一方面，如果创建或维持一个独立的网络连接不合算，传输层也可以将几个传输连接复用到同一个网络连接上，以降低费用。除了多路复用，传输层还需要解决跨网络连接的建立和拆除，并具有流量控制机制。

会话层（Session Layer）允许不同机器上的用户之间建立会话关系，既可以进行类似传输层的普通数据传输，也可以被用于远程登录到分时系统或在两台机器间传递文件。

表示层（Presentation Layer）用于完成一些特定的功能，这些功能由于经常被请求，因此人们希望有通用的解决办法，而不是由每个用户各自实现。

应用层（Application Layer）中包含了大量人们普遍需要的协议。不同的文件系统有不同的文件命名原则和不同的文本行表示方法等，不同的系统之间传输文件还有各种不兼容问题，这些都将由应用层来处理。此外，应用层还有虚拟终端、电子邮件和新闻组等各种通用和专用的功能。

② TCP/IP 参考模型

TCP/IP 参考模型是首先由 ARPANET 所使用的网络体系结构。这个体系结构在它的两个主要协议出现以后被称为 TCP/IP 参考模型（TCP/IP Reference Model）。这一网络协议共分为四层：网络访问层、互联网层、传输层和应用层，如图 4-8 所示。

| 应用层 |
| 传输层 |
| 互联网层 |
| 网络访问层 |

图 4-8　TCP/IP 参考模型

网络访问层（Network Access Layer）在 TCP/IP 参考模型中并没有详细描述，只是指出主机必须使用某种协议与网络相连。

互联网层（Internet Layer）是整个体系结构的关键部分，其功能是使主机可以把分组发往任何网络，并使分组独立地传向目标。这些分组可能经由不同的网络，到达的顺序和发送的顺序也可能不同。如果高层需要顺序收发，那么就必须自行处理对分组的排序。互联网层使用因特网协议（Internet Protocol，IP）。TCP/IP 参考模型的互联网层和 OSI 参考模型的网络层在功能上非常相似。

传输层（Transport Layer）使源端和目的端机器上的对等实体可以进行会话。在这一层定义了两个端到端的协议：传输控制协议（Transmission Control Protocol，TCP）和用户数据报协议（User Datagram Protocol，UDP）。TCP 是面向连接的协议，它提供可靠的报文传输和对上层应用的连接服务。因此，TCP 除了基本的数据传输功能外，它还有可靠性保证、流量控制、多路复用、优先权和安全性控制等功能。UDP 是面向无连接的不可靠传输的协议，主要用于不需要 TCP 的排序和流量控制等功能的应用程序。

应用层（Application Layer）包含所有的高层协议，包括：虚拟终端协议（TELecommunications NETwork，TELNET）、文件传输协议（File Transfer Protocol，FTP）、电子邮件传输协议（Simple Mail Transfer Protocol，SMTP）、域名服务（Domain Name Service，DNS）、网上新闻传输协议（Net News Transfer Protocol，NNTP）和超文本传送协议（Hyper Text Transfer Protocol，HTTP）等。

虽然 OSI 参考模型在设计上优于 TCP/IP 参考模型，但是由于计算机网络发展的历史原因，TCP/IP 协议几乎与计算机网络同时产生，在硬件水平不高的当时，更加贴合实际需求，在后来的发展和竞争中，逐步淘汰了多数其他计算机网络协议，并延续至今，成了计算机网络的实际标准。

（2）网络设备

广义上的网络设备指的是连接到网络中的物理实体。网络设备包括中继器、网桥、路由器、网关、防火墙、交换机等设备。

1）中继器

中继器是局域网互联的最简单设备，它工作在 OSI 体系结构的物理层，它接收并识别网络信号，然后再生信号并将其发送到网络的其他分支上。中继器可以用来连接不同的物理介质，并在各种物理介质中传输数据包。某些多端口的中继器很像多端口的集线器，它可以连接不同类型的介质。

中继器没有隔离和过滤功能，它不能阻挡含有异常的数据包从一个分支传到另一个分支。这意味着，一个分支出现故障可能影响到其他的每一个分支。

集线器是有多个端口的中继器，简称 HUB。

2）网桥（Bridge）

网桥工作在 OSI 体系结构的数据链路层。OSI 参考模型数据链路层以上各层的信息对网桥来说是毫无作用的，所以协议的理解依赖于各自的计算机。

网桥包含了中继器的功能和特性，不仅可以连接多种介质，还能连接不同的物理分支，如以太网和令牌网，能将数据包在更大的范围内传送。网桥的典型应用是将局域网分段成子网，从而降低数据传输的瓶颈，这样的网桥叫做"本地"桥。用于广域网上的网桥叫做"远地"桥。两种类型的桥执行同样的功能，只是所用的网络接口不同。生活中的交换机就是网桥。

3）路由器（Router）

路由器工作在 OSI 体系结构的网络层，它可以在多个网络上交换和路由数据包。路由器通过在相对独立的网络中交换具体协议的信息来实现这个目标。比起网桥，路由器不但能过滤和分隔网络信息流、连接网络分支，还能访问数据包中更多的信息。并且用来提高数据包的传输效率。

4）网关（Gateway）

网关把信息重新包装的目的是适应目标环境的要求。

网关能互连异类的网络，网关从一个环境中读取数据，剥去数据的老协议，然后用目标网络的协议进行重新包装。

网关的一个较为常见的用途是在局域网的微机和小型机或大型机之间作翻译。

网关的典型应用是网络专用服务器。

5）防火墙（Firewall）

在网络设备中，是指硬件防火墙。

硬件防火墙是保障内部网络安全的一道重要屏障。它的安全和稳定，直接关系到整个内部网络的安全。因此，日常的例行检查对于保证硬件防火墙的安全是非常重要的。系统中存在的很多隐患和故障在暴发前都会出现这样或那样的苗头，例行检查的任务就是要发现这些安全隐患，并尽可能将问题定位，方便问题的解决。

6）交换机（Switch）

交换（Switching）是按照通信两端传输信息的需要，用人工或设备自动完成的方法，把要传输的信息送到符合要求的相应路由上的技术统称。

交换机是一种基于 MAC 地址识别，能完成封装转发数据包功能的网络设备。交换机可以"学习" MAC 地址，并把其存放在内部地址表中，通过在数据帧的始发者和目标接收者之间建立临时的交换路径，使数据帧直接由源地址到达目的地址。

（3）信息安全

信息安全概念的出现远远早于计算机的诞生，但当计算机出现以后，尤其是网络出现以后，信息安全变得更加复杂，更加"隐形"。现代信息安全区别于传统意义上的信息介质安全，它专指电子信息的安全。

信息安全是一门交叉科学，涉及计算机科学、网络技术、通信技术、密码技术、信息安全技术、应用数学、数论、信息论等多种学科。它主要是指网络系统的硬件、软件及其系统中的数据受到保护，不受偶然的或者恶意的原因而遭到破坏、更改、泄露，系统连续可靠正常地运行，网络服务不中断。网络信息安全的基本属性有信息的完整性、可用性、机密性、可控性、可靠性和不可否认性。

在网络安全领域，攻击随时可能发生，系统随时可能崩溃，因此必须一年 365 天、一天 24 小时地监视网络系统的状态。这些工作仅靠人工完成是不可能的。所以，必须借助先进的技术和工具来帮助企业完成如此繁重的劳动，以保证计算机网络的安全。

1）杀毒软件

杀毒软件，也称反病毒软件或防毒软件，是用于消除电脑病毒、特洛伊木马和恶意软件等计算机威胁的一类软件。杀毒软件是一种可以对病毒、木马等一切已知的对计算机有危害的程序代码进行清除的程序工具。"杀毒软件"是由国内的老一辈反病毒软件厂商起的名字，后来由于和世界反病毒业接轨称为"反病毒软件"、"安全防护软件"或"安全软件"。集成防火墙的"互联网安全套装"、"全功能安全套装"等用于消除电脑病毒、特洛伊木马和恶意软件的一类软件，都属于杀毒软件范畴。杀毒软件通常集成监控识别、病毒扫描和清除以及自动升级等功能，有的反病毒软件还带有数据恢复、防范黑客入侵、网络流量控制等功能。

2）行为管理

上网行为管理产品及技术是专用于防止非法信息恶意传播，避免国家机密、商业信息、科研成果泄露的产品；并可实时监控、管理网络资源使用情况，提高整体工作效率。上网行为管理产品适用于需实施内容审计与行为监控、行为管理的网络环境，尤其是按等级进行计算机信息系统安全保护的相关单位或部门。我们在这里主要介绍重要的防火墙技术。

网络安全中使用最广泛的技术是防火墙技术，即在 Internet 和内部网络之间设一个防火墙。目前在全球连入 Internet 的计算机中约有三分之一处于防火墙保护之下。

网络的安全性通常是以网络服务的开放性、便利性、灵活性为代价的，对防火墙的设置也不例外。防火墙的隔断作用一方面加强了内部网络的安全，另一方面却使内部网络与外部网络的信息交流受到阻碍，因此必须在防火墙上附加各种信息服务的代理软件来代理内部网络与外部网络的信息交流，这样不仅增大了网络管理开销，而且减慢了信息传递速率。

需要说明的是，并不是所有网络用户都需要安装防火墙，一般而言，只有对个体网络安全有特别要求，而又需要和 Internet 联网的企业网、公司网，才建议使用防火墙。另外，防火墙只能阻截来自外部网络的侵扰，而对于内部网络的安全还需要通过对内部网络的有效控制和管理来实现。

3）加密技术

网络安全的另一个非常重要的手段就是加密技术，它的核心思想就是既然网络本身并不安全可靠，那么所有重要信息就全部通过加密处理。加密技术主要分为单匙技术与双匙技术。

加密技术主要有两个用途，一是加密信息，正如上面介绍的；另一个是信息数字署名，即发信者用自己的私人钥匙将信息加密，这就相当于在这条消息上署上了名。任何人只有用发信者的公用钥匙，才能解开这条消息。这一方面可以证明这条信息确实是此发信者发出的，而且事后未经过他人的改动；另一方面也确保了发信者对自己发出的消息负责。

4）网络攻击应对策略

在对网络攻击进行上述分析与识别的基础上，必须认真制定有针对性的策略，才能确保网络信息的安全。首先要明确安全保护对象，设置强有力的安全保障体系。其次要有的放矢，在网络中层层设防，发挥网络每层的作用，使每一层都成为一道关卡，从而让攻击者无隙可钻、无计可施。同时还必须做到未雨绸缪，预防为主，将重要的数据备份并时刻注意系统运行状况。以下是针对众多令人担心的网络安全问题，提出的几点应对网络攻击的建议：

① 提高安全意识，不要随意打开来历不明的电子邮件及文件，不要随便运行不太了解的人给你的程序，比如"特洛伊"类黑客程序就需要骗你运行

② 尽量避免从 Internet 下载不知名的软件、游戏程序。即使从知名网站下载的软件也要及时用最新的病毒和木马查杀软件对软件和系统进行扫描。

③ 密码设置尽可能使用字母数字混排，单纯的字母或者数字很容易被穷举。将常用的密码设置为不同密码，防止被人查出一个，连带到重要密码。重要密码最好经常更换。

④ 及时下载安装系统补丁程序。

⑤ 使用防毒、防黑等防火墙软件。

⑥ 设置代理服务器，隐藏自己的 IP 地址。

4.2.4　计算机新技术

（1）云计算

云计算是基于互联网的相关服务的增加、使用和交互模式，通常涉及通过互联网来提

供动态易扩展且经常是虚拟化的资源。

云计算的组成可以分为六个部分，它们由下至上分别是：基础设施、存储、平台、应用、服务和客户端。

云计算的特点：

1) 高可靠性。云计算提供了安全的数据存储方式，保证数据的可靠性。用户无需担心软件的升级更新、漏洞修补、病毒攻击和数据丢失等问题，从而为用户提供可靠的信息服务。

2) 高扩展性。云计算能够无缝扩展到大规模的集群之上，甚至容纳数千个节点同时处理。云计算可从水平和竖直两个方向进行扩展。

3) 高可用性。在云计算系统中，出现节点错误甚至很多节点发生失效的情况，都不会影响系统的正常运行。因为云计算可以自动检测节点是否出现错误或失效，并且可以将出现错误或失效的节点清除掉。

4) 虚拟技术。云计算是一个虚拟的资源池，它将底层的硬件设备全部虚拟化，并通过互联网使得用户可以使用资源池内的资源。

5) 廉价性。云计算将数据送到互联网的超级计算机集群处理，这样无需对计算机的设备不断进行升级和更新，仅需支付低廉的服务费用就可完成数据的计算和处理，大大节约了成本。

云计算作为一种新型的计算模式，利用高速互联网的传输能力将数据的处理过程从个人计算机或服务器转移到互联网上的计算机集群中，带给用户前所未有的计算能力。云计算的产生与发展，使用户的使用观念发生了彻底的改变，他们不再觉得操作复杂，他们直接面对的将不再是复杂的硬件和软件，而是最终的服务。云计算将计算任务分布在大量计算机构成的资源池上，使各种应用系统能够根据需要获取计算力、存储空间和各种软件服务。

（2）虚拟化技术

虚拟化是一个广义的术语，在计算机方面通常是指计算元件在虚拟的基础上而不是真实的基础上运行。虚拟化技术的提出可扩大硬件的容量，简化软件的重新配置过程，模拟多 CPU 并行，允许一个平台同时运行多个操作系统，并且应用程序都可以在相互独立的空间内运行而互不影响，从而显著提高计算机的工作效率。

从实现层次来划分，虚拟化技术可以划分为：硬件虚拟化、操作系统虚拟化、应用程序虚拟化等。

从应用领域来划分，虚拟化技术可以划分为：服务器虚拟化、存储虚拟化、网络虚拟化、桌面虚拟化、CPU 虚拟化、文件虚拟化等。

服务器虚拟化，应用了硬件虚拟化和操作系统虚拟化技术，在一台服务器上运行安装多个操作系统，并且可以同时运行，就相当于多台服务器同时运行，利用率大大提高。

存储虚拟化，是将一堆独立分布的硬盘虚拟地整合成一块硬盘，存储虚拟化的目的是方便管理和有效利用存储空间。

网络虚拟化，一般是指 VPN，它将两个异地的局域网虚拟成一个局域网，这样一些企业的 OA、B/S 软件就可以像真实局域网一样进行电脑互访了。

桌面虚拟化，是在服务器上部署好桌面环境，传输到客户端电脑上，而客户端只采用客户机的应用模式。即只安装操作系统，接收服务器传输来的虚拟桌面，用户看到的就像本地真实环境一样，所有的使用其实是对服务器上的桌面进行操作。

CPU 虚拟化，是对硬件虚拟化方案的优化和加强。以前是用虚拟化软件把一个 CPU 虚拟成多个 CPU，而 CPU 虚拟化直接从硬件层面实现，这样大大提高了其性能。

文件虚拟化，是将分布在多台电脑上的文件数据虚拟到一台电脑上，这样以前找文件要去不同的机器上查找，而现在则像在一台电脑上操作一样。

（3）移动互联网

我们现在日常生活中都少不了用手机直接进行即时信息查询，或者用手机 QQ 客户端、飞信客户端与别人进行通信，或者将自己即时拍摄的照片上传到某个网站上，这些生活中的应用都是实用的移动互联网。

从层次上看，移动互联网可分为：终端＼设备层、接入＼网络层和应用＼业务层。

其最大的特点是应用和业务种类的多样性（继承了互联网的特点），对应的通信模式和服务质量要求也各不相同：在接入层支持多种无线接入模式，但在网络层以 IP 协议为主；终端种类繁多，注重个性化和智能化，一个终端上通常会同时运行多种应用。

移动互联网支持无线接入方式，根据覆盖范围的不同，可分为无线个域网（WPAN）接入、无线局域网（WLAN）接入、无线城域网（WMAN）接入和无线广域网（WWAN）接入。

移动互联网的关键技术在于以下几个方面：

1）移动性管理：支持全球漫游，移动对终端和移动子网是透明的；

2）多种接入方式：允许终端接入方式的多样性；

3）IP 透明性：网络层使用 IP 协议簇，对底层技术不构成影响；

4）个性化服务：提供用户指定信息；

5）安全性和服务质量保证：提供网络安全、信息安全和用户服务质量保证；

6）寻址与定位：保证各用户通信地址的唯一性，能够全球定位，以提供与位置相关的服务。

（4）物联网

物联网被称为继计算机、互联网之后，世界信息产业的第三次浪潮。目前多个国家都在花巨资进行深入研究，物联网是由多项信息技术融合而成的新型技术体系。

射频识别技术（RFD）、无线传感器网络技术（WSN）、纳米技术、智能嵌入技术将得到更加广泛的应用。可以认为，"物联网"是指将各种信息传感设备及系统，如传感器网络、射频标签阅读装置、条码与二维码设备、全球定位系统和其他基于物-物通信模式的短距无线自组织网络，通过各种接入网与互联网结合起来而形成的一个巨大智能网络。

从以上我们对物联网的理解可以看出，物联网是互联网向物理世界的延伸和拓展，互联网可以作为传输物联网信息的重要途径之一，而传感器网络基于自组织网络方式，属于物联网中一类重要的感知技术。物联网具有其基本属性，实现了任何物体、任何人在任何时间、任何地点，使用任何路径、网络以及任何设备的连接。因此，物联网的相关属性包括集中、内容、收集、计算、通信以及场景的连通性。综上所述，物联网以互联网为平台，将传感器节点、射频标签等具有感知功能的信息网络整合起来，实现人类社会与物理系统的互联互通。将这种新一代的信息技术充分运用到各行各业之中，可以实现以更加精细和动态的方式管理生产和生活，提高资源利用率和生产力水平，改善人与自然之间的关系。根据国际电信联盟的建议，物联网自底向上可以分为以下四个过程：感知、接入、互联网、应用。

自来水水质自动监测是物联网的一个重要应用领域，物联网自动、智能的特点非常适合环境信息的监测。

（5）大数据

大数据是在人们长期对数据研究应用的基础上，尤其是随着移动互联网、云计算、物联网等技术的深入应用产生海量数据的情况下应运而生的，是当今时代信息技术发展的必然产物。大数据的主要来源如下：人类的日常生活；信息系统及硬件系统本身。

大数据技术的战略意义不在于掌握庞大的数据信息，而在于对这些含有意义的数据进行专业化处理。大数据重视事物之间的关联性，其价值大小重在挖掘，必将颠覆诸多传统，具有筛选和预测功能。"大数据"之"大"，并不仅仅在于"容量之大"，更大的意义在于通过对海量数据的交换、整合和分析，发现新的知识，创造新的价值，带来"大知识"、"大科技"、"大利润"和"大发展"。

在企业方面，大数据可以促进销售与盈利。凭借自有的卫星信息系统进行商品管理的沃尔玛公司，发现在他们的卖场里，凡是购买婴儿尿布的顾客，很多都要买上几罐啤酒。这是为什么？暂时不知道。但是，掌握了这种关联性的卖场经理，就可以告诉上架员，要把灌装啤酒与婴儿尿布两种商品摆放在一起。这么做，果然提升了这两种商品的销售量。

4.3　可编程控制器

4.3.1　自动控制系统

自动控制是指在没有人直接参与的情况下，利用外加的设备或装置（称控制装置或控制器），使机器、设备或生产过程（统称被控对象）的某个工作状态或参数（即被控量）自动地按照预定的规律运行。

（1）自动控制系统相关概念

"控制"是一个很一般的概念或术语，在人们的日常生活中随处可见。实际上自然界中的任何事物都受到不同程度的控制。但在自动控制原理中，"控制"是指为了克服各种扰动的影响，达到预期的目标，对生产机械或过程中的某一个或某一些物理量进行的操作。

在对被控量进行控制时，按照系统中是否有人参与，可分为人工控制和自动控制。若由人来完成对被控制量的控制，则称为人工控制；若由自动控制装置代替人来完成这种操作，则称为自动控制。

（2）自动控制系统的基本形式

自动控制系统种类繁多，有机械的、电子的、液压的、气动的、抽象的，等等。虽然这些控制系统的功能和复杂程度都各不相同，但就其基本结构形式而言，可分为两种类型：开环控制系统和闭环控制系统。

1）开环控制系统

如果系统的输出量与输入量之间不存在反馈的通道，则这种控制方式称为开环控制系统。开环控制系统结构如图 4-9 所示。由于在开环控制系统中，控制器与被控对象之间只有顺向作用而无反向联系，系统的被控量对控制作用没有任何影响，系统的控制精度完全取决于所用元器件的精度和特性调整的准确度。因此开环控制系统只有在输出量难于测量且要求控制精度不高以及扰动的影响较小或扰动的作用可以预先加以补偿的场合，才得以广泛应用。对于开环控制系统，只要控制对象稳定，系统就能稳定地工作。

图 4-9　开环控制系统结构

2）闭环控制系统

通常，在实际控制系统中，扰动是不可避免的。为了克服开环控制系统的缺陷，提高系统的控制精度以及在扰动作用下系统的性能，人们在控制系统中将被控量反馈到系统输入端，对控制作用产生影响，这就构成了闭环控制系统，如图 4-10 所示。

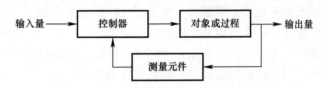

图 4-10　闭环控制系统结构

这种通过负反馈产生偏差，并根据偏差的信息进行控制，以达到最终消除偏差或使偏差减小到容许范围内的控制原理，称为负反馈控制原理，简称反馈控制原理。因此，闭环控制系统又称为反馈控制系统或偏差控制系统。

通常，在闭环控制系统中，从系统输入量到系统被控量之间的通道称为前向通道，从被控量到输入端的反馈信号（用以减少或增加输入量的作用）之间的通道称为反馈通道。

虽然闭环控制系统根据被控对象和具体用途的不同，可以有各种各样的结构形式。但是，就其工作原理来说，闭环控制系统是由给定装置、比较元件、校正装置、放大元件、执行元件、测量元件和被控对象组成的，如图 4-11 所示。图中的每一个方块代表一个具有特定功能的装置或元件。

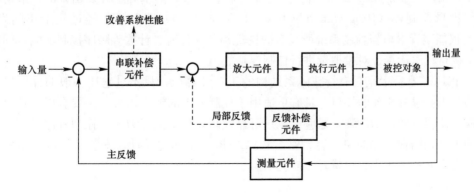

图 4-11　闭环控制系统结构原理图

3）闭环控制系统和开环控制系统的特点

闭环控制系统的特点：偏差控制，可以抑制内、外扰动对被控量产生的影响。精度高、结构复杂，设计、分析麻烦。

开环控制系统的特点：顺向作用，没有反向联系，没有修正偏差的能力，抗扰动性较差。结构简单、调整方便、成本低。

（3）自动控制系统的基本要求

自动控制系统的基本任务是：根据被控对象和环境的特性，在各种扰动因素作用下，使系统的被控量能够按照预定的规律变化。对于恒值控制系统来说，要求系统的被控量维持在期望值附近；对于随动控制系统来说，要求系统的被控量紧紧跟随输入量的变化。无论是哪类控制系统，当系统受到扰动作用或者输入量发生变化后，系统的响应过程都是相同的。因此，对系统的基本要求也都是相同的，可以归结为稳定性、快速性和准确性，即稳、快、准的要求。

1）稳定性

稳定性是保证控制系统能够正常工作的先决条件。对于稳定的系统来说，当系统受到扰动作用或者输入量发生变化时，被控量会发生变化，偏离给定值。由于控制系统中一般都含有储能元件或惯性元件，而储能元件的能量不可能突变，因此，被控量不可能马上恢复到期望值，或者达到一个新的平衡状态，而总是要经过一定的过渡过程，我们把这个过渡过程称为瞬态过程，而把被控量达到的平衡状态称为稳态。

2）快速性

为了更好地完成控制任务，控制系统仅仅满足稳定性要求是不够的，还必须对其瞬态过程的形式和快慢提出要求，一般称为瞬态性能。通常希望系统的瞬态过程既要快（快速性好）又要平稳（即平稳性高）。

3）准确性

对于一个稳定的系统而言，当瞬态过程结束后，系统被控量的实际值与期望值之差称为稳态误差，它是衡量系统稳态精度的重要指标。通常希望系统的稳态误差尽可能地小。即希望系统具有较高的控制准确度和控制精度。

4.3.2 可编程控制器简介

（1）可编程控制器概述

可编程控制器是 20 世纪 60 年代末在继电器控制系统的基础上开发出来的，最初叫做可编程逻辑控制器（Programmable Logical Controller），即 PLC。经过几十年的发展，PLC 不仅能实现继电器控制系统所具有的逻辑判断、计时、计数等顺序控制功能，同时还具有了执行算术运算、对模拟量进行控制等功能。

一个 PLC 本质上是具有特殊体系结构的工业计算机，只不过它比一般的计算机具有更强的与工业过程相连的接口，具有更适用于控制要求的编程语言。主要有以下特点：通用性强，使用方便；功能强，适应面广；可靠性高，抗干扰能力强；控制程序可变，具有很好的柔性；编程方法简单，容易掌握；PLC 控制系统的设计、安装、调试和维修工作少，极为方便；体积小、质量轻、功耗低。

（2）PLC 的分类

可编程控制器具有多种分类方式，了解这些分类方式有助于 PLC 的选型及应用。

1）根据 I/O 点数分类

PLC 的输入/输出点数表明了 PLC 可从外部接收多少个输入信号和向外部发出多少个输出信号，实际上也就是 PLC 的输入/输出端子数。根据 I/O 点数的多少可将 PLC 分为微型机、小型机、中型机、大型机和巨型机。一般来说，点数多的 PLC，功能也相应较强。

2）根据结构形式分类

从结构上看，PLC 可分为整体式、模板式及分散式三种形式。

① 整体式 PLC

一般的微型机和小型机多为整体式结构。这种结构的 PLC 其电源、CPU、I/O 部件都集中配置在一个箱体中，有的甚至全部装在一块印制电路板上。整体式 PLC 结构紧凑、体积小、质量轻、价格低，容易装配在工业控制设备的内部，比较适合于生产机械的单机控制。

整体式 PLC 的缺点是主机的 I/O 点数固定，使用不够灵活，维修也较麻烦。

② 模板式 PLC

PLC 各部分以单独的模板分开设置，如电源模板、CPU 模板、输入/输出模板及其他智能模板。这种结构的 PLC 配置灵活、装备方便、维修简单、易于扩展，可根据控制要求灵活配置所需模板，构成各种功能不同的控制系统。

③ 分散式 PLC

所谓分散式 PLC 就是将可编程控制的 CPU、电源、存储器集中放置在控制室，而将各 I/O 模板分散放置在各个工作站，由通信接口进行通信连接，由 CPU 集中指挥。

（3）PLC 的组成

PLC 的基本组成包括硬件与软件两部分。PLC 的硬件由中央处理器（CPU）、存储器、输入接口、输出接口、通信接口、电源等组成。PLC 的软件由系统软件和用户程序组成。其基本组成如图 4-12 所示。

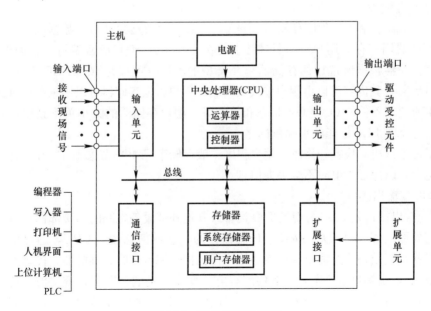

图 4-12 PLC 的基本组成

1) PLC 的硬件

① 中央处理器（CPU）

一般由控制器、运算器和寄存器组成，这些电路都集成在一个芯片内。

通过数据总线、地址总线和控制总线与存储单元、输入/输出接口电路相连接。与一般的计算机一样，CPU 是整个 PLC 的控制中枢，它按 PLC 中系统程序赋予的功能指挥 PLC 有条不紊地进行工作。CPU 主要完成下述工作：

a. 接收、存储用户通过编程器等输入设备输入的程序和数据。

b. 用扫描的方式通过 I/O 部件接收现场信号的状态或数据，并存入输入映像寄存器或数据存储器中。

c. 诊断 PLC 内部电路的工作故障和编程中的语法错误等。

d. PLC 进入运行状态后，执行用户程序，完成各种数据的处理、传输和存储相应的内部控制信号，以完成用户指令规定的各种操作。

e. 响应各种外围设备（如编程器、打印机等）的请求。

PLC 采用的 CPU 随机型不同而不同，目前，小型 PLC 为单 CPU 系统，中型及大型 PLC 则采用双 CPU 甚至多 CPU 系统。PLC 通常采用的微处理器有三种：通用微处理器、单片微处理器（即单片机）、位片式微处理器。

② 存储器

PLC 系统中的存储器主要用于存放系统程序、用户程序和工作状态数据。PLC 的存储器包括系统存储器和用户存储器。

a. 系统存储器

系统存储器用来存放由 PLC 生产厂家编写的系统程序，并固化在 ROM 内，用户不能更改。它使 PLC 具有基本的功能，能够完成 PLC 设计者规定的各项工作。系统程序质量的好坏很大程度上决定了 PLC 的性能。

b. 用户存储器

用户存储器包括用户程序存储器（程序区）和用户数据存储器（数据区）两部分。用户程序存储器用来存放用户针对具体控制任务采用 PLC 编程语言编写的各种用户程序。用户程序存储器根据所选用的存储器单元类型的不同（可以是 RAM、EPROM 或 EEP-ROM 存储器），其内容可以由用户修改或增删。用户数据存储器可以用来存放（记忆）用户程序中所使用器件的 ON/OFF 状态和数据等。用户存储器的大小关系到用户程序容量的大小，是反映 PLC 性能的重要指标之一。

为了便于读出、检查和修改，用户程序一般存储于 CMOS 静态 RAM 中，用锂电池作为后备电源，以保证失电时不会丢失信息。

③ 输入/输出接口

输入/输出接口是 PLC 与现场 I/O 设备或其他外部设备之间的连接部件。PLC 通过输入接口把外部设备（如开关、按钮、传感器）的状态或信息读入 CPU，通过用户程序的运算与操作，把结果通过输出接口传递给执行机构（如电磁阀、继电器、接触器等）。

在输入/输出接口电路中，一般均配有电子变换、光耦合器和阻容滤波等电路，以实现外部现场的各种信号与系统内部统一信号的匹配和信号的正确传递，PLC 正是通过这种接口实现了信号电平的转换。发光二极管（LED）用来显示某一路输入端子是否有信号输入。当系统的 I/O 点数不够时，可通过 PLC 的 I/O 扩展接口对系统进行扩展。

④ 电源部分

PLC 内部配有一个专用开关型稳压电源，它将交流/直流供电电源变换成系统内部各单元所需的电源，即为 PLC 各模块的集成电路提供工作电源。

PLC 一般使用 220V 的交流供电电源。PLC 内部的开关电源对电网提供的电源要求不高，与普通电源相比，PLC 电源稳定性好、抗干扰能力强。许多 PLC 都向外提供直流 24V 稳压电源，用于给外部传感器供电。

对于整体式 PLC，通常将电源封装在机壳内部；对于模板式 PLC，有的采用单独电源模块，有的将电源与 PLC 封装到一个模块中。

⑤ 编程器

编程器是 PLC 开发应用、监测运行、检查维护不可缺少的器件。它是 PLC 的外部设备，是人机交互的窗口。可用于编程、对系统作一些设定、监控 PLC 及 PLC 所控制的系统的工作状况，但它不直接参与现场控制运行。编程器可以是专用编程器，也可以是配有编程软件包的通用计算机系统。专用编程器是由 PLC 生产厂家专供该厂家生产的某些 PLC 产品使用，使用范围有限，价格较高。目前，大多是使用个人计算机为基础的编程器，用户只要购买 PLC 厂家提供的编程软件和相应的硬件接口装置，就可以得到高性能的 PLC 程序开发系统。

⑥ 扩展接口和外设通信接口

a. 外设通信接口

PLC 配有多种通信接口，PLC 通过这些通信接口可与编程器、打印机、其他 PLC、计算机等设备实现通信。可组成多机系统或连成网络，实现更大规模的控制。

b. 扩展接口

用于连接 I/O 扩展单元和特殊功能单元。通过扩展接口可以扩充开关量的 I/O 点数和增加模拟量的 I/O 端子，也可配接智能单元完成特定的功能，使 PLC 的配置更加灵活以满足不同控制系统的需要。I/O 扩展接口电路采用并行接口和串行接口两种电路形式。

2）PLC 的软件

PLC 控制系统的软件主要包括系统软件和用户程序。系统软件由 PLC 厂家固化在存储器中，用于控制 PLC 的运作。用户程序由使用者编制录入，保存在用户存储器中，用于控制外部对象的运行。

① 系统软件

系统软件包括系统管理程序、用户指令解释程序、标准程序模块及系统调用。整个系统软件是一个整体，它的质量很大程度上影响了 PLC 的性能。通常情况下，进一步改进和完善系统软件就可以在不增加任何设备的条件下大大改善 PLC 的性能，使其功能越来越强。

② 用户程序

PLC 的程序一般由三个部分构成：用户程序、数据块和参数块。用户程序是必选项，数据块和参数块是可选部分。用户程序即应用程序，是用户针对具体控制对象编制的程序。PLC 是通过在 RUN 方式下，循环扫描执行用户程序来完成控制任务的，用户程序决定了一个控制系统的功能。一个完整的用户程序应当包含一个主程序、若干子程序和若干中断程序三大部分。

（4）基本工作原理

PLC以微处理器为核心，具有微机的许多特点，但它的工作方式却与微机有很大不同。微机一般采用等待命令的方式工作，PLC是按集中输入、集中输出、周期性循环扫描的方式进行工作的。

每一次循环扫描所用的时间称为一个扫描周期。对每个程序，CPU从第一条指令开始执行，按顺序逐条地执行指令做周期性的程序循环扫描，如果无跳转指令，则从第一条指令开始逐条顺序执行用户程序，直至结束又返回第一条指令，如此周而复始不断循环。PLC在每次扫描过程中除了执行用户程序外，还要完成内部处理、输入采样、通信服务、程序执行、自诊断、输出刷新等工作。PLC工作的全过程包括三个部分，即上电处理、扫描过程和出错处理。PLC的扫描过程可用图4-13所示的运行框图来表示。

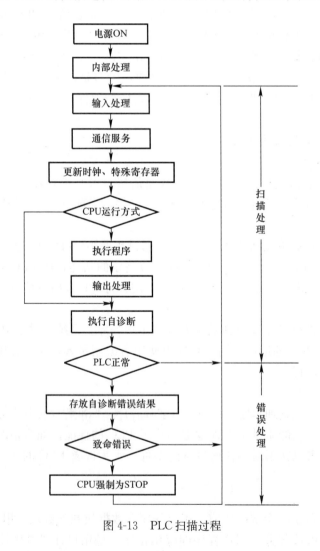

图4-13　PLC扫描过程

在图4-13中，PLC通电后，CPU在系统程序的控制下先进行内部处理，包括硬件初始化、I/O模块配置检查、停电保持范围设定及其他初始化处理等工作。

PLC 有很强的自诊断功能，PLC 每扫描一次执行一次自诊断检查，确定 PLC 自身的动作是否正常，如电源检测、内部硬件是否正常、程序语法是否有错等。如检查出异常时，CPU 面板的 LED 及异常继电器会接通，在特殊寄存器中会存入出错代码；CPU 能根据错误类型和程度发出信号，甚至进行相应的出错处理，使 PLC 停止扫描或强制变成STOP 状态。

PLC 运行正常时，扫描周期的长短与用户应用程序的长短、CPU 的运算速度、I/O点的情况等有关。通常用 PLC 执行 1kB 指令所需时间来说明其扫描速度（一般为 1～10ms/kB）。值得注意的是，不同指令执行时间是不同的，故选用不同指令所用的扫描时间将会不同。

若用于高速系统要缩短扫描周期时，可从软硬件上同时考虑。PLC 周期性循环扫描工作方式的显著特点是：可靠性高、抗干扰能力强，但响应滞后、速度慢。

PLC 执行程序的过程分为三个阶段，即输入采样阶段、程序执行阶段、输出刷新阶段，如图 4-14 所示。

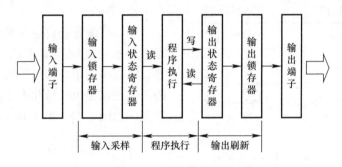

图 4-14　PLC 执行过程

1）输入采样阶段。在这一阶段中，PLC 以扫描方式读入所有输入端子上的输入信号，并将各输入状态存入对应的输入映像寄存器中。此时，输入映像寄存器被刷断。在程序执行阶段和输出刷新阶段中，输入映像寄存器与外界隔离，其内容保持不变，直至下一个扫描周期的输入采样阶段，才被重新读入的输入信号刷新。由此可见，PLC 在执行程序和处理数据时，不直接使用现场当时的输入信号，而使用本次采样时输入到映像区中的数据。一般来说，输入信号的宽度要大于一个扫描周期，否则可能造成信号的丢失。

2）程序执行阶段。在执行用户程序的过程中，PLC 按照梯形图程序扫描原则，即 PLC按从左至右、从上到下的步骤逐个执行程序。但遇到程序跳转指令时，则根据跳转条件是否满足来决定程序跳转地址。程序执行过程中，当指令中涉及输入、输出状态时，PLC 就从输入映像寄存器中"读入"对应输入端子的状态，从输出映像寄存器中"读入"对应元件（"软继电器"）的当前状态。然后进行相应的运算，运算结果再存入输出映像寄存器中。对输出映像寄存器来说，每一个元件（"软继电器"）的状态会随着程序执行过程而变化。

3）输出刷新阶段。程序执行阶段的运算结果被存入输出映像区，而不送到输出端口上。在输出刷新阶段，PLC 将输出映像区中的输出变量送入输出锁存器，然后由锁存器通过输出模块产生本周期的控制输出。如果内部输出继电器的状态为"1"，则输出继电器触点闭合，经过输出端子驱动外部负载。全部输出设备的状态要保持一个扫描周期。

当 PLC 的输入端输入信号发生变化时，PLC 输出端对该输入变化做出反应需要一段时间，这种现象称为 PLC 输入/输出响应滞后。

由上述分析可知，扫描周期的长短主要取决于程序的长短。扫描周期越长，响应速度越慢。由于每一个扫描周期只进行一次 I/O 刷新，即每一个扫描周期 PLC 只对输入、输出状态寄存器更新一次，故使系统存在输入、输出滞后现象，这在一定程度上降低了系统的响应速度。工业现场的干扰常常是脉冲式的、短时的，PLC 的输入/输出响应滞后，对一般的工业控制要求，是完全允许的，还可以起到增强系统的抗干扰能力。但是，对于控制时间要求严格、响应速度要求较快的系统，就要采取措施减小输入/输出响应滞后的不利影响。

（5）PLC 的编程语言

PLC 的编程语言与一般计算机语言相比具有明显的特点，它既不同于一般高级语言，也不同于一般汇编语言，它既要易于编写又要易于调试。目前还没有一种对各厂家产品都能兼容的编程语言。目前，PLC 为用户提供了多种编程语言，以适应编制用户程序的需要，PLC 提供的编程语言通常有以下几种：梯形图、语句表、顺序功能图和功能块图。

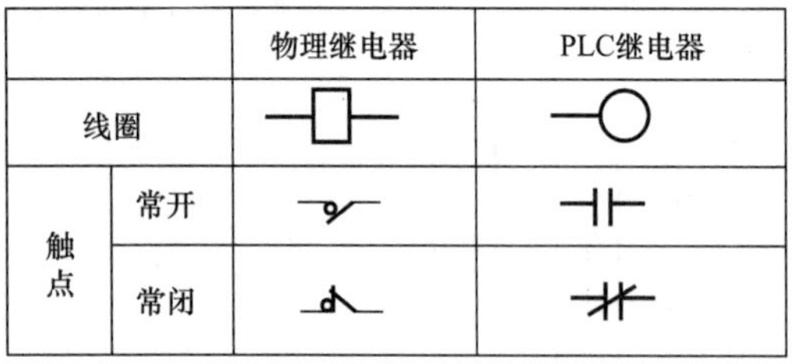

1）梯形图

梯形图编程语言是在继电器控制系统原理图的基础上演变而来的。PLC 的梯形图与继电器控制系统梯形图的基本思想是一致的，但是在使用符号和表达式等方面有一定区别。如图 4-15、图 4-16 所示。

		物理继电器	PLC 继电器
线圈			
触点	常开		
	常闭		

图 4-15　两种梯形图的继电器符号图对照

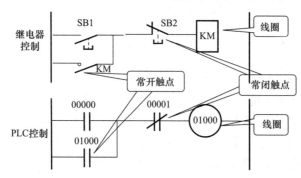

图 4-16　两种控制梯形图的对照

梯形图具有形象、直观、简单明了、易于理解的特点，特别适合开关量逻辑控制，是 PLC 最基本、最普遍的编程语言。

PLC 的每一个继电器都对应着内部的一个寄存器位，该位为"1"态时，相当于继电器接通；为"0"态时，相当于继电器断开。

2）语句表（STL）

语句表是用助记符来表达 PLC 的各种功能。它类似于计算机的汇编语言，但比汇编语言通俗易懂，也是较为广泛应用的一种编程语言。使用语句表编程时，编程设备简单，逻辑紧凑、系统化、连接范围不受限制，但比较抽象。一般可以与梯形图互相转化，互为补充。目前，大多数 PLC 都有语句表编程功能。

LD　　　　　00000：表示逻辑操作开始；
OR　　　　　01000：表示常开触点 01000 与前面的触点并联；

AND NOT 00001：表示常闭触点 00101 与前面的触点串联；

OUT 01000：表示前面的逻辑运算结果输出给 01000；

END ：表示程序结束。

3）顺序功能图（SFC）

顺序功能图编程是一种图形化的编程方法，亦称功能图。它的编程方式采用画工艺流程图的方法编程，只要在每个工艺方框的输入和输出端标上特定的符号即可。采用顺序功能图编程，可以使具有并发、选择等复杂结构的系统控制程序大为简化。许多 PLC 都提供了用于顺序功能图编程的指令，它是一种效果显著、深受欢迎的编程语言。

4）功能块图（FBD）

功能块图是一种由逻辑功能符号组成的功能块来表达命令的图形语言，这种编程语言基本上沿用了半导体逻辑电路的逻辑方块图。如图 4-17 所示。对每一种功能都使用一个运算方块，其运算功能由方块内的符号确定。对于熟悉逻辑电路和具有逻辑代数基础的人员来说，使用非常方便。

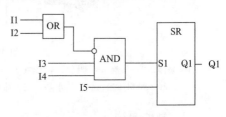

图 4-17 功能块图

4.4 水泵

自来水厂常用的水泵一般都是离心泵。最常用的离心泵是单级双吸离心泵和单级单吸离心泵，其外形如图 4-18 及图 4-19 所示。

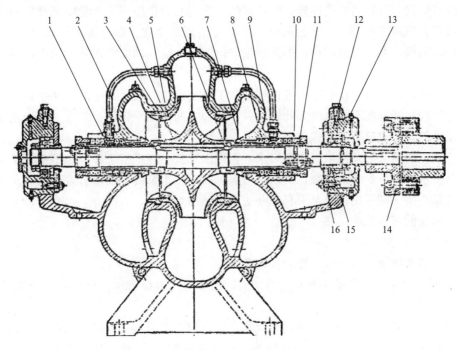

图 4-18 单级双吸离心泵

1—泵体；2—泵盖；3—叶轮；4—轴；5—双吸密封环；6—轴套；7—填料套；8—填料；9—水封环；10—填料压盖；11—轴套螺母；12—轴承体；13—单列向心球轴承；14—联轴器部件；15—轴承挡套；16—轴承端盖

65

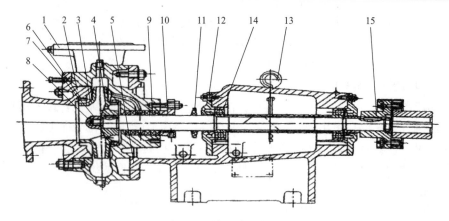

图 4-19　单级单吸离心泵

1—泵体；2—泵盖；3—叶轮；4—轴；5—托架；6—密封环；7—叶轮螺母；8—外舌止退垫圈；9—填料；
10—填料压盖；11—挡水圈；12—轴承端盖；13—油标尺；14—单列向心球轴承；15—联轴器

（1）离心泵构造

离心泵的主要零件基本上分成三部分：转动部分，有叶轮和泵轴；固定部分，有泵壳和泵座；交接部分，有泵轴与泵壳之间的轴封装置即填料盒，叶轮内壁接缝处的减漏装置即密封环，泵轴与泵座之间的连接装置即轴承座。另外尚有与电机两轴相连的联轴器，俗称靠背轮。

（2）离心泵工作原理

离心泵是通过离心力的作用提升和输送自来水的。启动前，先把泵壳内充满水，使得泵壳内没有空气。启动后叶轮旋转，叶片间的水在离心力作用下从叶轮中部被甩向叶轮周围，再沿泵壳流入出水管。从叶轮甩出的水具有很高的速度（即有很大的动能），水进入泵壳后由于断面增大，流速减小，根据能量守恒原理，这些动能就转化为位能，将水压向高处。

当水从叶轮流出后，在叶轮的进口处形成了真空，这时吸水井中的水在水面大气压力作用下，经吸水管源源不断地流入叶轮，并在离心力的作用下被压出水泵。周而复始，叶轮不断地旋转，水也就不断地送出。

离心泵在启动前必须使泵壳内充满水，否则水泵就不能正常工作。小型水泵如单级单吸离心泵吸水管进口处装置底阀，所以采用灌水办法使水泵内充满水。大中型水泵如单级双吸卧式离心泵，则采用真空泵引真空办法使水泵内充满水。

（3）水泵的基本性能

1）水泵的性能参数

水泵的基本性能通常由六个性能参数表示：

① 流量：水泵的流量即水泵单位时间内的出水量。用 Q 表示，单位为立方米/时，记作 m^3/h。

② 扬程：扬程又称总扬程，是指从吸水井内水面高度算起，经过水泵提升后能达到的高度（其中包括吸水管道的损失）。用 H 表示，单位为兆帕，记作 MPa（或米，记作 m）。

③ 轴功率：轴功率是指电动机须要输送给水泵的功率。用 N 表示，单位为千瓦，记作 kW。

④ 效率：水泵的效率是指水泵有效功率与水泵轴功率的比值。用 η 表示，单位为％。

⑤ 转数：转数是指水泵叶轮的旋转速度，通常以每分钟的旋转次数来表示。用 n 表示，单位为转/分钟，记作 r/min。

⑥ 允许吸上真空高度：是指水泵在标准状态下，水泵进口允许达到的最大真空值。用 H_s 表示，单位为米，记作 m。

2）水泵的特性曲线

通常把某个固定转速下的流量 Q 与扬程 H、流量 Q 与轴功率 N、流量 Q 与效率 η、流量 Q 与允许吸上真空高度 H_s 之间相互变化规律的几条曲线绘制在一个坐标图上，这些曲线统称为水泵的特性曲线。一般用流量 Q 作为几个参数共同的横坐标，用扬程 H、轴功率 N、效率 η、允许吸上真空高度 H_s 或必须汽蚀余量（NPSH）作为纵坐标。图 4-20 为 32SA-10A 型单级双吸离心泵的性能曲线图。

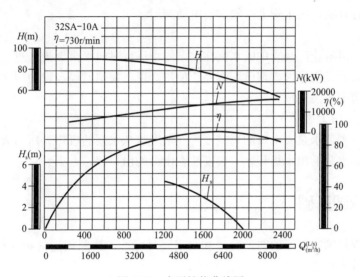

图 4-20 水泵性能曲线图

3）水泵运行工况点的调节

水泵运行工况点，实际上是在一个相当幅度范围内工况点随管网中流量、管道系统状况的变化而变化。当管网中流量大时，压力会下降；流量小时，压力会上升。当管网中压力变化太大时，水泵的运行工况点将移出水泵工作的高效区，这时水泵就在低效率情况下工作。

水泵运行工况点可以进行人为的调节。

一是阀门调节：调节水泵出口阀门开启度，即改变了管道系统中的阻力。这是水泵运行工况点调节的常用方法。当阀门关小时，管路中流量减小，泵头压力上升，电机运行电流减小；当阀门开大时，管路中流量增大，泵头压力下降，电机运行电流增加。这种调节水泵运行工况点的方法虽然比较简单，但增加了阀门的水头损失，运行并不经济。

二是改变水泵叶轮直径：这是自来水厂常用的叶轮切削的节电措施。水泵性能的变化规律是：流量与叶轮直径成正比，扬程与叶轮直径的平方成正比，轴功率与叶轮直径的三次方成正比。

切削水泵叶轮是有一定限度的，超过这个限度，就会较大地降低水泵效率，在经济上不合算。

三是改变水泵转数：改变水泵的转数，则水泵的流量、扬程、轴功率都会相应发生变化，其变化规律与叶轮切削的变化规律相同。用这种方法来调节水泵运行工况点是最经济的，因此水泵调速是自来水厂常用的节电措施。

（4）水泵的附件

1）吸水管与出水管

吸水管安装于泵的进水侧，一般一泵一管。吸水管要求沿着水流方向以连续上升的坡度接至水泵。吸水管要尽可能的短，不漏气，也不贮气。出水管安装于泵的出水侧，出水管经常承受高压，要求坚固而不漏水。

2）进出水阀门

一般在吸水管、出水管上都要安装阀门，吸水管上的阀门是考虑水泵检修而设，平时运行时永远是打开的，出水管上一般安装电动阀门。

3）止回阀

止回阀是用以阻止压水管中的水流在水泵停止运行时向水泵倒流。过去常用的旋启式止回阀耗电量大、维修量大，现已淘汰停止使用。现在泵站已经改设为缓闭式止回阀，这样还能消除管道中水锤的危害。

4）真空表、压力表

真空表用以测量水泵吸水口的真空度，一般安装在水泵的吸口；压力表用以测量水泵的出口水头，即水泵的出水扬程，一般安装在水泵的出口。

4.5　电气识图基础

电气图是根据国家制定的图形符号和文字符号标准，按照规定的画法绘制出的图纸。它是电气工程技术的语言。

4.5.1　电气识图基础知识

（1）电气图的分类

电气图可分为电气原理图、电气安装接线图、电气系统图、方框图、展开接线图、电气元件平面布置图等，且以前两种最为常见。

电气原理图是用电气符号按工作顺序排画的，详细表示了电路中电气元件、设备、线路的组成以及电路的工作原理和连接关系，而不考虑电气元件、设备的实际位置和尺寸的一种简图。

电气安装接线图是根据电气原理图和位置图编制而成的，主要用于电气设备及电气线路的安装接线、检查、维修和故障处理。又可分为单元接线图、互连接线图、端子接线图。

（2）电气图中区域的划分

标准的电气图（电气原理图）对图纸的大小（图幅）、图框尺寸和图区编号均有一定的要求。图框线上、下方横向标有阿拉伯数字 1、2、3 等，图框线左、右方纵向标有大写字母 A、B、C 等，这些是图区编号，是为了便于检索图中的电气线路或元件，方便阅读、理解全线路的工作原理而设置的,俗称"功能格"。

(3)电气图中符号索引

为了便于查找电气图中某一元件的位置,通常采用符号索引。符号索引是由图区编号中代表行(横向)的字母和代表列(纵向)的数字组合,必要时还须注明所在图号、页次。

4.5.2 电气符号介绍

(1)图形符号

图形符号通常用于图样或其他文件,以表示一个设备(如电动机)或概念(如接地)的图形、标记或字符。图形符号是构成电气图的基本单元,正确、熟练地理解、识别各种电气图形符号是看懂电气图的基础。

1)图形符号概念

图形符号通常由符号要素、一般符号和限定符号组成。

① 符号要素。符号要素是指一种具有确定意义的简单图形,通常表示电气元件的轮廓或外壳。符号要素必须同其他图形符号组合,以构成表示一个设备或概念的完整符号。如接触器的动合主触点的符号(见图4-21(f)),就由接触器的触点功能符号(见图4-21(b))和动合(常开)触点符号(见图4-21(a))组合而成。

符号要素不能单独使用,而通过不同形式组合后,即能构成多种不同的图形符号。

② 一般符号。一般符号是用以表示一类产品或此类产品特征的一种简单符号。一般符号可直接应用,也可加上限定符号使用。

③ 限定符号。限定符号是指用来提供附加信息的一种加在其他图形符号上的符号。限定符号一般不能单独使用。

2)图形符号构成

图形符号的构成方式有很多种,如一般符号+限定符号、符号要素+一般符号、符号要素+一般符号+限定符号。以一般符号+限定符号为例,在图4-21中,表示开关的一般符号(图(a)),分别与接触器功能符号(图(b))、断路器功能符号(图(c))、隔离器功能符号(图(d))、负荷开关功能符号(图(e))这几个限定符号组成接触器符号(图(f))、断路器符号(图(g))、隔离开关符号(图(h))、负荷开关符号(图(i))。

(2)文字符号

图形符号提供了一类设备或元件的共同符号,为了更明确地区分不同的设备、元件,尤其是区分同类设备或元件中不同功能的设备或元件,还必须在图形符号旁标注相应的文字符号。

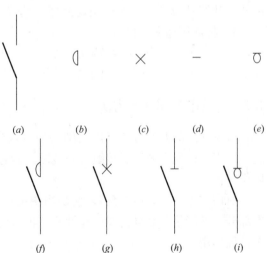

图4-21 一般符号与限定符号的组合

(a)开关的一般符号;(b)接触器功能符号;
(c)断路器功能符号;(d)隔离器功能符号;
(e)负荷开关功能符号;(f)接触器符号;
(g)断路器符号;(h)隔离开关符号;
(i)负荷开关符号

　　文字符号通常由基本符号、辅助符号和数字组成。新的国家标准规定的文字符号是以国际电工委员会（IEC）规定的通用英文含义为基础的。

　　1）基本文字符号

　　基本文字符号用以表示电气设备、装置和元器件以及线路的基本名称、特性。基本文字符号分为单字母符号和双字母符号。

　　① 单字母符号

　　单字母符号是用拉丁字母（其中"I"、"O"易同阿拉伯数字"1"、"0"混淆，不允许使用。字母"J"也未采用）将各种电气设备、装置和元器件划分为 23 大类，每大类用一个专用单字母符号表示，如"R"表示电阻器类、"Q"表示电力电路的开关器件类等。

　　② 双字母符号

　　双字母符号是由一个表示种类的单字母符号与另一个字母组成，其组合形式应以单字母符号在前，另一个字母在后的次序列出。双字母符号可以较详细和更具体地表达电气设备、装置和元器件的名称。双字母符号中的另一个字母通常选用该类设备、装置和元器件的英文单词的首字母，或常用缩略语或约定俗成的习惯用字母。例如"G"为电源的单字母符号，"Synchronous generator"为同步发电机的英文名称，"Asynchronous generator"为异步发电机的英文名称，则同步发电机、异步发电机的双字母符号分别为"GS"、"GA"。

　　2）辅助文字符号

　　辅助文字符号用以表示电气设备、装置和元器件以及线路的功能、状态和特征。如"SY"表示同步，"L"表示限制，"RD"表示红色（Red），"F"表示快速（Fast）。

　　3）文字符号的组合

　　新的文字符号组合形式一般为基本符号＋辅助符号＋数字序号，例如：第 1 个时间继电器，其符号为 KT1；第 2 组熔断器，其符号为 FU2。

　　4）特殊用途文字符号

　　在电气工程图中，一些特殊用途的接线端子、导线等，通常采用一些专用文字符号。如 L1 表示交流系统电源第 1 相；N 表示中性线；PE 表示保护接地。

4.5.3　看电气图基本方法

　　看电气图的基本方法可以归纳为如下六句话（即六先六后）：先一次，后二次；先交流，后直流；先电源，后接线；先线圈，后触点；先上后下；先左后右。下面对这六先六后作一说明。

　　所谓"先一次，后二次"，就是当图中有一次接线和二次接线同时存在时，应先看一次部分，弄清是什么设备和工作性质，再看对一次部分起监控作用的二次部分，具体起什么监控作用。

　　所谓"先交流，后直流"，就是当图中有交流和直流两种回路同时存在时，应先看交流回路，再看直流回路。因为交流回路一般由电流互感器和电压互感器的二次绕组引出，直接反映一次接线的运行状况；而直流回路则是对交流回路各参数的变化所产生的反应（监控和保护作用）。

　　所谓"先电源，后接线"，就是不论在交流回路还是直流回路中，二次设备的动作都是由电源驱动的，所以在看图时，应先找到电源（交流回路的电流互感器和电压互感器的二次绕组），再由此顺回路接线往后看：交流沿闭合回路依次分析设备的动作；直流从正电源沿接线找到负电源，并分析各设备的动作。

所谓"先线圈，后触点"，就是先找到继电器或装置的线圈，再找到其相应的触点。因为只有线圈通电（并达到其启动值），其相应触点才会动作；由触点的通断引起回路的变化，进一步分析整个回路的动作过程。

所谓"先上后下"和"先左后右"，可理解为：一次接线的母线在上而负荷在下；在二次接线的展开图中，交流回路的互感器二次侧线圈（即电源）在上，其负载线圈在下；直流回路正电源在上，负电源在下，驱动触点在上，被启动的线圈在下；端子排图、屏背面接线图一般也是由上到下；单元设备编号，则一般是按由左至右的顺序排列的。

4.5.4　绘制电气图的规则

（1）电气图的组成

电气图一般由电路、技术说明和标题栏三部分组成。

1）电路

通过开关电器，用导线将电源和负载连接起来，形成闭合回路，电流可以从中流过，以实现电气设备的预定功能，这就是电路。根据国家颁布的有关技术标准和图形符号、文字符号，以统一规定的方法把这种电路画在图纸上，就是电路图。

电路的结构形式和所能完成的任务是多种多样的，就构成电路的目的来说一般有两个，一是进行电能的传输、分配与转换，二是进行信息的传递和处理。

2）技术说明

电气图中的文字说明和元器件明细表等总称为技术说明。文字说明注明电路的某些要点及安装要求等，通常写在电路图的右上方，若文字说明内容较多，也可附页说明。元器件明细表列出电路中元器件的名称、符号、规格和数量等。元器件明细表以表格形式写在标题栏的上方。元器件明细表中序号自下而上编排。

3）标题栏

标题栏画在电路图的右下角，其中注有工程名称、图名、图号，还有设计人、制图人、审核人、批准人的签名和日期等。标题栏是电气图的重要技术档案，栏目中的签名人对图中的技术内容各负其责。

（2）电气图的布局

电气图布局的原则是便于绘制、易于识读、突出重点、均匀对称、间隔适当以及清晰美观；布局的要点是从总体到局部、从主接线图（主电路图或一次接线图）到副电路图（二次接线图）、从主要到次要、从左到右、从上到下以及从图形到文字。

4.5.5　电气图识读举例

（1）应该了解图纸的作用，把握图纸所表现的主题。如图 4-22 和图 4-23 所表现的主题是过电流保护，所以一接触图纸就要带着"断路器 QF 是怎样实现自动跳闸"的问题，进而了解定时限过电流保护的工作原理和特点，这样读图就会脉络清晰。

（2）熟悉二次电路图中常用到的图形符号和文字符号。并且要清楚这些图形符号、文字符号所表示设备的型号、规格、性能、特点、作用原理等，这样才有助于对电路原理的理解。

（3）在二次电路图中，各种开关触点都是按起始状态位置以及无电压、无外力作用的常态位置画出的；而读图时，却不能拘泥于这种常态来读，必须按图纸中的工作状态来读，这一点非常重要。例如在图 4-23 中，当分析直流跳闸回路时，按道理，中间继电器 KM 的常开触点一闭合，跳闸线圈 Y 就应得电动作了，但它们之间却隔了一个 QF 的常开触点。显然，如果这个常开触点不闭合是无法完成跳闸动作的。实际上，图中画的是起始状态位置，当主电路要正常工作时，断路器 QF 必须闭合才行，那么它的辅助常开触点也就随之闭合。所以，当 KM 触头闭合时，跳闸线圈就得电动作了。假如我们忽视了 QF 在工作状态时其辅助常开触点是闭合的这一点，我们就无法读懂该图。所以，为了看图方便，我们可以用铅笔在图上画出触点在工作时的状态，以防遗漏了某些细节，影响看图。

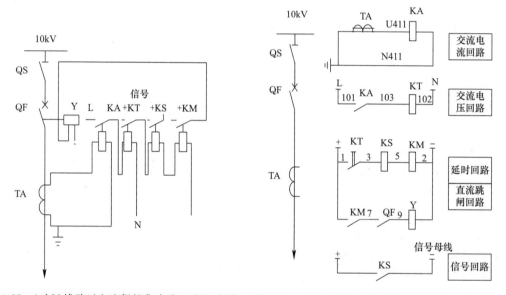

图 4-22　10kV 线路过电流保护集中式二次电路图　　图 4-23　10kV 线路过负荷保护分压式二次电路图

（4）应从整体上了解设备的作用。在二次电路图中，同一设备的各个部分往往分开布置在不同回路中，我们可以通过相同的文字符号把它们联系起来，从整体概念上来了解该设备所起的作用；但不要遇见一个继电器线圈就去找它的全部触点，而应按回路依次阅读，遇到触点找线圈，以判断其通断与否。

（5）注意读图顺序。当阅读比较复杂的二次电路图时，一般应先看主电路，后看二次电路。在看二次电路时，一般也应先易后难，先读比较简单的回路（如测量电路、信号电路），再读比较难的回路（如控制电路、保护电路）。有时应将集中式和分开式的电路图结合起来阅读，以便更好地读懂图纸。

第二篇　专业知识与操作技能

第5章 电力系统

电力系统是由各种类型的发电机、各种电压等级的变压器及输配电线路，以及用户的各种类型用电设备组成的包含一次、二次系统的复杂有机整体。

电力系统通常是由发电机、变压器、电力线路、用电设备等组成的三相交流系统。电力系统组成示意图如图5-1所示。

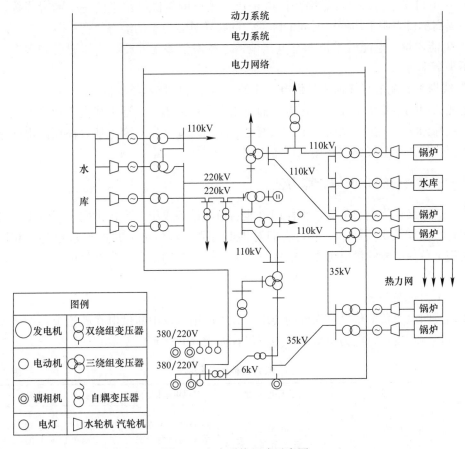

图5-1　电力系统组成示意图

5.1 供配电系统和负荷

5.1.1 供配电系统

供配电系统的主要功能是从输电网接收电能，然后逐级分配或者就地消耗电能，即将输电网的高压降低至既方便运行又适合用户需要的各种电压，组成多层次的配电网，向各类用户供电。配电网按照电压等级可以分为高压配电网、中压配电网和低压配电网。

（1）配电网的特点

① 配电网中用户对供电质量要求高；

② 在电网安全和经济运行的条件下，供电要有较高的可靠性；

③ 配电网接线比较复杂；配电网自动化程度提高；

④ 城市配电网等设施满足占地小、容量大、安全可靠、维护量小以及城市景观要求，城市中心区广泛使用地下电力电缆线路。

（2）配电网的运行指标

配电网运行的主要性能指标有：

① 供电可靠率。供电可靠率是供电企业对用户可靠供电水平的一个衡量指标。这个指标的提高不仅表明平均停电时间的降低，同时还具有显著的经济效益。

② 电能质量。电能质量指标有电压偏差、频率偏差、谐波、电压波动和闪变、三相电压不平衡率等。

③ 线损率。配电网线损率是供电企业的一项综合性技术经济指标。

电能的使用主要集中在工业用电、商业用电和居民用电。通常将向工业企业供电的供配电系统称为工厂供配电系统。工厂供配电系统由总降（压）变电所、高压配电线路、车间变电所、低压配电线路以及用电设备组成。

5.1.2 电力负荷的分级与计算方法

电力负荷又称为电力负载，指耗用电能的用电设备或用户。在供配电系统中，各类负荷的运行特点和重要性都不一样，它们对供电可靠性和电能质量的要求也各不相同。因此，在满足负荷必要的供电可靠性前提下，为了尽量节约投资，降低供电成本，必须对负荷进行分类。

（1）电力负荷分级

我们按照电力负荷供电可靠性的要求（分级原则）及中断供电在政治上、经济上造成的损失或影响程度，将电力负荷划分为三级，如表5-1所示。

电力负荷的分级   表 5-1

级别	停电影响	允许停电时间	对供电电源的要求	举例
一级	人身伤亡，重大设备损坏，政治、经济上造成重大损失。特别重要负荷发生中毒、火灾和爆炸等	备用电源投入及时，特别重要负荷不允许停电	两个独立电源，特殊重要的由两个独立的电源点供电，增设应急电源	炼钢厂的炼钢炉，超过30min报废；电解铝厂、扬子烯烃厂反应炉；医院、人民大会堂等
二级	政治、经济上造成较大损失，设备局部损坏、大量减产等	允许短时停电几分钟	两回路供电，当负荷较小或者两回路有困难时，允许采用6kV及以上一回专用线路供电	纺织厂、化工厂
三级	不属于一级、二级负荷	停电影响不大	无特殊要求，可以由一回路供电	

（2）电力负荷计算方法

供电设计常采用的电力负荷计算方法有：需用系数法、二项系数法、利用系数法等。需用系数法计算简便，对于任何性质的企业负荷均适用，且计算结果基本上符合实际，尤其对各用电设备容量相差较小，且用电设备数量较多的用电设备组，因此，这种计算方法采用最广泛。二项系数法主要适用于各用电设备容量相差大的场合，如机械加工企业、煤矿井下综合机械化采煤工作面等。利用系数法以平均负荷作为计算的依据，利用概率论分析出最大负荷与平均负荷的关系，这种计算方法目前积累的实用数据不多，且计算步骤较繁琐，故工程应用较少。

1）设备容量的确定

用电设备铭牌上标出的功率（或称容量）称为用电设备的额定功率 P_N，该功率是指用电设备（如电动机）额定的输出功率。

各用电设备，按其工作制分，有长期连续运行工作制、短时运行工作制和断续运行工作制三类。因此，在计算负荷时，不能将其额定功率简单地直接相加，而需将不同工作制的用电设备额定功率换算成统一规定的工作制条件下的功率，称之为用电设备功率 P_e。

① 长期连续运行工作制

这类工作制的用电设备长期连续运行，负荷比较稳定，如通风机、空气压缩机、水泵、电动发电机等。机床电动机，虽一般变动较大，但多数也是长期连续运行的。

对长期连续运行工作制的用电设备有：$P_e = P_N$。

② 短时运行工作制

这类工作制的用电设备工作时间很短，而停歇时间相当长。如煤矿井下的排水泵等。

对这类用电设备也同样有：$P_e = P_N$。

③ 断续运行工作制

用电设备以断续方式反复进行工作，其工作时间 t 与间歇时间 t_0 相互交替，工作时间内温度上升，间歇时间内温度下降，若干个周期后，达到一个稳定的波动状态。可用"负荷持续率"来表征其工作性质。

负荷持续率为一个工作周期内工作时间与工作周期的百分比值，用 ε 表示，即：

$$\varepsilon = \frac{t}{T} \times 100\% = \frac{t}{t + t_0} \times 100\% \tag{5-1}$$

式中　T——工作周期，s；

t——工作周期内的工作时间，s；

t_0——工作周期内的间歇时间，s。

断续运行工作制的设备，其容量一般是对应于某一标准负荷持续率的。

应该注意：同一用电设备，在不同的负荷持续率下工作时，其输出功率是不同的。因此，不同负荷持续率的设备容量（铭牌容量）必须换算为同一负荷持续率下的容量才能进行相加运算。并且，这种换算应该是等效换算，即按同一周期内相同发热条件来进行换算。由于电流 I 通过设备在 t 时间内产生的热量为 I^2Rt，因此，在设备电阻不变而产生热量又相同的条件下，$I \propto 1/\sqrt{t}$。而在相同电压下，设备容量 $P \propto I$。由公式（5-1）可知，同一周期的负荷持续率 $\varepsilon \propto t$。因此，$P \propto 1/\sqrt{\varepsilon}$，即设备容量与负荷持续率的平方根成反比。

假如设备在 ε_N 下的额定容量为 P_N，则换算到 ε 下的设备容量 P_ε 为：

$$P_\varepsilon = P_N \sqrt{\varepsilon_N / \varepsilon} \tag{5-2}$$

式中　ε——负荷持续率；

ε_N——与铭牌容量对应的负荷持续率；

P_ε——负荷持续率为 ε 时设备的输出容量，kW。

电焊机的铭牌负荷持续率 ε_N 有 50％、60％、75％和 100％四种，为了计算简便与查表求需用系数，一般要求统一换算到 $\varepsilon = 100\%$。因此，其设备容量为：

$$P_\varepsilon = P_N \sqrt{\frac{\varepsilon_N}{\varepsilon_{100}}} = S_N \cos\varphi \sqrt{\frac{\varepsilon_N}{\varepsilon_{100}}} = S_N \cos\varphi \sqrt{\varepsilon_N} \tag{5-3}$$

式中　P_N——电焊机铭牌上的有功容量，kW；

S_N——电焊机铭牌上的视在容量，kVA；

ε_{100}——其值为 100％的负荷持续率（计算中取 1）；

$\cos\varphi$——铭牌上的额定功率因数。

吊车电动机的铭牌负荷持续率 ε_N 有 15％、25％、40％和 50％四种，为了计算简便与查表求需用系数，一般要求统一换算到 $\varepsilon = 25\%$。因此，其设备容量为：

$$P_\varepsilon = P_N \sqrt{\frac{\varepsilon_N}{\varepsilon_{25}}} = 2 P_N \sqrt{\varepsilon_N} \tag{5-4}$$

式中　ε_{25}——其值为 25％的负荷持续率（计算中为 0.25）；

P_N——吊车电动机的铭牌容量，kW；

ε_N——与铭牌容量对应的负荷持续率。

【例 5-1】　有一电焊变压器，其铭牌上给出：额定容量 $S_N = 42\text{kVA}$，负荷持续率 $\varepsilon_N = 60\%$，功率因数 $\cos\varphi = 0.62$，试求该电焊变压器的设备容量 P_ε。

解：电焊装置的设备功率统一换算到 $\varepsilon = 100\%$，所以设备功率为：

$$P_\varepsilon = S_N \cos\varphi \sqrt{\frac{\varepsilon_N}{\varepsilon_{100}}} = 42 \times 0.26 \times \sqrt{0.6} = 20.2\text{kW}$$

2）需用系数法

对于用电户或一组用电设备，当在最大负荷下运行时，所安装的所有用电设备（不包括备用）不可能全部同时运行，也不可能全部以额定负荷运行，再加之线路在输送电力时必有一定的损耗，而用电设备本身也有损耗，故不能将所有设备的额定容量简单相加来作为用电户或用电设备组的最大负荷，必须要对相加所得到的总额定容量 $\sum P_N$ 打一个折扣。

需用系数法就是利用需用系数来确定用电户或用电设备组计算负荷的方法。其实质是用一个小于 1 的需用系数 K_d 对用电设备组的总额定容量 $\sum P_N$ 打一定的折扣，使确定出来的计算负荷 P_{ca} 比较接近该组设备从电网中取用的最大半小时平均负荷 P_{max}。其基本计算公式如下：

$$P_{ca} = K_d \sum P_N \tag{5-5}$$

在确定了设备容量之后，可按需用系数确定计算负荷。

用电设备组是由工艺性质相同、需用系数相近的一些设备合并成的一组用电设备。在一个车间中，可根据具体情况将用电设备分为若干组，再分别计算各用电设备组的计算负荷。其计算公式为：

$$P_{ca} = K_d \sum P_N$$

$$Q_{ca} = K_d \sum P_N \tan\varphi \tag{5-6}$$

$$S_{ca} = \sqrt{P_{ca}^2 + Q_{ca}^2} \tag{5-7}$$

$$I_{ca} = \frac{S_{ca}}{\sqrt{3}U_N} \tag{5-8}$$

式中　P_{ca}、Q_{ca}、S_{ca}——该用电设备组的有功功率、无功功率、视在功率计算负荷；

　　　　$\sum P_N$——该用电设备组的设备总额定容量，kW；

　　　　U_N——额定电压，V；

　　　　$\tan\varphi$——功率因数角的正切值；

　　　　I_{ca}——该用电设备组的计算负荷电流，简称计算电流，A；

　　　　K_d——需用系数。

须要指出：需用系数值与用电设备组的类别和工作状态有很大的关系，因此，在计算时首先要正确判明用电设备组的类别和工作状态，否则将造成错误。

5.2　电力系统的中性点运行方式

电力系统的中性点实际上是指电力系统中发电机、变压器的中性点，其接地或不接地是一个综合性的问题。中性点接地方式与电压等级、单相接地短路电流、过电压水平、保护配置等有关，对电力系统的运行，特别是对发生故障后的系统运行有多方面的影响，如直接影响电网的绝缘水平、系统供电的可靠性和连续性、主变压器和发电机的运行安全以及对通信线路的干扰等。所以在选择中性点接地方式时，必须考虑许多因素。电力系统中性点接地方式有两大类：一类是中性点直接接地或经过低阻抗接地，称为大接地电流系统；另一类是中性点不接地、经过消弧线圈或高阻抗接地，称为小接地电流系统。其中采用最广泛的是中性点不接地、中性点经过消弧线圈接地和中性点直接接地三种方式。

对于 6～10kV 的系统，由于设备绝缘水平按线电压考虑对于设备造价影响不大，为了提高供电可靠性，一般均采用中性点不接地或经消弧线圈接地的方式。对于 110kV 及以上的系统，主要考虑降低设备绝缘水平，简化继电保护装置，一般均采用中性点直接接地的方式，并采用送电线路全线架设避雷线和装设自动重合闸装置等措施，以提高供电可靠性。20～60kV 的系统是一种中间情况，一般一相接地时的电容电流不太大，网络不太复杂，设备绝缘水平的提高或降低对于造价影响不太显著，所以一般均采用中性点经消弧线圈接地方式。1kV 以下的电网的中性点采用不接地方式运行，但电压为 380V/220V 的系统，采用三相五线制，零线是为了取得相电压，地线是为了安全。

5.2.1　中性点不接地系统

（1）中性点不接地系统运行

中性点不接地系统，即中性点对地绝缘。这种接地方式结构简单，运行方便，不需任何附加设备，投资经济。适用于以 10kV 架空线路为主的辐射形或树状形的供电网络。中性点不接地系统的优点在于发生单相接地故障时，由于接地电流很小，若是瞬时故障，一般能自动熄弧，非故障相电压升高不大，不会破坏系统的对称性，接在相间电压上的电气设备的供电并未遭到破坏，它们可以继续运行。但是这种电网长期在一相接地的状态下运行，也是不允许的，因为这时非故障电压升高，绝缘薄弱点很可能被击穿，进而引起两相接地短路，将严重地损坏电气设备。根据规定，系统发生单相接地故障后可允许继续运行不超过 2h，从而获得排除故障的时间，相对提高了供电的可靠性。

中性点不接地系统的缺点在于因其中性点是绝缘的，电网对地电容中储存的能量没有释放通路。当接地的电容电流较大时，在接地处引起的电弧就很难自行熄灭，在接地处还可能出现所谓的间歇电弧，即周期地熄灭与重燃的电弧。由于对地电容中的能量不能释放，造成电压升高，从而产生弧光接地过电压或谐振过电压，其值可达很高的倍数，对设备绝缘造成威胁。由于电网是一个具有电感和电容的振荡回路，间歇电弧将引起相对地的过电压，容易引起另一相对地击穿，从而形成两相接地短路。所以必须设专门的监察装置，以便使运行人员及时地发现一相接地故障，从而切除电网中的故障部分。

在电压为 3～10kV 的电网中，一相接地时的电容电流不允许大于 30A，否则，电弧不能自行熄灭；在电压为 20～60kV 的电网中，间歇电弧所引起的过电压数值更大，对于设备绝缘更为危险，而且由于电压较高，电弧更难自行熄灭，因此，在这些电网中，规定一相接地电流不得大于 10A。

（2）中性点不接地系统分析

中性点不接地方式即电力系统的中性点不与大地相接。电力系统中的三相导线之间和各相导线对地之间都存在着分布电容。设三相系统是对称的，则各相对地均匀分布的电容可由集中电容 C 表示，线间电容电流数值较小，可不考虑，如图 5-2 （a）所示。

系统正常运行时，三个相电压 $\dot{U}_1$、$\dot{U}_2$、$\dot{U}_3$ 是对称的，三相对地电容电流 $\dot{I}_{C1}$、$\dot{I}_{C2}$、$\dot{I}_{C3}$ 也是对称的，其相量和为零，所以中性点没有电流流过。各相对地电压就是其相电压，如图 5-2 （b）所示。

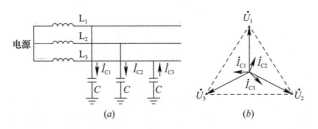

图 5-2 正常运行时的中性点不接地系统
（a）电路图；（b）相量图

当系统任何一相绝缘受到破坏而接地时，各相对地电压、对地电容电流都要发生改变。当故障相（假定为第 3 相）完全接地时，如图 5-3 （a）所示。接地的第 3 相对地电压为零，即 $\dot{U}'_3=0$，但线间电压并没有发生变化。非接地的第 1 相对地电压 $\dot{U}'_1=\dot{U}_1+(-\dot{U}_3)=\dot{U}_{13}$，第 2 相对地电压 $\dot{U}'_2=\dot{U}_2+(-\dot{U}_3)=\dot{U}_{23}$。即非接地两相对地电压均升高 $\sqrt{3}$ 倍，变为线电压，如图 5-3（b）所示。当第 3 相接地时，由于另外两相对地电压升高$\sqrt{3}$倍，使得这两相对地电容电流也相应地增大$\sqrt{3}$倍，即$\dot{I}'_{C1}=\dot{I}'_{C2}=\sqrt{3}I_{C0}$。

从图 5-3（b）的相量图可知，中性点不接地系统单相接地电容电流为正常运行时每相对地电容电流的$\sqrt{3}$倍。从图 5-3（b）的相量图还可看出，系统的三个线电压的相位和量值均未发生变化，因此系统中所有用电设备仍可继续运行。

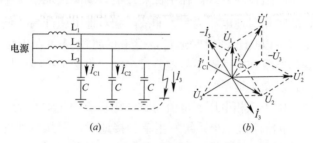

图 5-3 一相接地时的中性点不接地系统
（a）电路图；（b）相量图

由此可见，中性点不接地系统发生一相接地时有以下特点：经故障相流入故障点的电流为正常时本电压等级每相对地电容电流的$\sqrt{3}$倍；中性点对地电压升高为相电压；非故障相的对地电压升高为线电压；线电压与正常时的相同。

5.2.2 中性点经消弧线圈接地系统

（1）中性点经消弧线圈接地系统运行

中性点经消弧线圈接地系统，是将中性点通过一个电感消弧线圈接地。消弧线圈主要由带有气隙的铁芯和套在铁芯上的绕组组成，它们被放在充满变压器油的油箱内，绕组的电阻很小，电抗很大。消弧线圈的电感，可用改变接入绕组的匝数加以调节，显然，在正常的运行状态下，由于系统中性点的电压为三相不对称电压，数值很小，所以通过消弧线圈的电流也很小。

中性点经消弧线圈接地系统的优点在于其能迅速补偿中性点不接地系统单相接地时产生电容电流，减少弧光接地过电压的发生。虽然中性点不接地系统具有发生单相接地故障仍可以继续供电的突出优点，但也存在产生间歇电弧而导致过电压的危险。当接地电流大于 30A 时，产生的电弧往往不能自熄，造成弧光接地过电压概率增大，不利于电网安全运行。而消弧线圈是一个具有铁芯的可调电感，当电网发生接地故障时，接地电流通过消弧线圈时呈电感电流，对接地电容电流进行补偿，使通过故障点的电流减小到能自行熄弧的范围。当电流过零而电弧熄火后，消弧线圈尚可减少故障相电压的恢复速度，从而减少电弧重燃的可能，有利于单相接地故障的消除。此外，通过对消弧线圈无载分接开关的操作，使之能在一定范围内达到过补偿运行，从而减小接地电流。这可使电网持续运行一段时间，提高了供电可靠性。

中性点经消弧线圈接地系统的缺点主要在于零序保护无法检测出接地的故障线路。当系统发生接地时，由于接地点电流很小，且根据规程要求消弧线圈必须处于过补偿状态，接地线路和非接地线路流过的零序电流方向相同，故零序过流、零序方向保护无法检测出已接地的故障线路。其次，消弧线圈本身是感性元件，与对地电容构成谐振回路，在一定条件下能发生谐振过电压。中性点经消弧线圈接地仅能降低弧光接地过电压的概率，还是不能彻底消除弧光接地过电压，也不能降低弧光接地过电压的幅值。

发生单相接地时，按规定可带单相接地故障运行 2h，对于中压电网，因接地电流得到补偿，单相接地故障并不发展为相间故障，因此中性点经消弧线圈接地方式的供电可靠性大大高于中性点经小电阻接地方式。在中性点经消弧线圈接地系统中，一相接地和中性点不接地系统一样，故障相对地电压为零，非故障相对地电压升高 $\sqrt{3}$ 倍，三相线电压仍然保持对称和大小不变，所以也允许暂时运行，但不得超过 2h。在中性点经消弧线圈接地系统中，各相对绝缘的要求和中性点不接地系统一样，也必须按线电压设计。

（2）中性点经消弧线圈接地系统分析

系统正常运行时，由于三相电压、电流对称，中性点对地电位为 0，消弧线圈上电压为 0，消弧线圈中没有电流流过。当系统发生单相接地时，消弧线圈处在相电压之下，通过接地处的电流是接地电容电流 I_C 和线圈电感电流 I_L 的相量和，如图 5-4 所示。由于 I_C 超前 U_C 90°，而 I_L 滞后 U_C 90°，故 I_C 与 I_L 相位相反，在接地点相互补偿。只要消弧线圈电感量选取合适，就会使接地电流减小到小于发生电弧的最小生弧电流，电弧就不会产生，也就不会产生间歇过电压。

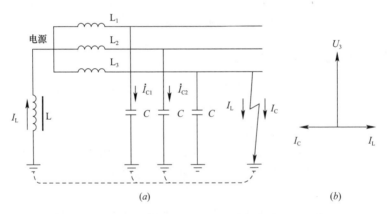

图 5-4　一相接地时的中性点经消弧线圈接地系统
(a) 电路图；(b) 相量图

根据消弧线圈中电感电流对接地电容电流的补偿程度不同，可以分为全补偿、欠补偿和过补偿三种补偿方式。

全补偿：当 $I_L = I_C (\omega L = 1/3\omega C)$ 时，接地点的电流为 0，确实能很好地避免电弧的产生，这种补偿称为全补偿。从补偿观点来看，全补偿应该是最好的，但实际上不采用这种补偿方式。因为系统正常运行时，各相对地电压不完全对称，中性点对地之间有一定电压，此电压可能引起串联谐振，在线路中会产生很大的电压降，造成电网中性点对地电压严重升高，这样可能会损坏设备和电网的绝缘，因此这种补偿方式并不是最好的补偿方式。

欠补偿：当 $I_L < I_C$，即感抗大于容抗时，接地点的电流没有被消除，尚有未补偿的电容电流，这种补偿称为欠补偿。这种补偿方式也很少采用。因为在欠补偿运行时，如果切

除部分线路（对地电容减小，容抗增大 I_C 减小），或系统频率降低（感抗减小 I_L 增大，容抗增大 I_C 减小），都有可能使系统变为全补偿，出现电压串联谐振过电压，因此这种补偿方式也不好。

过补偿：当 $I_L > I_C$，即感抗小于容抗时，接地点出现多余的电感电流，这种补偿称为过补偿。采用这种补偿方式，不会出现串联谐振情况，因此得到广泛应用。因为 $I_L > I_C$，消弧线圈留有一定的裕度，也有利于将来电网发展。采用过补偿，补偿后的残余电流一般不超过 5～10A。运行实践也证明，不同电压等级的电网，只要残余电流不超过允许值（6kV 电网，残余电流≤30A；10kV 电网，残余电流≤20A；35kV 电网，残余电流≤10A），接地电弧就会自动熄灭。

然而，中性点经消弧线圈接地系统与中性点不接地系统一样，发生单相短路时，非故障相的对地电压要升高为原相电压的 $\sqrt{3}$ 倍，即成为线电压。总之，当电网发生单相接地故障时，由于消弧线圈的存在使得流过中性点的电流为感性，对接地电容电流进行了补偿，使通过故障点的电流减小到能自行熄弧的范围。同时，当电流过零而电弧熄火后，消弧线圈也减少了故障相电压的恢复速度，从而减小了电弧重燃的可能。

5.2.3 中性点直接接地系统

（1）中性点直接接地系统运行

在电力系统中采用中性点直接接地方式，就是把中性点直接和大地相接，这种方式可以防止中性点不接地系统单相接地时产生的间歇电弧过电压，中性点直接接地系统又称为大电流接地系统。

中性点的电位在电网的任何工作状态下均保持为零。在这种系统中，当发生一相接地时，这一相直接经过接地点和接地的中性点短路，一相接地短路电流的数值最大，应立即使继电保护动作，将故障部分切除，因而使用户的供电中断。运行经验表明，在 1kV 以上的电网中，大多数的一相接地故障，尤其是架空送电线路的一相接地故障，大都具有瞬时性，在故障部分切除以后，接地处的绝缘可迅速恢复，而送电线可以立即恢复工作。目前在中性点直接接地的电网内，为了提高供电可靠性，均装设自动重合闸装置，在系统一相接地线路切除后，立即自动重合，再试送一次，如为瞬时故障，送电即可恢复。

中性点直接接地系统的主要优点是它在发生一相接地故障时，非故障相对地电压不会增高，因而各相对地绝缘即可按相对地电压考虑。电网的电压越高，经济效果越好；而且在中性点不接地或经消弧线圈接地的系统中，单相接地电流往往比正常负荷电流小得多，因而要实现有选择性的接地保护就比较困难，但在中性点直接接地系统中，实现就比较容易，由于接地电流较大，继电保护一般都能迅速而准确地切除故障线路，且保护装置简单，工作可靠。

中性点直接接地系统的缺点：接地故障线路迅速切除，间断供电；接地电流大，增加电力设备损伤，增大接触电压和跨步电压、对信息系统干扰和对低压网反击。

（2）中性点直接接地系统分析

在中性点直接接地系统中，中性点的电位在电网的任何工作状态下均保持为零。在这种系统中，当发生一相接地时，这一相直接经过接地点和接地的中性点短路，一相接地短路电流的数值很大，因而应立即使继电保护动作，将故障部分切除，如图 5-5 所示。

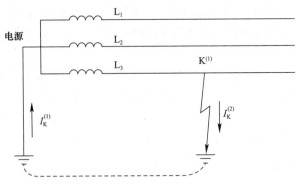

图 5-5　一相接地时的中性点直接接地系统

5.3　供配电系统的主接线方式

5.3.1　电气接线方式

（1）无备用式（又称开式）：由一条电源线路向用户供电，分为单回路放射式、干线式、链式和树枝式，如图 5-6 所示。

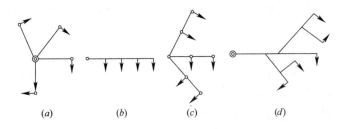

图 5-6　无备用接线形式
(a) 放射式；(b) 干线式；(c) 链式；(d) 树枝式

主要优点：接线简单，运行方便；
主要缺点：供电可靠性差。

（2）有备用式（又称闭式）：由两条及两条以上电源线路向用户供电，分为双回路放射式、双回路干线式、环式、两端供电式和多端供电式，如图 5-7 所示。

特点：供电可靠性高，适用于对 I 类负荷供电。

5.3.2　配电网接线方式

中、低压配电网：接线方式应符合 N—1 原则（即一回线故障不会造成对用户停电）的可靠性要求。

城市电网一般采用有备用的接线方式，而且往往根据负荷的大小、分布以及对供电可靠性的不同要求，选取几种方式相结合的混合接线形式，并按电压等级 220/60(110)/10kV 布局成"强/弱/强"的接线形式。

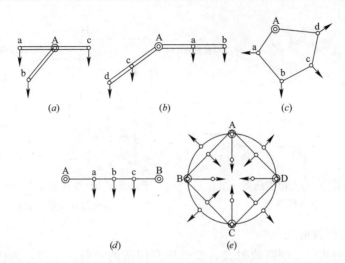

图 5-7 有备用接线形式

(a) 双回路放射式；(b) 双回路干线式；(c) 环式；(d) 两端供电式；(e) 多端供电式

(1) 高压配电网的接线方式

组成：包括 110kV、60kV 和 35kV 的线路和变电所。

由于可靠性要求很高，故一般采用有备用的接线方式。

采用架空线路时，为两回路；采用电缆线路时可分多回路。为避免双回路同时故障而使变电所全停，应尽可能在双侧有电源。

线路上接入 3 个及以上变电所时，线路宜在两侧有电源，但正常运行时两侧电源不并列。

(2) 中压配电网的接线方式

组成：10kV 线路、配电所、开闭所、箱式配电所、杆架变压器等。

主要接线方式：放射式、普通环式、拉手环式、双路放射式、双路拉手环式五种。

(3) 低压配电网的接线方式

低压配电网：指电压等级 1kV 以下的自配电变压器低压侧或从直配发电机母线至各用户受电设备的电力网络。

低压配电网的接线要综合考虑配电变压器的容量及供电范围和导线截面。低压配电网供电半径一般不超过 400m。

接线方式有以下几种：

1) 放射式

① 一台配电变压器一组低压熔断器，所有的低压配电线路都由一组低压熔断器控制，如图 5-8 所示。

优点：接线简单，造价较低。

缺点：供电可靠性差、安全性差、灵敏度差。

适用于负荷密度较小、供电范围也较小的地区，且配电变压器容量不超过 50kVA 或 100kVA。

② 一路低压配电线路采用一组低压熔断器，如图 5-9 所示。

特点：停电面积小，可靠性高；熔断器的保护灵敏度高。

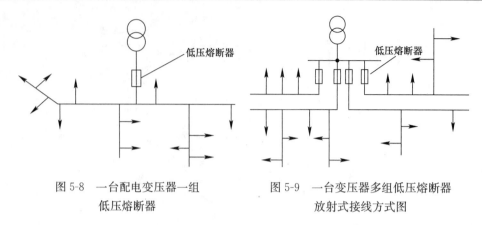

图 5-8　一台配电变压器一组
低压熔断器

图 5-9　一台变压器多组低压熔断器
放射式接线方式图

2）电缆配电网放射式

有单回路放射式、双回路放射式、带低压开闭所的放射式三种，如图 5-10、图 5-11所示。

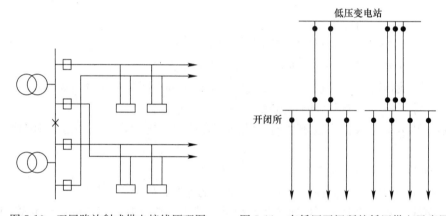

图 5-10　双回路放射式供电接线原理图

图 5-11　有低压开闭所的低压供电示意图

3）普通环式

在电缆线路中，只有一台配电变压器或几台属于同一中压电源的配电变压器供电的低压配电网。

一般用于住宅楼群区。

4）拉手环式

两侧都有电源。

供电可靠性大大高于单电源的普通环式。

5）格式

用于低压电缆线路。

分为低压格网、低压变电站群、中压配电线路三个部分。

配电变压器一般都是同一容量。

要求：每个配电变压器周围的其他配电变压器的电源应来自不同中压变电站或同一中压变电站不同母线段的中压配电线路。

特点：结构灵活，供电可靠性高。

5.3.3 变电所主接线的基本形式

变电所的电气主接线由变压器、断路器、隔离开关、互感器、母线和电缆等电气设备，按一定顺序连接的，用以表示生产和分配电能的电路，又称为一次接线。

（1）具有母线的主接线

母线的作用：汇集和分配电能。

1）单母线接线（见图 5-12）

断路器 QF：用来接通或切断电路；

隔离开关 QS：检修断路器时，形成一个明显的断开点；

母线隔离开关：紧靠母线的隔离开关 QS1、QS2；

出线隔离开关：靠近线路的隔离开关 QS3；

接地隔离开关 EQS：检修出线时闭合，代替安全接地线的作用。

① 隔离开关和断路器的操作顺序

原则：保证隔离开关"先通后断"或在等电位状态下进行操作。

如给出线 WL1 送电时，必须先合上 QS1，再合上 QS3，最后合上断路器 QF2；

如停止供电，须先断开 QF2，再拉开 QS3，最后断开 QS1。

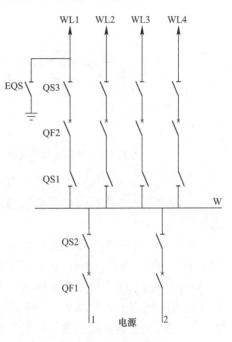

图 5-12　单母线接线

此外，为防止误操作，除严格执行操作规程外，在隔离开关和相应的断路器之间应加装电磁闭锁或机械闭锁。

② 单母线接线的特点

优点：接线简单清晰、操作方便、设备少、投资小，隔离开关仅用于检修，不作为操作电器，不容易发生误操作。

缺点：母线和母线隔离开关检修或故障时，将造成全部回路停电；出线断路器检修时，该回路将停电。

③ 主要用于小容量的发电厂和变电所中。

2）单母线分段接线（见图 5-13）

优点：可分段检修母线和母线隔离开关，减小母线故障的影响范围；

缺点：出线断路器检修时，该出线停电。

分段的数目取决于电源数量和容量。段数分得越多故障时停电范围越小，但同时所用断路器等设备也增多，且运行也越复杂。通常分为 2～3 段为宜，为减小母线故障的影响范围，应尽可能使一段母线上的电源功率与出线功率之和相等。

3）带旁路母线的单母线接线（见图 5-14）

旁路母线的作用：可以不停电检修与它相连的任一断路器。

优点：可以不停电检修任一出线断路器。

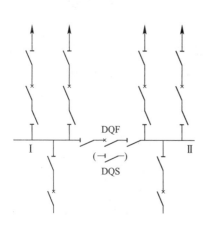

图 5-13　单母线分段接线

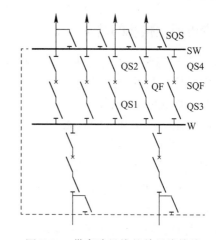

图 5-14　带旁路母线的单母线接线

虚线表示旁路母线系统也可以用来不断开电源检修电源断路器。正常运行时，旁路不带电。隔离开关作为操作电器必须遵循的"等电位原则"，即判断操作前后隔离开关两端的电位。

检修 QF 之前的步骤：先合上隔离开关 QS3，再合上 QS4；合上 SQF（对旁路母线充电检查）；合上 SQS；断开 QF；断开 QS1，再断开 QS2。

由于旁路系统造价昂贵，同时使配电装置和运行复杂，所以规程规定：电压为 35kV而出线在 8 回以上，110kV、6 回以上，220kV、4 回以上的屋外配电装置都可加设旁路母线。6～10kV 屋内配电装置，一般不装设旁路母线。

4）单母线分段带旁路的接线（见图 5-15）

若采用专门的分段断路器和旁路断路器，则断路器数目较多，造价较高，一般不采用。

通常采用以分段断路器兼作旁路断路器的接线形式，如图 5-15 所示。

正常运行时旁路母线不带电，以单母线分段方式运行，分段断路器 DQF 及隔离开关QS1、QS2 处于闭合状态，QS3、QS4、QS5 均断开。

单母线方式运行：DQF 作为旁路断路器运行，若合上隔离开关 QS1、QS4（此时QS2、QS3 断开）及 DQF，则旁路母线接至 A 段母线；若合上隔离开关 QS2、QS3（此时 QS1、QS4 断开）及 DQF，则旁路母线接至 B 段母线。可以通过隔离开关 QS5 并列运行。

适用于进出线不多、容量不大的中小型发电厂和变电所。

5）双母线接线（见图 5-16）

具有两组母线：工作母线Ⅰ和备用母线Ⅱ。

优点：

① 供电可靠。

② 检修任一母线时，不会停止对用户连续供电。

母线检修操作步骤：

先合上母联断路器两侧的隔离开关，再合上母联断路器 CQF，向备用母线充电，此时两组母线等电位。

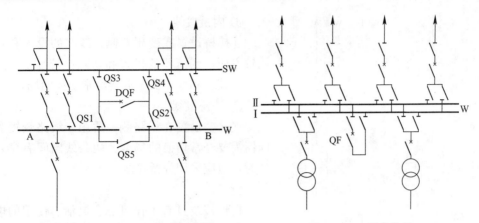

图 5-15　单母线分段带旁路的接线　　　　图 5-16　双母线接线

然后按照"先通后断"的操作顺序，先接通备用母线上的隔离开关，再断开工作母线上的隔离开关。

完成母线切换后，最后断开 CQF 及其两侧隔离开关，即可对母线 I 进行检修。

检修任一组隔离开关，只需断开此隔离开关所属回路和与此隔离开关相连的该组母线，其他电路均可通过另一组母线继续运行。

检修任一出线断路器，只需短时停电。

③ 运行调度灵活。

④ 通过倒闸操作可以形成不同运行方式。

单母线分段运行：母联断路器闭合，两组母线同时运行，进出线分别接在两组母线上。

单母线运行：母联断路器断开，一组母线运行，另一组母线备用，全部进出线接于运行母线上。

⑤ 易于扩建。

向双母线左右两侧扩建，均不会影响两组母线上电源和负荷的自由组合。目前我国大容量的重要发电厂和变电所中广泛采用。

缺点：

① 隔离开关作为操作电器容易发生误操作；

② 检修任一回路的断路器或母线故障时，仍将短时停电；

③ 使用设备多，配电装置复杂，投资较多。

为了消除上述某些缺点可以采取如下措施：

① 为了防止误操作，要求运行人员熟悉操作规程，另外在隔离开关与断路器之间装设特殊的闭锁装置，以保证正确的操作顺序。

② 正常运行时，采用单母线分段运行方式，以减小母线故障短时停电的范围。

③ 采用双母线分段，进一步减小母线故障影响范围。

④ 为了不停电检修出线断路器，采用双母线带旁路母线的接线。

（2）没有母线的主接线

1）桥形接线（见图 5-17）

当只有两台变压器和两条线路时，可以采用桥形接线。正常运行时，桥连断路器闭合。

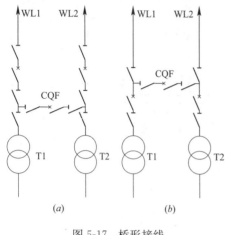

图 5-17　桥形接线

(a) 内桥；(b) 外桥

① 内桥接线

连接桥设置在变压器侧；线路的投入和切除比较方便，变压器的投入和切除比较复杂；适用于线路较长和变压器不需要经常切换的场合。

② 外桥接线

连接桥设置在线路侧；适用于线路较短和变压器需要经常切换的场合；两条线路间有穿越功率时，也应采用外桥接线。

特点：

桥形接线具有工作可靠、灵活、使用的电器少、装置简单清晰和建设费用低等优点，并且它特别容易发展为单母线分段接线或双母线接线。因此广泛使用在 220kV 及以下的变电所中，具有二路电源的工厂企业变电所也普遍采用，还可以作为建设初期的过渡接线。

2) 单元接线

① 发电机—变压器单元接线：

具有接线简单、开关设备少、操作简便的特点。

② 发电机—双绕组变压器单元接线：

发电机出口处不装设断路器，为调试发电机方便应装设隔离开关。

③ 发电机—三绕组变压器单元接线：

发电机出口处应装设断路器，以便在发电机停止工作时，还能保持高压和中压电网之间的联系。

④ 变压器—线路单元接线：

当只有一台变压器和一回线路时，可采用这种接线。

当线路和变压器高压侧共用一组断路器（QF2）时，线路和变压器之间的断路器（QF2）也可以不装设，当变压器发生故障时，可由线路始端的断路器（QF1）切除变压器。若线路始端的继电保护的灵敏度不能满足要求时，应采取专门措施，如在变压器高压侧装设接地开关等。

这种接线一般用于小容量的终端变电所和小容量的农村变电所。

5.4　电力系统的电能质量及调整

电能质量问题是自电力工业诞生就存在的问题。电能质量的好坏关系到国民经济的整体效益，也是电力工业水平的标志。目前，电能质量主要指标有电压偏差、频率偏差、电压正弦波畸变率、三相不平衡度、电压波动和闪变、暂时过电压和瞬态过电压等。

（1）电压偏差

电压是电能质量的重要标志。供给用户的电压与额定电压的偏移不超过规定的数值，是电力系统运行调整的基本任务之一。各种用电设备是按照额定电压来设计制造的，只有在额定电压下运行才能取得最佳的工作效率。电压质量对电力系统本身有影响。电压过高时：会对负荷的运行带来不良影响；影响产品的质量和产量，损坏设备；各种电气设备绝缘会损坏，在超高压输电线路中还将增加电晕损耗；甚至会引起电力系统电压崩溃，造成大面积停电。电压降低时：会使电网中的有功功率损耗和能量损耗增加，过低还会危及电力系统运行的稳定性。无论是作为负荷用电设备还是电力系统本身，都要求能在一定的额定电压水平下工作。从技术和经济上综合考虑，规定各类用户的允许电压偏差是完全必要的。我国规定在正常运行情况下各类用户允许电压偏差为：

1）35kV 及以上电压供电的负荷：供电电压正、负偏差绝对值之和不超过标称电压的10%；

2）20kV 及以下三相供电电压供电的负荷：标称电压±7%；

3）220V 单相供电电压偏差为标称电压的+7%～-10%；

（2）电压波动和闪变

在某一时间段内，电压急剧变化而偏离标称电压（额定电压）的现象称为电压波动。生产（或运行）过程中从供电网中取用快速变动功率的负荷，称为波动负荷，如炼钢电弧炉、轧机、电弧焊机等。波动负荷是造成电压波动的主要原因。国家标准《电能质量　电压波动和闪变》GB/T 12326—2008 中把电压波动定义为电压均方根值一系列的变动或连续的改变，还定义了电压变动特性，即 $d(t)$。$d(t)$ 为电压均方根值变动的时间函数，以系统标称电压的百分数表示。

电压波动可用电压变动值 d 以及电压波动频度 r 来描述。d 为公共连接点的相邻最大与最小的电压均方根值之差对电网标称电压的百分值，即电压变动特性 $d(t)$ 上，相邻两个极值电压之差。r 为单位时间内电压变动的次数（电压由大到小或者由小到大各算一次变动）。同一方向的若干次变动，若间隔时间小于 30ms，则算一次变动。

电压变动计算公式为：

$$d = \frac{\Delta U}{U_N} \times 100\% \tag{5-9}$$

式中　ΔU——电压方均根值曲线上相临两个极值电压之差；

U_N——系统标称电压。

若已知负荷的有功功率变化量 ΔS_1 以及无功功率变化量 ΔQ_1，则电压波动为：

$$d \approx \frac{R_L \Delta S_1 + X_L \Delta Q_1}{U_N^2} \times 100\% \tag{5-10}$$

式中　R_L、X_L——电网的电阻和电抗；

U_N——考察点标称电压。

（3）频率偏差

我国电力系统的额定频率为 50Hz。频率偏差是指系统频率的实际值与标称值之差。国家标准《电能质量　电力系统频率偏差》GB/T 15945—2008 规定：电力系统正常运行条件下频率偏差限值为 ±0.2Hz；当系统容量较小时，偏差限值可以放宽到 ±0.5Hz；冲击负荷引起的系统频率变化为 ±0.2Hz。

（4）电压正弦波畸变率

理想情况下电网的交流电压波形应该是标准的正弦波，但是电网中大量的电力电子设备及非线性负荷，对电网造成了谐波污染。把向公用电网注入谐波电流或在公用电网中产生谐波电压的电气设备称为谐波源。电网中存在的谐波源使电网电压含有谐波成分，这种现象称为电网正弦波畸变。用电压正弦波畸变率 THD_U 表示。

$$THD_U = \frac{\sqrt{\sum_{h=2}^{\infty} U_h^2}}{U_1} \times 100\%\tag{5-11}$$

式中　U_h——第 h 次谐波电压均方根值；

　　　U_1——基波电压均方根值。

（5）三相不平衡度

三相不平衡的程度，用电压或者电流负序基波分量成零序基波分量与正序分量的均方根值百分比表示。电压、电流不平衡度分别用 ε_{U2}、ε_{U0} 和 ε_{I2}、ε_{I0} 表示，则有：

$$\varepsilon_{U2} = \frac{U_2}{U_1} \times 100\%\tag{5-12}$$

式中　U_1——三相电压的正序分量均方根值；

　　　U_2——三相电压的负序分量均方根值。

三相电压允许不平衡度在国家标准《电能质量　三相电压不平衡》GB/T 15543—2008 中规定为：正常允许 2%，短时不超过 4%。

电力系统中无功功率平衡是保证电力系统电压质量的基本前提。对于运行中的所有设备，要求系统无功功率电源所发出的无功功率与无功功率负荷及无功功率损耗相平衡。

而无功功率电源在电力系统中的合理分布是充分利用无功电源、改善电压质量和减少网络有功损耗的重要条件。无功功率的产生基本上是不消耗能源的，但无功功率沿输电线路上传送却要引起无功功率的损耗和电压的损耗。无功功率电源的最优控制目的在于控制各无功功率电源之间的分配，合理地配置无功功率补偿设备和容量以改变电力网络中的无功功率分布，可以减少网络中的有功功率损耗和电压损耗，从而改善负荷用户的电压质量。

（6）调压手段

在电力系统无功功率平衡中，为了保证系统有较高的电压水平，必须要有充足的无功功率电源。但是要使所有用户处的电压质量都符合要求，还必须采用各种调压手段。

1）发电机控制调压

控制发电机的励磁电流，可以改变发电机的端电压。发电机允许在端电压偏移额定值不超过 ±5% 的范围内运行。对于由发电机直接供电的小系统，当供电线路不长、输电线路上的电压损耗不大时，可以采用发电机直接控制电压方式，以满足负荷电压要求。它不需要增加额外的设备，因此是最经济合理的控制电压措施，应优先考虑。但是在输电线路较长、多电压等级的网络并且有地方负荷的情况下，仅仅依靠发电机控制调压已不能满足负荷电压质量的要求，且在大型电力系统中仅能作为一种辅助性的控制措施。

2）控制变压器变比调压

一般电力变压器都有可以控制调整的分接抽头，调整分接抽头的位置可以控制变压器的变比。在高压电网中，各个节点的电压与无功功率的分布有着密切的关系，通过控制变压器变化来改变负荷节点电压，实质上是改变了无功功率的分布。变压器本身并不是无功功率电源，因此，从整个电力系统来看，控制变压器变比调压是以全电力系统无功功率电源充足为基本条件的，当电力系统无功功率电源不足时，仅仅依靠改变变压器变比是不能达到控制电压效果的。

3）利用无功功率补偿设备调压

并联补偿设备有调相机、静止补偿器、电容器，它们的作用都是在重负荷时发出感性无功功率，补偿负荷的需要，减少由于输送这些感性无功功率而在输电线路上产生的电压降落，提高负荷端的输出电压。

4）利用串联电容器控制调压

一般用于供电电压为 35kV 或 10kV、负荷波动大而频繁、功率因数又很小的输配电线路。它是在输电线路上串联接入电容器，利用电容器上的容抗补偿输电线路中的感抗，使电压损耗后的分量减少，从而提高输电线路末端的电压。

无功功率负荷增大时所抬高的末端电压将增大，无功功率负荷减小时所抬高的末端电压将减小。而无功功率负荷增大将导致末端电压下降，此时也正需要升高末端电压。但是对于负荷功率因数小或者输电线路导线截面小的线路，线路电抗对电压损耗影响较小，故串联电容器控制调压效果小。因此利用串联电容器控制调压一般用于供电电压为 35kV 或 10kV、负荷波动大而频繁、功率因数又很小的输配电线路。

5.5 短路概述

5.5.1 发生短路的后果

供电系统发生短路的主要原因有：由于电气设备的导电部分绝缘老化损坏、电气设备受机械损伤使绝缘损坏、过电压使电气设备的绝缘击穿等所造成；运行人员误操作；线路断线、倒杆、鸟兽跨接裸露的导电部分而发生短路。

供电系统发生短路的后果：

（1）电流的热效应：由于短路电流比正常工作电流大几十倍至几百倍，这将使电气设备过热，绝缘损坏，甚至把电气设备烧毁。

（2）电流的电动力效应：巨大的短路电流通过电气设备将产生很大的电动力，可能引起电气设备的机械变形、扭曲甚至损坏。

（3）电流的电磁效应：交流电通过导线时，在线路的周围空间产生交变电磁场，交变电磁场将在邻近的导体中产生感应电动势。当系统正常运行或对称短路时，三相电流是对称的，在线路的周围空间各点产生的交变电磁场彼此抵消，在邻近的导体中不会产生感应电动势；当系统发生不对称短路时，短路电流产生不平衡的交变电磁场，对线路附近的通信线路信号产生干扰。

（4）电流产生电压降：巨大的短路电流通过线路时，在线路上产生很大的电压降，使用户的电压降低，影响负荷的正常工作（电机转速降低或停转，白炽灯变暗或熄灭）。

供电系统发生短路时将产生上述后果，故在供电系统的设计和运行中，应设法消除可能引起短路的一切因素。为了尽可能减轻短路所引起的后果和防止故障的扩大，一方面，要计算短路电流以便正确选择和校验各电气设备，保证在发生短路时各电气设备不致损坏；另一方面，一旦供电系统发生短路故障，应能迅速、准确地把故障线路从电网中切除，以减小短路所造成的危害和损失。

在三相供电系统中，破坏供电系统正常运行的故障最为常见而且危害性最大的就是各种短路。对中性点不接地系统有相与相之间的短路；对中性点接地系统有相与相之间的短路和相与地之间的短路。其短路的基本种类有：三相短路、两相短路、单相短路、两相接地短路、单相接地短路等，如图 5-18 所示。

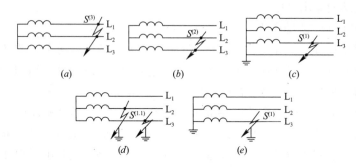

图 5-18　短路的种类

（a）三相短路；（b）两相短路；（c）单相短路；（d）两相接地短路；（e）单相接地短路

5.5.2　短路计算的作用及简化条件

（1）短路计算的作用

① 选择、校验电气设备：在选择电气设备时，需要计算出可能通过电气设备的最大短路电流及其产生的热效应及电动力效应，以便校验电气设备的热稳定性和动稳定性，确保电气设备在运行中不受短路电流的冲击而损坏。

② 选择和整定继电保护装置：为了确保继电保护装置灵敏、可靠、有选择性地切除电网故障，在选择、整定继电保护装置时，需计算出保护范围末端可能产生的最小两相短路电流，用于校验继电保护装置动作灵敏度是否满足要求。

③ 选择限流装置：当短路电流过大造成电气设备选择困难或不经济时，可在供电线路串接限流装置来限制短路电流。是否采用限流装置，必须通过短路电流的计算来决定，同时确定限流装置的参数。

④ 选择供电系统的接线和运行方式：不同的接线和运行方式，短路电流的大小不同。在判断接线和运行方式是否合理时，必须计算出在某种接线和运行方式下的短路电流才能确定。

（2）短路计算的简化条件

因为电力系统的实际情况比较复杂，所以在实际的计算中常采用近似计算的方法，将计算条件简化。按简化条件计算的短路电流值偏大，其误差为 $10\%\sim15\%$。短路计算条件的简化如下：

① 不考虑铁磁饱和现象，认为电抗是常数；

② 变压器的励磁电流忽略不计；

③ 除高压远距离输电线路外，一般不考虑电网电容电流；

④ 计算短路电流时忽略负荷电流；

⑤ 当短路系统中的电阻值小于电抗值的 1/3 时，电阻值忽略；

⑥ 当 1140V 以下的低压电网中发生短路时，认为变压器的一次侧电压不变。

5.5.3 短路电流的暂态过程

（1）无限大电源容量系统短路电流的暂态过程

所谓无限大电源容量是指短路点距电源较远，短路回路的阻抗较大，短路点的短路容量比电源容量小得多，短路发生时，短路电流在发电机中产生的电枢反应作用不明显，发电机的端电压基本不变，而系统电压也基本不变，从而认为短路电流的周期分量不衰减，该系统即可看作无限大电源容量系统。实际上短路点的短路容量小于电源容量的 1/3 时，在该点短路时，电力系统可认为是无限大电源容量系统。

当供电系统正常运行时，电路中流过的电流是负荷电流，系统在稳定状态下工作。当供电线路发生三相短路后，系统将进入新的稳定状态，即系统由正常工作稳态过渡到短路后的稳态，这一变化过程称为短路电流的暂态过程或称为短路电流的过渡过程。短路发生后，电流要在短时间内增大，但由于系统内存在电感，通过电感的电流不能突变，在电感中产生感应电动势。因此，电流从一个稳态过渡到另一个稳态时，电路内必然存在一个由感应电动势产生的按指数规律变化的非周期电流分量 I_{ap} 来保持短路瞬间的电流不变。

（2）短路电流的过渡过程

三相短路电流 i_s 由两个分量组成：一个是按正弦规律变化的周期分量电流 i_{pe}，其幅值 $I_{pe \cdot m}$ 由电源电压和短路回路的总阻抗决定。在无限大电源容量系统中，由于电源电压不变，所以在整个短路的过程中其幅值（或有效值）是不变的，故称为稳态分量。另一个是按指数规律衰减的非周期分量电流 i_{ap}，其幅值由短路过渡过程中感应电动势和回路总阻抗所决定，只出现在过渡过程中，是由电路中储存的磁场能量转换而来，故称为过渡分量或自由分量。非周期分量电流衰减的快慢由回路中的电阻和电感所决定，即短路回路的时间常数。非周期分量电流流过短路回路的电阻将产生能量损耗，所以非周期分量电流是一个衰减电流。短路电流波形如图 5-19 所示。

（3）短路电流冲击值

1）产生短路电流冲击值的条件

从图 5-19 可以看出，由于短路电流非周期分量的存在，发生短路后经过半个周期的时间就会出现一个比短路电流周期分量幅值大得多的最大瞬时值，把这一最大瞬时值称为短路电流的冲击值。

短路电流最大瞬时值的大小与短路前后的回路阻抗角和短路瞬间电压的初相角有关。其最大瞬时值由短路电流周期分量的幅值与非周

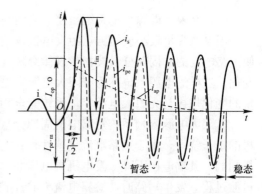

图 5-19 短路电流波形

期分量经相应时间衰减后的数值叠加而成。当电力系统的运行方式和短路点确定之后，系统的电压值和短路回路的阻抗是一个确定的数值，短路电流周期分量的幅值也是一个确定的数值。所以短路电流的最大瞬时值只取决于非周期分量的大小，而非周期分量的大小又取决于非周期分量的初始值和短路回路的时间常数。由于电力系统的运行方式和短路点已确定，时间常数也是一个定值，所以短路电流的最大瞬时值仅取决于非周期分量初始值。

2）短路电流冲击值 i_{im}

计算短路电流冲击值 i_{im}，主要用于校验电气设备的动稳定性。在暂态过程中，短路电流可能出现的最大瞬时值，即为短路电流冲击值。当短路前负荷电流为零，短路瞬间电压瞬时值为零，短路后经过半个周期（$t=0.01\text{s}$），就会出现短路电流冲击值。

3）短路电流冲击有效值 I_{im}

由于短路电流在过渡过程中非周期分量按指数规律衰减，周期分量按正弦规律变化，所以短路电流 i_s 在过渡过程中不是正弦波。而短路电流在第一个周期内的幅值最大，通常把短路后第一个周期短路电流 i_s 的有效值称为短路电流冲击有效值或短路电流最大有效值，用符号 I_{im} 表示。

（4）次暂态短路容量

计算短路容量主要用于校验开关电器的分断能力。当电力系统中发生短路时，电源向短路点提供的视在功率称为短路容量，用符号 S'' 表示，即：

$$S'' = \sqrt{3}I''U_{av} \tag{5-13}$$

式中　U_{av}——短路点所在处电网的平均电压。

当短路电流的非周期分量衰减完毕后，短路电流达到了新的稳定状态，这时的短路电流有效值称为短路稳态电流，用 I_{ss} 表示；在短路暂态过程中，短路电流周期分量第一个周期的有效值称为次暂态电流，用 I'' 表示。在无限大电源容量系统中，次暂态电流等于短路稳态电流，即 $I_{ss}=I''$，由容量计算表达式有 $S''=S_s$。

（5）短路发生后 0.2s 时的短路电流周期分量有效值和短路容量

由于短路发生后 0.2s 时，短路电流的非周期分量基本上衰减完毕，此时的短路电流有效值 $I_{0.2}$ 和短路容量 $S_{0.2}$ 常用于校验开关电器的额定断开电流和额定断流容量。

对于无限大电源容量系统则有：

$$I_{0.2} = I'' = I_{ss}$$
$$S_{0.2} = S'' = S_s$$

（6）有限大电源容量系统短路电流的暂态过程

当电源容量较小或短路点距发电机较近时，短路电流将使电源母线电压下降，这不仅使短路电流的非周期分量按指数规律衰减，而且短路电流的周期分量幅值也将随时间发生变化，这样的电源系统称为有限大电源容量系统。有限大电源容量系统短路电流非周期分量的变化规律与无限大电源容量系统完全相同。

有限大电源容量系统短路电流周期分量的变化规律：发生短路时，短路电流流过发电机的定子绕组，由于短路电流呈感性，其电枢反应具有去磁作用，使发电机内部的合成磁场削弱，其端电压下降。发电机端电压并不是突然下降，由于同步发电机的电枢反应也有过渡过程。发生短路时，短路电流 i_s 产生磁通 Φ_s，Φ_s 在转子绕组（激磁绕组）中感应出一个自由电流 i_{es}，i_{es} 产生磁通 Φ_{es}，Φ_{es} 与 Φ_s 方向相反，如图 5-20 所示。在短路瞬间，发电机内部总的合成磁通不会发生突变，发电机端电压也不会突然下降。由于转子绕组内的感应电流 i_{es} 随短路时间的增加而逐渐衰减，Φ_{es} 逐渐减小，于是合成磁通因 Φ_s 的去磁作用逐步减弱，使端电压随之降低，短路电流周期分量的幅值也因发电机端电压的降低而逐渐变小。当 i_{es} 衰减完毕后，发电机电枢反应的过渡过程结束，发电机端电压稳定，短路电流周期分量的幅值不再发生变化。

一般同步发电机都装有电压自动调整装置，当发电机端电压开始下降 0.5s 后，在自动调整装置的作用下，自动增加激磁电流，发电机端电压逐渐上升到正常值。短路电流周期分量的幅值也由衰减转为增加，最后稳定下来。装有自动调整装置的同步发电机短路电流波形图如图 5-21 所示。

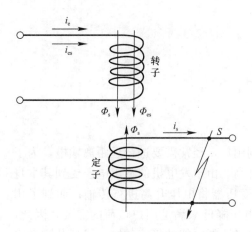 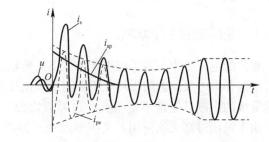

图 5-20　短路时发电机内的电流与磁通　　图 5-21　装有自动调整装置的同步发电机短路电流波形图

第6章 供配电系统的主要设备

6.1 变压器

6.1.1 变压器的工作原理

在供配电系统中，为了将电能从发电站传输到用户，经常需要进行远距离输电，为了降低电能在输电线路上的损耗，需要将输电电压升高。由于发电机的输出电压受到其本身绝缘等级的限制，通常不是很高，这时就需要经变压器将电压升高进行传输；而到了用户，由于电压过高无法使用，又需要经变压器将电压降低来满足用户负荷的需要。因此，在供配电系统中，变压器是一种非常重要的电气设备，对电能的经济传输、灵活分配和安全使用具有重要的意义。

变压器是变换交流电压、电流和阻抗的器件，当初级线圈中通有交流电流时，铁芯（或磁芯）中便产生交变磁通，使次级线圈中感应出电压（或电流）。

变压器由铁芯（或磁芯）和线圈组成，线圈有两个或两个以上的绕组，其中接电源的绕组叫作初级线圈，也称为一次绕组，其余的绕组叫作次级线圈，也称为二次绕组。

为了便于理解，假设存在理想变压器，即不计漏磁通，忽略初级、次级线圈的电阻，忽略铁芯的损耗，忽略空载电流（次级线圈开路初级线圈中的电流）的变压器。

描述理想变压器的电动势平衡方程式为：

$$E_1(t) = -N_1 \frac{\mathrm{d}\Phi}{\mathrm{d}t} \tag{6-1}$$

$$E_2(t) = -N_2 \frac{\mathrm{d}\Phi}{\mathrm{d}t} \tag{6-2}$$

式中　E_1——初级线圈感应电动势；

　　　E_2——次级线圈感应电动势；

　　　N_1——初级线圈匝数；

　　　N_2——次级线圈匝数；

　　　Φ——交变磁通。

若一次、二次绕组的电压、电动势的瞬时值均按正弦规律变化，又不计铁芯损失，根据能量守恒原理可得，一次、二次绕组电压和电流有效值的关系为：

$$\frac{U_1}{U_2} = \frac{N_1}{N_2} \tag{6-3}$$

$$\frac{I_1}{I_2} = \frac{N_2}{N_1} \tag{6-4}$$

令 $k = \dfrac{N_1}{N_2}$，称为匝比，也称为变压器的变比，它反映了变压器一次、二次侧电压的关系。

（1）常用变压器的分类

1）按相数分

单相变压器：用于单相负荷和三相变压器组。

三相变压器：用于三相系统的升、降电压。

2）按冷却方式分

干式变压器：依靠空气对流进行冷却，一般用于局部照明、电子线路等小容量变压器。

油浸式变压器：依靠油作冷却介质，如油浸自冷、油浸风冷、油浸水冷、强迫油循环等。

3）按用途分

电力变压器：用于输配电系统的升、降电压。

仪用变压器：如电压互感器、电流互感器等用于测量仪表和继电保护装置。

试验变压器：能产生高压，对电气设备进行高压试验。

特种变压器：如电炉变压器、整流变压器、调整变压器等。

4）按绕组形式分

双绕组变压器：用于连接电力系统中的两个电压等级。

三绕组变压器：一般用于电力系统区域变电站中，连接三个电压等级。

自耦变压电器：用于连接不同电压的电力系统。也可作为普通的升压或降压变压器用。

5）按铁芯形式分

芯式变压器：用于高压的电力变压器。

壳式变压器：用于大电流的特殊变压器，如电炉变压器、电焊变压器；或用于电子仪器及电视、收音机等的电源变压器。

（2）变压器的特性参数

1）工作频率

变压器铁芯损耗与频率关系很大，故应根据使用频率来设计和使用，这种频率称为工作频率。

2）额定功率

在规定的频率和电压下，变压器能长期工作，而不超过规定温升的输出功率。

3）额定电压

指在变压器的线圈上所允许施加的电压，工作时不得大于规定值。

4）电压比

指变压器初级电压和次级电压的比值，有空载电压比和负载电压比的区别。

5）空载电流

变压器次级开路时，初级仍有一定的电流，这部分电流称为空载电流。空载电流由磁化电流（产生磁通）和铁损电流（由铁芯损耗引起）组成。对于50Hz的电源变压器而言，空载电流基本上等于磁化电流。

6）空载损耗

指变压器次级开路时，在初级测得的功率损耗。主要损耗是铁芯损耗，其次是空载电流在初级线圈铜阻上产生的损耗（铜损），这部分损耗很小。

7）效率

指次级功率 P_2 与初级功率 P_1 的百分比。通常变压器的额定功率越大，效率就越高。

8）绝缘电阻

表示变压器各线圈之间、各线圈与铁芯之间的绝缘性能。绝缘电阻的大小与所使用的绝缘材料的性能、温度高低和潮湿程度有关。

6.1.2　变压器的构造和各部分的作用

前面了解到变压器的种类有很多，在供配电系统和工厂供电中，经常用到的一种变压器为油浸式变压器，油浸式变压器用在 10（6）kV 和 35kV 系统中比较多，下面来介绍一下这种变压器的构造和各部分的作用。

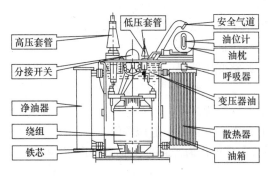

图 6-1　油浸式变压器构造图

图 6-1 为油浸式变压器构造图，基本囊括了油浸式变压器的主要部件。

（1）铁芯

铁芯是变压器最基本的组成部件之一，是变压器的磁路部分，运行时会产生磁滞损耗和涡流损耗而发热。为降低发热损耗及减小体积和质量，铁芯常采用小于 0.35mm 导磁系数高的冷轧晶粒取向硅钢片构成。依照绕组在铁芯中的布置方式，有铁芯式和铁壳式之分。

在大容量的变压器中，为使铁芯损耗发出的热量能够被绝缘油在循环时充分带走，以达到良好的冷却效果，常在铁芯中设有冷却油道。

（2）绕组

绕组也是变压器的基本元件之一，是变压器的电路部分。由于绕组本身有电阻或接头处有接触电阻，由电流的热效应得知其会产生热量，故绕组不能长时间通过比额定电流高的电流。另外，通过短路电流时将在绕组上产生很大的电磁力而损坏变压器。

变压器绕组主要故障是匝间短路和对外壳短路。匝间短路主要是由于绝缘老化，或由于变压器的过负荷以及穿越性短路时绝缘受到机械损伤而产生的。变压器内的油面下降，致使绕组露出油面时，也会产生匝间短路；另外，有穿越短路时，由于过电流作用使绕组变形，使绝缘受到机械损伤，也会产生匝间短路。匝间短路时，短路绕组内电流可能超过额定值，但整个绕组电流可能未超过额定值。在这种情况下，瓦斯保护装置动作，情况严重时，差动保护装置也会动作。对外壳短路的原因也是由于绝缘老化或油受潮、油面下降，或因雷电和操作过电压而产生的。除此之外，在发生穿越短路时，因过电流而使绕组变形，也会产生对外壳短路的现象。对外壳短路时，一般都是瓦斯保护装置和接地保护装置动作。

（3）油箱

油箱是油浸式变压器的外壳，变压器的铁芯和绕组置于油箱内，箱内注满了变压器油，变压器油的作用主要是绝缘和冷却。为防止变压器油的老化，必须采取措施，防止受潮，减少与空气的接触。

（4）油枕

油枕也称为储油柜，当变压器油的体积随油温的升降而膨胀或缩小时，油枕就起着储油和补油的作用，以保证油箱内始终充满油。油枕的体积一般为变压器总油量的8%～10%。油枕上装有油位计，用来监视油位的变化。

油枕上通常还装有吸湿器，也叫呼吸器，由油封、容器和干燥剂组成。容器内装有干燥剂，通常为硅胶，当油枕内的空气随着变压器油体积膨胀或缩小时，排出或吸入的空气都经过吸湿器，吸湿器内的干燥剂将空气中的水分吸收，从而保证油枕内空气的干燥和清洁。吸湿器内的干燥剂变色超过二分之一的时候就要及时更换。

（5）瓦斯继电器

瓦斯继电器也称为气体继电器，它是变压器的主要保护装置，安装在变压器油箱和油枕的连接管道上，当变压器内部发生故障时，由于油的分解产生油气流，冲击继电器挡板，使接点闭合，跳开变压器各侧断路器。瓦斯继电器上有引出线，分别接至保护跳闸和信号。瓦斯继电器应定期进行动作和绝缘校验。

6.2 高压设备

6.2.1 电弧和高压断路器

（1）电弧

在有触点的电路中，触头分断和接通电流的过程中往往会伴随着气体放电现象——电弧的产生和熄灭，电弧对用电设备会产生一定的危害。

电弧是气体放电的一种形式。气体放电分为自持放电与非自持放电两类，电弧属于气体自持放电中的弧光放电。试验证明，当在大气中开断或闭合电压超过10V、电流超过100mA的电路时，在触头间隙（或称弧隙）会产生一团温度极高、亮度极强并能导电的气体，称为电弧。由于电弧的高温及强光，它可以广泛应用于焊接、熔炼、化学合成、强光源及空间技术等方面。

对于有触点的电器而言，由于电弧主要产生于触头断开电路时，高温将烧损触头及绝缘，严重情况下甚至引起相间短路、电器爆炸，酿成火灾，危及人员及设备的安全。

电弧有以下几个特点：

1）电弧是开关电器接通或分断负荷电路时不可避免的现象；

2）电弧是一种气体自持放电现象，触头间只要有电弧存在电路就不会断开；

3）电弧温度很高，可能烧坏触头和附近的其他元件；

4）维持电弧燃烧的电压很低，在变压器油中，维持1cm长直流电弧的弧柱电压仅为100～220V；

5）电弧是一束游离的电子（带电质子）流，质量极轻，容易变形。

针对电弧的这些特点，为避免电弧给设备和人员带来伤害，在电路中更需要对电弧采取减轻和熄灭措施，以降低电弧的危害。因此，在高压电路中，常常在高压开关设备中加入灭弧装置。

（2）高压断路器

高压断路器（文字符号为QF）是电力系统中发、送、变、配电接通、分断电路和保护电路的主要设备。它具有完善的灭弧装置，正常运行时，用来接通和开断负荷电流，在某些电气主接线中，还担任改变主接线运行方式的任务；故障时，用来开断短路电流，切除故障电路。

高压断路器是电力系统中最重要的开关设备之一，它起着控制和保护电力设备的双重作用。

控制作用：根据电力系统运行的需要，将部分或全部电力设备或线路投入或退出运行。

保护作用：当电力系统任何部分发生故障时，应将故障部分从系统中快速切除，防止事故扩大，保护系统中各类电气设备不受损坏，保证系统的安全运行。

高压断路器全型号的表示和含义如图6-2所示。

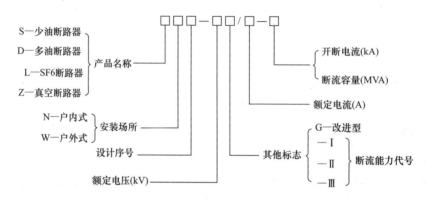

图6-2 高压断路器全型号的表示和含义

例如ZN4-10/600型高压断路器，表示该断路器为室内式真空断路器，设计序号为4，额定电压为10kV，额定电流为600A。

高压断路器通常按照灭弧介质进行分类，主要有油断路器、真空断路器和六氟化硫断路器。

1）油断路器

油断路器按其油量多少和油的功能，分为多油断路器和少油断路器。多油断路器的油量多，一方面油作为灭弧介质，另一方面又作为相对地（外壳）或相与相之间的绝缘介质。少油断路器的油量很少，其油只作为灭弧介质，其外壳通常是带电的。

油断路器曾在供配电系统中广泛使用，后来随着开关无油化进程的开展，现已基本淘汰，被真空断路器和六氟化硫断路器所取代。

2）真空断路器

真空断路器是以真空作为灭弧介质的断路器。真空断路器的触头装在真空灭弧室内，真空灭弧室内的气体压力在$10^{-10} \sim 10^{-4}$Pa范围内，当触头切断电路时，触头间将产生电弧，该电弧是触头电极蒸发出来的金属蒸气形成的，由于弧柱内外的压力差和密度差均很大。因此，弧柱内的金属蒸气和带电粒子得以迅速向外扩散，电弧也随即迅速熄灭。

图6-3为ZN12-12型真空断路器结构图。

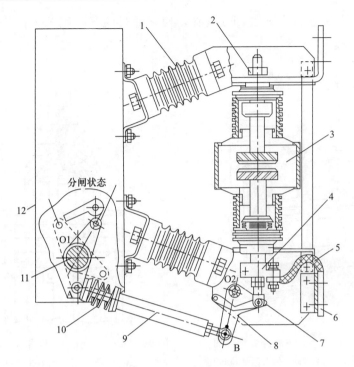

图 6-3　ZN12-12 型真空断路器结构图

1—绝缘子；2—上出线端；3—真空灭弧室；4—出线导电夹；5—出线软连接；6—下出线端；7—万向杆端轴承；
8—转向杠杆；9—绝缘拉杆；10—触头压力弹簧；11—主轴；12—操作机构箱
注：虚线为合闸位置，实线为分闸位置。

真空断路器的特点：

① 熄弧能力强，燃弧及全分断时间均很短；

② 触头电侵蚀小，电寿命长，触头不受外界有害气体的侵蚀；

③ 触头开距小，操作功小，机械寿命长；

④ 适用于频繁操作和快速切断，特别是切断电容性负载电路；

⑤ 体积和质量均很小，结构简单，维修工作量少，且真空灭弧室和触头无需检修；

⑥ 环境污染小，开断是在密闭容器内进行的，电弧生成物不会污染环境，无易燃易爆介质，不会产生爆炸和火灾危险，也无严重噪声。

3）六氟化硫断路器

SF6 断路器是利用 SF6 气体作为灭弧介质的一种断路器。SF6 气体是一种化学性能非常稳定的气体，并且具有优良的电绝缘性能和灭弧性能。

SF6 气体是一种负电性气体，即其分子具有很强的吸附自由电子的能力，可以大量吸附弧隙中参与导电的自由电子，生成负离子。由于负离子的运动要比自由电子慢很多，因此很容易和正离子复合成中性的分子或原子，大大加快了电流过零时弧隙介质强度的恢复，从而使电弧难以复燃而很快熄灭。

图 6-4 为 LN2-10 型 SF6 断路器结构图，其灭弧室结构和工作示意图如图 6-5 所示。

由图 6-5 可以看出，断路器的静触头与灭弧室中的压气活塞是相对固定不动的。分闸时，装有动触头和绝缘喷嘴的气缸由断路器操作机构通过连杆带动，离开静触头，造成气缸与压气活塞的相对运动，压缩 SF6 气体，使之通过绝缘喷嘴吹弧，从而使电弧迅速熄灭。

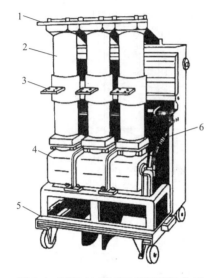 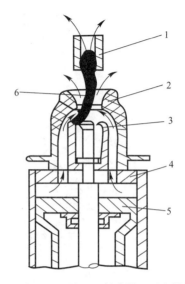

图 6-4　LN2-10 型 SF6 断路器结构图

1—上接线端子；2—绝缘筒（内有气缸和触头）；

3—下接线端子；4—操作机构箱；5—小车；

6—断路弹簧

图 6-5　LN2-10 型 SF6 断路器灭弧室结构和

工作示意图

1—静触头；2—绝缘喷嘴；3—动触头；4—气缸

（连同动触头由操作机构传动）；5—压气活塞

（固定）；6—电弧

　　SF6 断路器的优点是：断流能力强，灭弧速度快，不易燃，寿命长，可频繁操作，机械可靠性高以及免维护周期长。缺点是：加工精度高，密封性能要求严格，价格较高。

　　SF6 断路器在供配电中、高压系统尤其是高压系统中得到了广泛应用。

6.2.2　高压隔离开关

　　高压隔离开关（文字符号为 QS）主是用来隔离高压电源以保证安全检修，因此其结构特点是断开后具有明显可见的断开间隙。它的另一结构特点是没有专门的灭弧装置，因此它不能带负荷操作。但它允许通断一定的小电流，如励磁电流不大于 2A 的空载变压器、充电电容电流不大于 5A 的空载线路以及电压互感器回路等。

　　高压隔离开关全型号的表示和含义如图 6-6 所示。

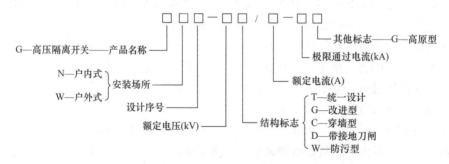

图 6-6　高压隔离开关全型号的表示和含义

（1）高压隔离开关的分类

① 按使用地点分为户内式、户外式。其中户外式绝缘要求更高，机械强度较高，并且具有破冰作用。

② 按使用方式分为一般用、快分用和变压器中性点接地用。

③ 按结构形式分为水平旋转式、垂直旋转式、摆动式和插入式。

图 6-7 为 GW2-35 型高压隔离开关结构图。

（2）高压隔离开关的特点

① 在电气设备检修时，提供一个电气间隔，并且是一个明显可见的断开点，用以保障检修人员的人身安全；

② 高压隔离开关不能带负荷操作：不能带额定负荷或大负荷操作，不能分断负荷电流和短路电流，但是有灭弧室的可以带小负荷及空载线路操作；

③ 一般送电操作时：先合隔离开关，后合断路器或负荷类开关；断电操作时：先断开断路器或负荷类开关，后断开隔离开关；

④ 选用时和其他的电气设备相同，其额定电

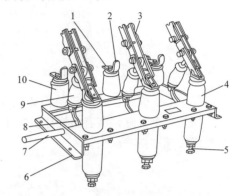

图 6-7　GW2-35 型高压隔离开关结构图
1—上接线端子；2—静触头；3—闸刀；4—绝缘套管；5—下接线端子；6—框架；7—转轴；8—拐臂；9—升降瓷瓶；10—支柱瓷瓶

压、额定电流、动稳定电流、热稳定电流等都必须符合使用场合的需要。

高压隔离开关的作用是断开无负荷电流的电路，使所检修的设备与电源有明显的断开点，以保证检修人员的安全。高压隔离开关没有专门的灭弧装置，不能切断负荷电流和短路电流，所以必须在断路器断开电路的情况下才可以对其进行操作。

6.2.3　高压负荷开关

高压负荷开关是一种介于高压隔离开关与高压断路器之间的结构简单的高压电器，具有简单的灭弧装置，常用来分断负荷电流和较小的过负荷电流，但是不能分断短路电流。此外，高压负荷开关大多数还具有明显的断口，具有高压隔离开关的作用。高压负荷开关常与熔断器联合使用，由高压负荷开关分断负荷电流，利用熔断器切断故障电流。因此在容量不是很大、对保护性能要求不是很高时，高压负荷开关与熔断器组合起来便可取代高压断路器，从而降低设备投资和运行费用。这种形式广泛应用于城网改造和农村电网。

高压负荷开关全型号的表示和含义如图 6-8 所示。

高压负荷开关的用途与它的结构特点是相对应的，从结构上看，高压负荷开关主要有两种类型，一种是独立安装在墙上、架构上，其结构类似于高压隔离开关；另一种是安装在高压开关柜中，特别是采用真空或 SF6 气体的，则更接近于高压断路器。高压负荷开关的用途包含了这两种类型的综合用途。

图 6-9 为 FN3-10RT 型高压负荷开关结构图。

由图 6-9 可以看出，上半部为高压负荷开关本身，外形与高压隔离开关类似，实际上它就是在高压隔离开关的基础上加一个简单的灭弧装置。高压负荷开关上端的绝缘子就是

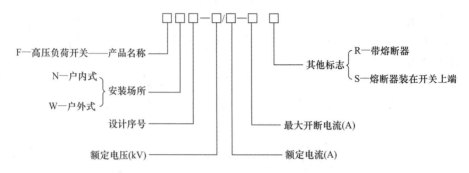

图 6-8　高压负荷开关全型号的表示和含义

一个简单的灭弧室，其内部结构如图 6-10 所示。该绝缘子不仅起支柱绝缘子的作用，而且内部是一个气缸，装有由操作机构主轴传动的活塞，其作用类似打气筒。绝缘子上部装有绝缘喷嘴和弧静触头。

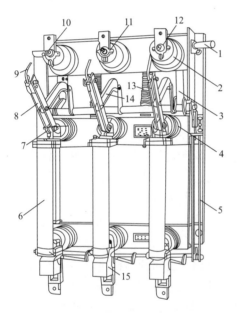

图 6-9　FN3-10RT 型高压负荷开关结构图
1—主轴；2—上绝缘子兼气缸；3—连杆；
4—下绝缘子；5—框架；6—高压熔断器；
7—下触座；8—闸刀；9—弧动触头；10—绝缘喷嘴；
11—主静触头；12—上触座；13—断路弹簧；
14—绝缘拉杆；15—热脱扣器

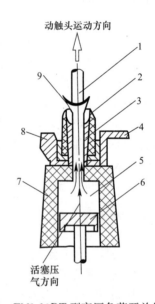

图 6-10　FN3-10RT 型高压负荷开关的压气式
灭弧装置工作示意图
1—弧动触头；2—绝缘喷嘴；3—弧静触头；
4—接线端子；5—气缸；6—活塞；7—上绝缘子；
8—主静触头；9—电弧

当高压负荷开关分闸时，在闸刀一端的弧动触头与绝缘子上的弧静触头之间产生电弧。由于分闸时主轴转动而带动活塞，压缩气缸内的空气从喷嘴往外吹弧，使电弧迅速熄灭。当然分闸时还有迅速拉长电弧及电流回路本身的电磁吹弧的作用，加强了灭弧。但总的来说，高压负荷开关的断流灭弧能力是很有限的，只能分断一定的负荷电流和过负荷电流，因此高压负荷开关不能配置短路保护装置来自动跳闸，但可以装设热脱扣器用于过负荷保护。

高压负荷开关的特点：

（1）高压负荷开关在断开位置时，像高压隔离开关一样有明显的断开点，因此可起到电气隔离作用；对于停电的设备或线路提供可靠停电的必要条件。

（2）高压负荷开关具有简单的灭弧装置，因而可分断高压负荷开关本身额定电流之内的负荷电流。它可用来分断一定容量的变压器、电容器组以及一定容量的配电线路。有的车间变压器距高压配电室的断路器较远，停电时在车间变压器室中看不到明显的断开点，往往在变压器室的墙上加装一台高压负荷开关，既可以就近操作变压器的空载电流，又可以提供明显的断开点，确保停电的安全可靠。

（3）配有高压熔断器的高压负荷开关，可作为断流能力有限的高压断路器使用。这时高压负荷开关本身用于分断正常情况下的负荷电流，高压熔断器则用来切断短路故障电流。

6.2.4　高压熔断器

高压熔断器（文字符号为 FU）是一种保护电器，当系统或电气设备发生短路故障或过负荷时，故障电流或过负荷电流使熔体发热熔断，从而切断电源起到保护作用。

高压熔断器全型号的表示和含义如图 6-11 所示。

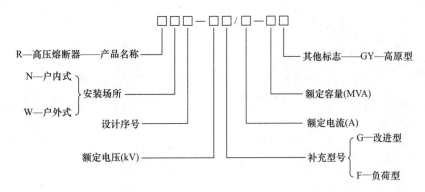

图 6-11　高压熔断器全型号的表示和含义

高压熔断器一般分为跌落式和限流式两种，前者用于户外场所，后者用于户内配电装置。由于高压熔断器具有结构简单、使用方便、分断能力大、价格较低廉等优点，被广泛应用于 35kV 以下的小容量电网中。

高压熔断器的主要元件是一种易于熔断的熔断体，简称熔体，熔体或熔丝由熔点较低的金属制成，具有较小截面或其他结构的形式，当通过的电流达到或超过一定值时，由于熔体本身产生的热量，使其温度升高，达到金属的熔点时，熔断切断电源，从而完成过载电流或短路电流的保护。为了得到大的切断能力和各种需要的保护特性，熔体的设计是一个重要问题。

高压熔断器的工作过程包括以下四个物理过程：①流过过载或短路电流时，熔体发热以至熔化；②熔体气化，电路开断；③电路开断后的间隙又被击穿，产生电弧；④电弧熄灭，高压熔断器的切断能力取决于最后一个过程。

高压熔断器的动作时间为上述四个过程的时间总和。

（1）户外跌落式高压熔断器

户外跌落式高压熔断器又称为跌开式熔断器，俗称跌落保险。如图 6-12 所示，正常情况下，熔管上部的动触头借助熔丝张力拉紧后，推上静触头内锁紧闭合机构，保持闭合状态。当被保护的变压器或线路发生故障时，故障电流使熔丝熔断，在熔管内产生电弧，消弧管在电弧高温作用下分解出大量气体，使熔管内压力急剧增大，气体向外喷出，形成对电弧有力的纵吹，使电弧迅速拉长去游离，在电流交流过零时电弧熄灭，同时由于熔丝拉力消失，使锁紧机构释放，在静触头的弹力和自重作用下，使熔管跌落下来，电弧被迅速拉长，既有利于灭弧，又可形成明显的断开距离。

跌开式熔断器利用电弧燃烧使消弧管内壁分解产生气体来熄灭电弧，即使负荷型跌开式熔断器加装有简单的灭弧室，其灭弧能力也不强，灭弧速度也不快，不能在短路电流达到冲击值之前熄灭电弧，因此这种跌开式熔断器属于"非限流"熔断器。

（2）户内管形限流高压熔断器

国产管形高压熔断器有 RN1 和 RN2 两种，如图 6-13 所示，都是户内式充有石英砂填料的密封管熔断器，两者结构基本相同，工作熔体采用焊有小锡球的铜熔丝（利用"冶金效应"，锡是低熔点金属，过电流时，锡受热首先熔化，熔液包围铜，铜锡互相渗透，形成熔点比较低的铜锡合金，使铜丝能在较低的温度下熔化）。

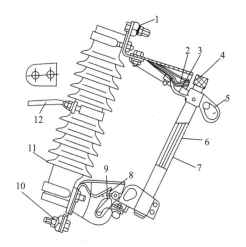

图 6-12 RW4-10（G）型跌开式熔断器
1—上接线端子；2—上静触头；3—上动触头；
4—管帽（带薄膜）；5—操作扣环；6—熔管
（外层为酚醛纸管或环氧玻璃布管，内套纤
维质消弧管）；7—铜熔丝；8—下动触头；
9—下静触头；10—下接线端子；11—绝
缘瓷瓶；12—固定安装板

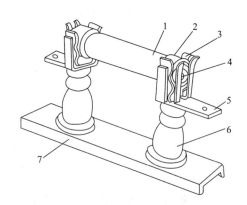

图 6-13 RN1、RN2 型高压熔断器
1—瓷熔管；2—金属管帽；3—弹性触座；
4—熔断指示器；5—接线端子；
6—支柱瓷瓶；7—底座

RN1 型主要用作高压电路和设备的短路保护，也能起过负荷保护的作用。其熔体要通过主电路的大电流，因此其结构尺寸较大，额定电流可达到 100A。而 RN2 型只用作高压电压互感器一次侧的短路保护。由于高压电压互感器二次侧全部连接阻抗很大的电压线圈，致使它接近于空载工作，其一次电流很小，因此 RN2 型的结构尺寸较小，其熔体额定电流一般为 5A。

RN1、RN2 型高压熔断器熔管的内部结构如图 6-14 所示。

由图 6-14 可知，熔断器的工作熔体（铜熔丝）上焊有小锡球，它使熔断器能在不太大的过负荷电流和较小的短路电流下动作，从而提高了保护灵敏度。由图 6-14 还可以看出，该熔断器采用多根熔丝并联，熔断时产生多根并行的细小电弧，利用粗弧分细灭弧法来加速电弧的熄灭。而且该熔断器熔管内充填有石英砂，熔丝熔断时产生的电弧完全在石英砂内燃烧，因此其灭弧能力很强，能在短路后不到半个周期内即短路电流未达到冲击值之前就能完全熄灭电弧，切断短路电流，从而使熔断器本身及其所保护的电气设备不必考虑短路冲击电流的影响，因此这种熔断器属于"限流"熔断器。

当短路电流或过负荷电流通过熔断器的熔体时，工作熔体熔断后，指示熔体相继熔断，其熔断指示器弹出，如图 6-14 中虚线所示，给出熔断的指示信号。

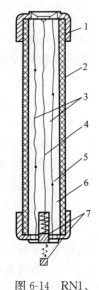

图 6-14 RN1、RN2 型高压熔断器熔管剖面示意图
1—管帽；2—瓷管；3—工作熔体；4—指示熔体；5—锡球；6—石英砂填料；7—熔断指示器（虚线表示熔断指示器在熔体熔断时弹出）

6.2.5 电抗器和电容器

（1）电抗器

电抗器也叫电感器，一个导体通电时就会在其所占据的一定空间范围产生磁场，所以所有能载流的电导体都有一般意义上的感性。然而通电长直导体的电感较小，所产生的磁场不强，因此实际的电抗器是导线绕成螺线管形式，称空心电抗器；有时为了让这只螺线管具有更大的电感，便在螺线管中插入铁芯，称铁芯电抗器。电抗分为感抗和容抗，比较科学的归类是感抗器（电感器）和容抗器（电容器）统称为电抗器，然而由于过去先有了电感器，并且被称为电抗器，所以现在人们所说的电容器就是容抗器，而电抗器专指电感器。

1）电抗器的种类：

① 按结构及冷却介质：分为空心式、铁芯式、干式、油浸式等，例如干式空心电抗器、干式铁芯电抗器、油浸铁芯电抗器、油浸空心电抗器、夹持式干式空心电抗器、绕包式干式空心电抗器、水泥电抗器等。

② 按接法：分为并联电抗器和串联电抗器。

③ 按功能：分为限流电抗器和补偿电抗器。

④ 按用途：按具体用途细分，例如限流电抗器、滤波电抗器、平波电抗器、功率因数补偿电抗器、串联电抗器、平衡电抗器、接地电抗器、消弧线圈、进线电抗器、出线电抗器、饱和电抗器、自饱和电抗器、可变电抗器（可调电抗器、可控电抗器）、轭流电抗器、串联谐振电抗器、并联谐振电抗器等。

在高压电路中，电抗器主要安装在变电站内，按照并联和串联的接法不同，电抗器的作用也不同。

2）并联电抗器的作用

① 削弱空载或轻载时长线路的电容效应所引起的工频电压升高。

这种电压升高是由于空载或轻载时，线路的电容（对地电容和相间电容）电流在线路的电感上的压降所引起的。它将使线路电压高于电源电压。通常线路越长，则电容效应越大，工频电压升高也越大。对超高压远距离输电线路而言，空载或轻载时线路电容的充电功率是很大的，通常充电功率随电压的平方而急剧增加，巨大的充电功率除引起上述工频电压升高现象之外，还将增大线路的功率和电能损耗以及引起自励磁，同期困难等问题。装设并联电抗器可以补偿这部分充电功率。

② 改善沿线电压分布和轻载线路中的无功分布并降低线损。

当线路上传输的功率不等于自然功率时，沿线各点电压将偏离额定值，有时甚至偏离较大，如依靠并联电抗器的补偿，则可以抑制或降低线路电压的升高。

③ 减少潜供电流，加快潜供电弧的熄灭，提高线路自动重合闸的成功率。

所谓潜供电流，是指当发生单相瞬时接地故障时，在故障相两侧断开后，故障点处弧光中所存在的残余电流。

并联电抗器的中性点经小阻抗接地的方法来补偿潜供电流，从而加快潜供电弧的熄灭。

④ 并联电抗器并联在主变的低压侧母线上，通过主变向系统输送感性无功，用以补偿输电线路的电容电流，防止轻负荷线端电压升高，维持输电系统的电压稳定。

3）串联电抗器的作用

在母线上串联电抗器可以限制短路电流，维持母线有较高的残压。

在电容器组上串联电抗器，可以限制高次谐波，降低电抗。串联电抗器是电力系统无功补偿装置的重要配套设备。电力电容器与干式铁芯电抗器串联后，能有效抑制电网中的高次谐波，限制合闸涌流及操作过电压，改善系统的电压波形，提高电网功率因数。

（2）电容器

在高压供配电系统中，电容器分为串联电容器和并联电容器，它们都能改善电力系统的电压质量和提高输电线路的输电能力，是电力系统的重要设备。

1）串联电容器的作用

① 提高线路末端电压。串接在线路中的电容器，利用其容抗 X_c 补偿线路的感抗 X_L，使线路的电压降减少，从而提高线路末端（受电端）的电压，一般可将线路末端电压提高 $10\% \sim 20\%$。

② 降低受电端电压波动。当线路受电端接有变化很大的冲击负荷（如电弧炉、电焊机、电气轨道等）时，串联电容器能消除电压的剧烈波动。这是因为串联电容器在线路中对电压降的补偿作用是随通过电容器的负荷而变化的，具有随负荷的变化而瞬时调节的性能，能自动维持负荷端（受电端）的电压值。

③ 提高线路输电能力。由于线路串入了电容器的补偿电抗 X_c，线路的电压降和功率损耗减少，相应地提高了线路的输送容量。

④ 改善系统潮流分布。在闭合网络中的某些线路上串接一些电容器，部分地改变了线路电抗，使电流按指定的线路流动，以达到功率经济分布的目的。

⑤ 提高系统的稳定性。线路串入电容器后，提高了线路的输电能力，这本身就提高了系统的静稳定性。当线路故障被部分切除时（如双回路被切除一回、三相系统单相接地切除一相），系统等效电抗急剧增加，此时，将串联电容器进行强行补偿，即短时强行改变电容器串、并联数量，临时增加容抗 X_c，使系统总的等效电抗减少，提高了输送的极限功率，从而提高了系统的动稳定性。

2）并联电容器的作用

并联电容器并联在系统的母线上，类似于系统母线上的一个容性负荷，它吸收系统的容性无功功率，这就相当于并联电容器向系统发出感性无功。因此，并联电容器能向系统提供感性无功功率，提高受电端母线的电压水平，同时，它减少了线路上感性无功的输送，减少了电压和功率损耗，因而提高了线路的输电能力。

3）电容器补偿装置运行的基本要求

① 三相电容器各相的容量应相等。

② 电容器应在额定电压和额定电流下运行，其变化应在允许范围内。

③ 电容器室内应保持通风良好，运行温度不超过允许值。

④ 电容器不可带残留电荷合闸，如在运行中发生掉闸，拉闸或合闸一次未成，必须经过充分放电后，方可合闸；对有放电电压互感器的电容器，可在断开 5min 后进行合闸。运行中投切电容器组的间隔时间为 15min。

⑤ 并联电容器装置应在额定电压下运行，一般不宜超过额定电压的 1.05 倍，最高运行电压不得超过额定电压的 1.1 倍。

6.2.6 互感器

互感器是一种特殊的变压器，它被广泛应用于供配电系统中向测量仪表和继电器的电压线圈或电流线圈供电。

互感器的作用：①将一次回路的高电压和大电流变为二次回路标准的低电压和小电流，使测量仪表和保护装置标准化、小型化，并使其结构轻巧、价格便宜，便于屏内安装。②隔离高压电路。互感器一次侧和二次侧没有电的联系，只有磁的联系。使二次设备与高电压部分隔离，且互感器二次侧均接地，从而保证了设备和人身的安全。

（1）电流互感器

电流互感器是将一次侧的大电流按比例变为适合仪表或继电器使用的二次侧电流变换设备，二次侧额定电流通常为 5A。电力系统中广泛采用的是电磁式电流互感器（以下简称电流互感器）。它的工作原理和变压器相似。电流互感器一、二次电流之比称为电流互感器的额定互感比。

1）电流互感器的特点：

① 一次绕组串联在电路中，并且匝数很少，故一次绕组中的电流完全取决于被测电路的负荷电流而与二次电流大小无关；

② 电流互感器二次绕组所接仪表的电流线圈阻抗很小，所以正常情况下电流互感器在近于短路的状态下运行。

2）电流互感器在接线中应注意以下事项：

① 电流互感器的二次侧在使用时绝对不可开路。使用过程中拆卸仪表或继电器时，应事先将二次侧短路。安装时，接线应可靠，不允许二次侧安装熔丝。

② 二次侧必须有一端接地，防止一、二次侧绝缘损坏时，高压窜入二次侧，危及人身和设备安全。

③ 接线时要注意极性。电流互感器一、二次侧的极性端子，都用字母表明极性。

④ 一次侧串接在线路中，二次侧和继电器或测量仪表串接。

高压电流互感器多制成两个铁芯和两个副绕组的形式，分别接测量仪表和继电器，满足测量仪表和继电保护的不同要求。

电流互感器供测量用的铁芯在一次侧短路时应该容易饱和，以限制二次侧电流增长的倍数；供继电保护用的铁芯，在一次侧短路时不应饱和，使二次侧的电流与一次侧的电流成正比例增加。

（2）电压互感器

电压互感器是将一次侧的高电压按比例变为适合仪表或继电器使用的低电压的变换设备，二次侧额定电压通常为100V。电力系统中广泛采用的是电磁式电压互感器（以下简称电压互感器）。它的工作原理和变压器相似。电压互感器一、二次电压之比称为电压互感器的额定互感比。

1）电压互感器的特点：

① 容量很小，类似一台小容量变压器，但结构上要求有较高的安全系数；

② 电压互感器二次绕组所接仪表的电流线圈阻抗很大，所以正常情况下电压互感器在近于空载的状态下运行。

2）使用电压互感器应注意以下事项：

① 电压互感器的二次侧在工作时不能短路。在正常工作时，其二次侧的电流很小，近于开路状态，当二次侧短路时，其电流很大（二次侧阻抗很小），将烧毁设备。

② 电压互感器的二次侧必须有一端接地，防止一、二次侧击穿时，高压窜入二次侧，危及人身和设备安全。

③ 电压互感器接线时，应注意一、二次侧接线端子的极性，以保证测量的准确性。

④ 电压互感器的一、二次侧通常都应装设熔丝作为短路保护，同时一次侧应装设隔离开关用于安全检修。

⑤ 一次侧并接在线路中。

6.2.7 电力电缆

电缆是一种特殊结构的导线，在其几根绞绕的（或单根）绝缘导电芯线外面，包有绝缘层和保护层。保护层又分为内护层和外护层。内护层用以保护绝缘层，而外护层用以防止内护层受到机械损伤和腐蚀。外护层通常为钢丝或钢带构成的钢铠，外覆麻被、沥青或塑料护套。

电缆线路与架空线路相比，具有成本高、投资大、维修不便等缺点，但是电缆线路具有运行可靠、不受外界影响、不需架设电杆、不占地面、不碍观瞻等优点，特别是在有腐蚀性气体和易燃易爆场所，不宜架设架空线路时，只能敷设电缆线路。在现代化工厂和城市中，电缆线路得到了越来越广泛的应用。

供电系统中常用的电力电缆，按其缆芯材质分，有铜芯电力电缆和铝芯电力电缆两大类；按其采用的绝缘介质分，有油浸纸绝缘电力电缆和塑料绝缘电力电缆两大类。

（1）电力电缆全型号的表示和含义如图6-15所示。

1）电缆类别代号含义：Z—油浸纸绝缘电力电缆；V—聚氯乙烯绝缘电力电缆；YJ—交联聚乙烯绝缘电力电缆；X—橡皮绝缘电力电缆；JK—架空电力电缆（加在上列代号之前）；ZR或Z—阻燃型电力电缆（加在上列代号之前）。

2）缆芯材质代号含义：L—铝芯；LH—铝合金芯；T—铜芯（一般不标）；TR—软铜芯。

3）内护层代号含义：Q—铅包；L—铝包；V—聚氯乙烯护套。

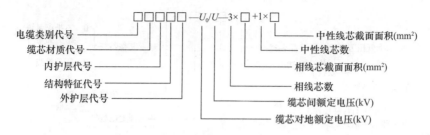

图 6-15 电力电缆全型号的表示和含义

　　4）结构特征代号含义：P—滴干式；D—不滴流式；F—分相铅包式。

　　5）外护层代号含义：02—聚氯乙烯套；03—聚乙烯套；20—裸钢带铠装；22—钢带铠装聚氯乙烯套；23—钢带铠装聚乙烯套；30—裸细钢丝铠装；32—细钢丝铠装聚氯乙烯套；33—细钢丝铠装聚乙烯套；40—裸粗钢丝铠装；41—粗钢丝铠装纤维外被；42—粗钢丝铠装聚氯乙烯套；43—粗钢丝铠装聚乙烯套；441—双粗钢丝铠装纤维外被；241—钢带-粗钢丝铠装纤维外被。

　　（2）塑料绝缘电力电缆

　　它有聚氯乙烯绝缘电力电缆和交联聚乙烯绝缘电力电缆两种类型。塑料绝缘电力电缆具有结构简单、制造加工方便、质量较轻、敷设安装方便、不受敷设高度差限制以及能抵抗酸碱腐蚀等优点，交联聚乙烯绝缘电力电缆（见图 6-16）的电气性能更优异，因此在工厂供电系统中有逐步取代油浸纸绝缘电力电缆的趋势。

图 6-16 交联聚乙烯
绝缘电力电缆

1—缆芯（铜芯或铝芯）；
2—交联聚乙烯绝缘层；
3—聚氯乙烯护套（内护
层）；4—钢铠或铝铠
（外护层）；5—聚氯
乙烯外套（外护层）

　　在考虑电缆缆芯材质时，一般情况下宜按"节约用铜、以铝代铜"的原则，优先选用铝芯电缆。但在下列情况下应采用铜芯电缆：①振动剧烈、有爆炸危险或对铝有腐蚀等的严酷工作环境；②安全性、可靠性要求高的重要回路；③耐火电缆及紧靠高温设备的电缆等。

6.3 低压设备

6.3.1 低压开关设备

　　（1）低压刀开关

　　低压刀开关（文字符号为 QK）的类型很多。按其操作方式分，有单投和双投；按其极数分，有单极、双极和三极；按其灭弧结构分，有不带灭弧罩和带灭弧罩。不带灭弧罩的低压刀开关，一般只能在无负荷或小负荷下操作，作隔离开关使用。

　　低压刀开关全型号的表示和含义如图 6-17 所示。

　　1）带灭弧罩的低压刀开关如图 6-18 所示，它能通断一定的负荷电流。

　　2）低压刀熔开关又称熔断器式刀开关，俗称刀熔开关，是低压刀开关与低压熔断器组合而成的开关电器。

　　低压刀熔开关全型号的表示和含义如图 6-19 所示。

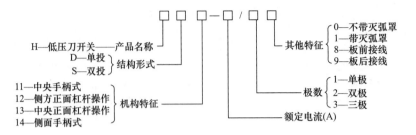

图 6-17　低压刀开关全型号的表示和含义

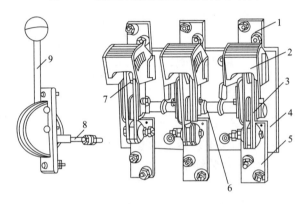

图 6-18　HD13 型低压刀开关

1—上接线端子；2—钢片灭弧罩；3—闸刀；4—底座；5—下接线端子；6—主轴；
7—静触头；8—传动连杆；9—操作手柄

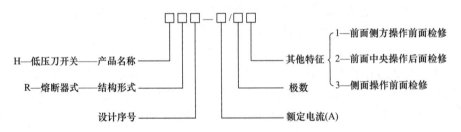

图 6-19　低压刀熔开关全型号的表示和含义

3）低压负荷开关全型号的表示和含义如图 6-20 所示。

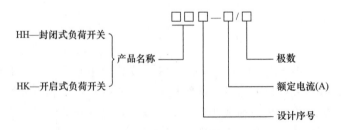

图 6-20　低压负荷开关全型号的表示和含义

（2）低压断路器

低压断路器（文字符号为 QF），又称低压自动开关，它既能带负荷通断电路，又能在短路、过负荷和低电压（失压）下自动跳闸，其功能与高压断路器类似，其原理结构和接线如图 6-21 所示。

当线路上出现短路故障时，其过流脱扣器动作，使开关跳闸。当出现过负荷时，其串联在一次电路上的加热电阻丝加热，使双金属片弯曲，也使开关跳闸。当线路电压严重下降或失压时，其失压脱扣器动作，同样使开关跳闸。如果按下脱扣按钮（图 6-21 中 6 或 7），则可使开关远距离跳闸。

低压断路器按灭弧介质分，有空气断路器和真空断路器等；按用途分，有配电用断路器、电动机用断路器、照明用断路器和漏电保护用断路器等。

配电用断路器按保护性能分，有非选择型和选择型两类。非选择型断路器，一般为瞬时动作，只作短路保护；也有的为长延时动作，只作过负荷保护。选择型断路器，有两段保护、三段保护

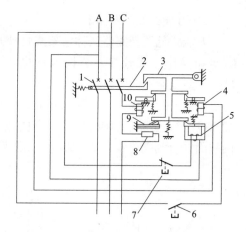

图 6-21 低压断路器的原理结构和接线
1—主触头；2—跳钩；3—锁扣；4—分励脱扣器；5—失压脱扣器；6、7—脱扣按钮；8—加热电阻丝；9—热脱扣器；10—过流脱扣器

和智能化保护。两段保护为瞬时-长延时特性或短延时-长延时特性。三段保护为瞬时-短延时-长延时特性。瞬时和短延时特性适于短路保护，长延时特性适于过负荷保护。图 6-22 所示为低压断路器的上述三种保护特性曲线。而智能化保护，其脱扣器为微处理器或单片机控制，保护功能更多，选择性更好，这种断路器称为智能型断路器。

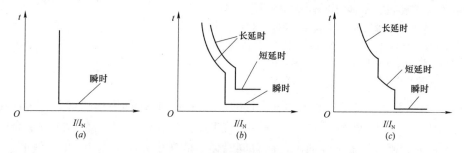

图 6-22 低压断路器的保护特性曲线
（a）瞬时动作式；（b）两段保护式；（c）三段保护式

配电用断路器按结构形式分，有万能式和塑料外壳式两大类。低压断路器全型号的表示和含义如图 6-23 所示。

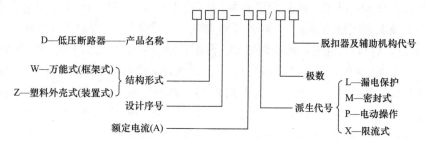

图 6-23 低压断路器全型号的表示和含义

1) 万能式低压断路器

万能式低压断路器又称框架式自动开关。它是敞开地装设在金属框架上的，而其保护方案和操作方式较多，装设地点也较灵活，故名"万能式"或"框架式"。图 6-24 为 DW16 型万能式低压断路器结构图。

图 6-25 为 DW 型低压断路器的交直流电磁合闸控制回路。当断路器利用电磁合闸线圈 YO 进行远距离合闸时，按下合闸按钮 SB，使合闸接触器 KO 通电动作，于是电磁合闸线圈（合闸电磁铁）YO 通电，使断路器 QF 合闸。

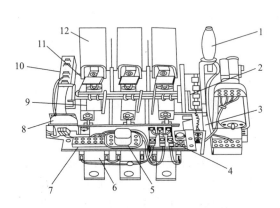

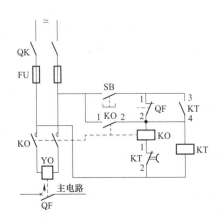

图 6-24　DW16 型万能式低压断路器结构图

1—操作手柄（带电动操作机构）；2—自由脱扣机构；3—失压脱扣器；4—热继电器；5—接地保护用小型电流继电器；6—过负荷保护用过流脱扣器；7—接地端子；8—分励脱扣器；9—短路保护用过流脱扣器；10—辅助触头；11—底座；12—灭弧罩（内有主触头）

图 6-25　DW 型低压断路器交直流电磁合闸控制回路

但是合闸线圈 YO 是按短时大功率设计的，允许通电的时间不得超过 1s，因此在断路器 QF 合闸后，应立即使 YO 断电。这一要求靠时间继电器 KT 来实现。在按下合闸按钮 SB 时，不仅使合闸接触器 KO 通电，而且同时使时间继电器 KT 通电。KO 线圈通电后，其触点 KO 1-2 在 KO 线圈通电 1s 后（QF 已合闸）自动断开，使 KO 线圈断电，从而保证合闸线圈 YO 通电时间不致超过 1s。

时间继电器 KT 的另一对常开触点 KT 3-4 是用来"防跳"的。当合闸按钮 SB 按下不返回或被粘住而断路器 QF 又闭合在永久性短路故障上时，QF 的过流脱扣器（图上未示出）瞬时动作，使 QF 跳闸。这时断路器的连锁触头 QF 1-2 返回闭合。如果没有接入时间继电器 KT 及其常闭触点 KT 1-2 和常开触点 KT 3-4，则合闸接触器 KO 将再次通电动作，使合闸线圈 YO 再次通电，使断路器 QF 再次合闸。但由于线路上还存在着短路故障，因此断路器 QF 又要跳闸，而其连锁触头 QF 1-2 返回时又将使断路器 QF 再一次合闸……断路器 QF 如此反复地跳闸、合闸，称为断路器的"跳动"现象，将使断路器的触头烧毁，并将危及整个供电系统，使故障进一步扩大。为此，加装时间继电器常开触点 KT 3-4，如图 6-25 所示。当断路器 QF 因短路故障自动跳闸时，其连锁触头 QF 1-2 返回闭合，但由于在 SB 按下不返回时，时间继电器 KT 一直处于动作状态，其常开触点 KT 3-4 一直闭合,而其常闭触点 KT 1-2 则一直断开,因此合闸接触器 KO 不会通电,断路器 QF 也就不可能再次合闸,从而达到了"防跳"的目的。

低压断路器的连锁触头 QF 1-2 用来保证电磁合闸线圈 YO 在 QF 合闸后不致再次误通电。

目前推广应用的万能式低压断路器有 DW15、DW15X、DW16 型等及引进技术生产的 ME、AH 型等,此外还生产有智能型万能式低压断路器如 DW48 型等。其中 DW16 型保留了过去广泛使用的 DW10 型结构简单、使用维修方便和价廉的特点,而在保护性能方面大有改善,是取代 DW10 型的新产品。

2)塑料外壳式低压断路器及模数化小型断路器

塑料外壳式低压断路器又称装置式自动开关,其全部机构和导电部分都装设在一个塑料外壳内,仅在壳盖中央露出操作手柄,供手动操作之用。它通常装设在低压配电装置之中。

图 6-26 为 DZ-20 型塑料外壳式低压断路器的剖面图。

DZ 型塑料外壳式低压断路器可根据工作要求装设以下脱扣器:①电磁脱扣器,只作短路保护;②热脱扣器,只作过负荷保护;③复式脱扣器,可同时实现过负荷保护和短路保护。

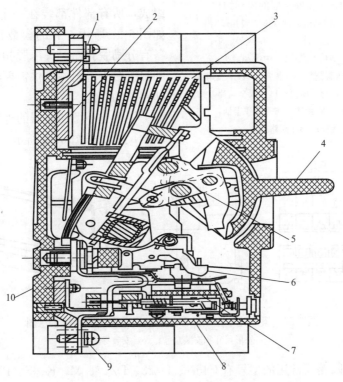

图 6-26 DZ-20 型塑料外壳式低压断路器的剖面图

1—引入线接线端子;2—主触头;3—灭弧室(钢片灭弧栅);4—操作手柄;5—跳钩;6—锁扣;
7—过流脱扣器;8—塑料外壳;9—引出线接线端子;10—塑料底座

目前推广应用的塑料外壳式低压断路器有 DZX10、DZ15、DZ20 型等及引进技术生产的 H、3VE 型等,此外还生产有智能型塑料外壳式低压断路器如 DZ40 型等。

塑料外壳式低压断路器中，有一类是63A及以下的小型断路器。由于它具有模数化结构和小型（微型）尺寸，因此通常称为"模数化小型（或微型）断路器"。它现在广泛应用在低压配电系统的终端，作为各种工业和民用建筑特别是住宅中照明线路及小型动力设备、家用电器等的通断控制和过负荷、短路及漏电保护等之用。

模数化小型断路器具有以下优点：体积小，分断能力高，机电寿命长，具有模数化的结构尺寸和通用型卡轨式安装结构，组装灵活方便，安全性能好。

由于模数化小型断路器是应用在"家用及类似场所"，所以其产品执行的标准为《家用及类似场所用过电流保护断路器 第3部分：用于直流的断路器》GB/T 10963.3—2016。其结构适用于未受过专门训练的人员使用，其安全性能好，且不能进行维修，即损坏后必须换新。

模数化小型断路器由操作机构、热脱扣器、电磁脱扣器、触头系统和灭弧室等部件组成，所有部件都装在一个塑料外壳之内，如图6-27所示。有的模数化小型断路器还备有分励脱扣器、失压脱扣器、漏电脱扣器和报警触头等附件，供需要时选用，以拓展断路器的功能。

模数化小型断路器的外形尺寸和安装导轨的尺寸，如图6-28所示。

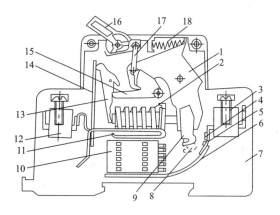

图6-27 模数化小型断路器的原理结构

1—动触头杆；2—瞬动电磁铁（电磁脱扣器）；
3—接线端子；4—主静触头；5—中线静触头；
6—弧角1；7—塑料外壳；8—中线动触头；
9—主动触头；10—灭弧栅片（灭弧室）；11—弧角2；
12—接线端子；13—锁扣；14—双金属片
（热脱扣器）；15—脱扣钩；16—操作手柄；
17—连接杆；18—断路弹簧

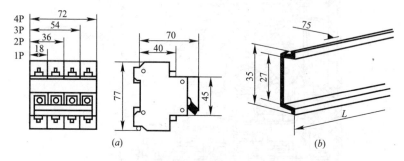

图6-28 模数化小型断路器的外形尺寸和安装导轨示意图
(a) 外形尺寸和安装尺寸；(b) 安装导轨尺寸

模数化小型断路器常用的型号有C45N、DZ23、DZ47、M、K、S、PX200C等系列。

6.3.2 其他低压设备

（1）接触器

接触器是一种电磁式自动开关，操作方便、动作迅速、灭弧性能好，主要用于远距离频繁接通和分断交直流主电路及大容量控制电路。其主要控制对象为电动机。根据主触点通过的电流种类的不同，接触器有交流接触器与直流接触器之分。接触器的动力来源是电磁机构。由于接触器不能单独切断短路电流和过载电流，所以电动机控制电路通常用空气开关、熔断器等配合接触器来实现自动控制和保护功能。

交流接触器的型号含义如图 6-29 所示。

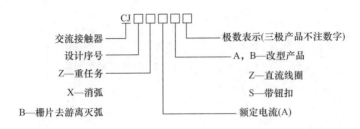

图 6-29　交流接触器的型号含义

直流接触器的型号含义如图 6-30 所示。

接触器是利用电磁吸力的原理工作的，主要由电磁机构和触头系统组成。电磁机构通常包括吸引线圈、铁芯和衔铁三部分。图 6-31 为接触器的结构示意图与图文符号。图中，1-2、3-4 是静触点，5-6 是动触点，7、8 是吸引线圈，9、10 分别是动、静铁芯，11 是弹簧。

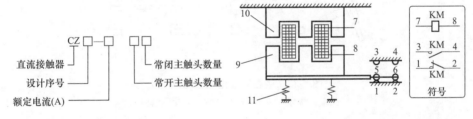

图 6-30　直流接触器的型号含义　　图 6-31　引接触器结构示意图与图文符号

当吸引线圈 7、8 两端加上额定电压时，动、静铁芯间产生大于反作用弹簧弹力的电磁吸力，动、静铁芯 9、10 吸合，带动动铁芯上的触头动作，即常闭触头 1-5 和 2-6 断开，常开触头 3-5 和 4-6 闭合。当吸引线圈 7、8 两端电压消失后，电磁吸力消失，触头在反弹力（弹簧弹力）作用下恢复常态。

图 6-32 为交流接触器结构原理图，主要由三部分组成。

1）触头系统：交流接触器的触头系统通常包括主触头和辅助触头，通常采用双断点桥式触头结构。主触头一般有三对常开形式，指式或桥式用来接通主电路。辅助触头一般为桥式触头，主要起接通信号、电气连锁或自保持的作用。

2）电磁系统：交流接触器的电磁系统包括动、静铁芯，吸引线圈和反作用弹簧。主要有螺旋管式和直动式，适合额定电流较小的电路；转动式，适合额定电流较大的电路。

3）灭弧系统：大容量的交流接触器（20A 以上）采用缝隙灭弧罩及灭弧栅片灭弧，小容量的交流接触器采用双断口触头灭弧、电动力灭弧、相间弧板隔弧及陶土灭弧罩、石棉水泥灭弧罩灭弧。

接触器常见触头的形式主要有以下三种（见图 6-33）：

1）指形接触（有线接触和面接触之分）一般用于大容量电路。

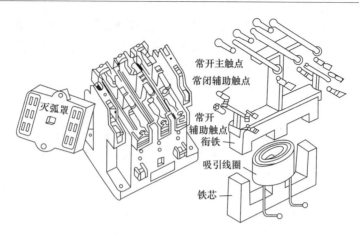

图 6-32　交流接触器结构原理图

2）桥式点接触用于小容量电路（例如控制电路，按钮、行程开关等）。

3）桥式面接触用于中、小等容量电路（例如小型接触器等）。

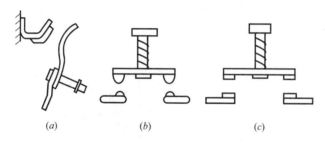

图 6-33　接触器常见触头的形式
（a）指形面接触；（b）桥式点接触；（c）桥式面接触

根据吸引线圈通电电流的性质分类，电磁机构分为直流电磁机构与交流电磁机构。交流电磁机构最为常见，如图 6-34 所示。设置障碍消除衔铁的机械振动，通常采用短路环来解决，短路环起到磁分相的作用，把极面上的交变磁通分成两个相位不同的交变磁通，这样，两部分吸力就不会同时达到零值，当然合成后的吸力就不会有零值的时刻，如果使合成后的吸力在任一时刻都大于弹簧拉力，就消除了。

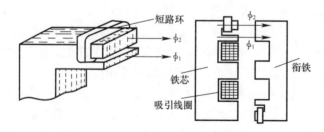

图 6-34　交流电磁机构与短路环

（2）熔断器

熔断器是低压配电网络和电力拖动系统中主要用作短路保护的电器，主要由熔体、安装熔体的熔管和熔座三部分组成。使用时，熔断器应串联在被保护的电路中。正常情况下，熔断器的熔体相当于一段导线；而当电路发生短路故障时，熔体能迅速熔断分断电路，起到保护线路和电气设备的作用。

低压熔断器的型号含义如图 6-35 所示。

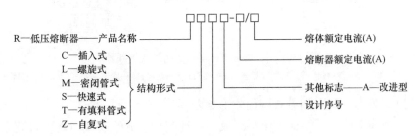

图 6-35 低压熔断器的型号含义

1）熔断器的结构

熔体是熔断器的核心，常做成丝状、片状或栅状，制作熔体的材料一般有铅锡合金、锌、铜、银等。熔管是熔体的保护外壳，用耐热绝缘材料制成，在熔体熔断时兼有灭弧作用。熔座是熔断器的底座，作用是固定熔管和外接引线。

2）熔断器的主要技术参数

额定电压：熔断器长期工作所能承受的电压。

额定电流：保证熔断器能长期正常工作的电流。

分断能力：在规定的使用和性能条件下，在规定电压下熔断器能分断的预期分断电流值。

时间—电流特性：在规定的条件下，表征流过熔体的电流与熔体熔断时间的关系曲线。

熔断器的熔断电流与熔断时间的关系如表 6-1 所示。

熔断器的熔断电流与熔断时间的关系   表 6-1

熔断电流 I_S(A)	$1.25I_N$	$1.6I_N$	$2.0I_N$	$2.5I_N$	$3.0I_N$	$4.0I_N$	$8.0I_N$	$10.0I_N$
熔断时间 t(s)	∞	3600	40	8	4.5	2.5	1	0.4

3）常用低压熔断器

① RM10 系列封闭管式熔断器，如图 6-36 所示。

特点：熔断管由钢纸制成，两端为黄铜制成的可拆式管帽，管内熔体为变截面的熔片，更换熔体较方便。

应用：用于交流 380V 及以下、直流 440V 及以下、电流在 600A 以下的电力线路中。

② RT0 系列有填料封闭管式熔断器，如图 6-37 所示。

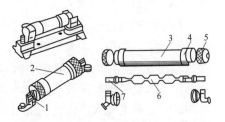

图 6-36 RM10 系列封闭管式熔断器
1—夹座；2—熔断管；3—钢纸管；4—黄铜套管；5—黄铜帽；6—熔体；7—刀型夹头

特点：熔体是两片网状紫铜片，中间用锡桥连接。熔体周围填满石英砂起灭弧作用。

应用：用于交流 380V 及以下、短路电流较大的输配电系统中，作为线路及电气设备的短路保护及过载保护。

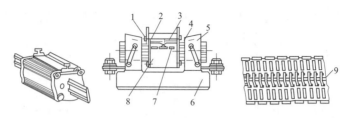

图 6-37　RT0 系列有填料封闭管式熔断器

1—熔断指示器；2—石英砂填料；3—指示器熔丝；4—夹头；5—夹座；6—底座；7—熔体；8—熔管；9—锡桥

③ NG30 系列有填料封闭管式圆筒帽形熔断器。

特点：熔断体由熔管、熔体、填料组成，由纯铜片制成的变截面熔体封装于高强度熔管内，熔管内充满高纯度石英砂作为灭弧介质，熔体两端采用点焊与端帽牢固连接。用于交流 50Hz、额定电压 380V、额定电流 63A 及以下工业电气装置的配电线路中。

④ RS0、RS3 系列有填料快速熔断器。

特点：在 6 倍额定电流时，熔断时间不大于 20ms，熔断时间短，动作迅速。主要用于半导体硅整流元件的过电流保护。

4）熔断器的选用

① 熔断器类型的选用

根据使用环境、负载性质和短路电流的大小选用适当类型的熔断器。

② 熔断器额定电压和额定电流的选用

熔断器的额定电压必须等于或大于线路的额定电压。

熔断器的额定电流必须等于或大于所装熔体的额定电流。

③ 熔体额定电流的选用

对照明和电热等的短路保护，熔体的额定电流应等于或稍大于负载的额定电流。

对一台不经常启动且启动时间不长的电动机的短路保护，应有：

$$I_{RN} \geqslant (1.5 \sim 2.5) I_N$$

对多台电动机的短路保护，应有：

$$I_{RN} \geqslant (1.5 \sim 2.5) I_{Nmax} + \sum I_N$$

（3）热继电器

热继电器是用于电动机或其他电气设备、电气线路的过载保护的保护电器。电动机在实际运行中，如拖动生产机械进行工作过程中，若机械出现不正常的情况或电路异常使电动机遇到过载，则电动机转速下降、绕组中的电流增大，使电动机的绕组温度升高。若过载电流不大且过载时间较短，电动机绕组不超过允许温升，这种过载是允许的。但若过载时间长，过载电流大，电动机绕组的温升就会超过允许值，使电动机绕组老化，缩短电动机的使用寿命，严重时甚至会使电动机绕组烧毁，这种过载是电动机不能承受的。热继电器就是利用电流的热效应原理，在出现电动机不能承受的过载时切断电动机电路，为电动机提供过载保护的保护电器。

热继电器的型号含义如图 6-38 所示。

1）热继电器的类型较多，常见的有：

① 双金属片式，利用两种膨胀系数不

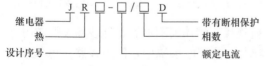

图 6-38　热继电器的型号含义

同的金属（通常为锰镍和铜板）辗压制成的双金属片受热弯曲去推动杠杆，从而使触头动作。

② 热敏电阻式，利用电阻值随温度变化而变化的特性制成的热继电器。

③ 易熔合金式，利用过载电流的热量使易熔合金达到某一温度值时，合金熔化而使继电器动作。

在上述三种形式中，以双金属片式热继电器应用最多，并且常与接触器构成磁力启动器继电器的作用。

2）热继电器工作原理示意图如图 6-39 所示。

3）热继电器的结构如图 6-40 所示。

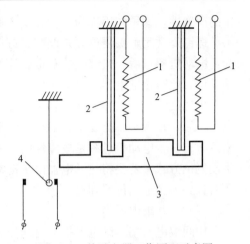

图 6-39 热继电器工作原理示意图
1—热元件；2—双金属片；3—导板；4—触点

使用热继电器对电动机进行过载保护时，将热元件与电动机的定子绕组串联，将热继电器的常闭触头串联在交流接触器的电磁线圈的控制电路中，并调节整定电流调节旋钮，使人字形拨杆与推杆相距一适当距离。当电动机正常工作时，通过热元件的电流即为电动机的额定电流，热元件发热，双金属片受热后弯曲，使推杆刚好与人字形拨杆接触，而又不能推动人字形拨杆。常闭触头处于闭合状态，交流接触器保持吸合，电动机正常运行。

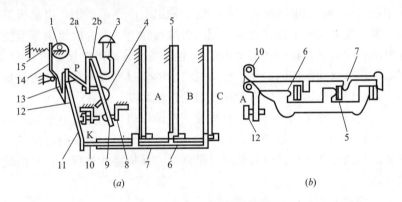

(a) (b)

图 6-40 热继电器结构示意图

（a）结构示意图；（b）差动式断相保护示意图

1—电流调节凸轮；2—片簧（2a，2b）；3—手动复位按钮；4—弓簧片；5—主金属片；6—外导板；
7—内导板；8—常闭静触点；9—动触点；10—杠杆；11—常开静触点（复位调节螺钉）；
12—补偿双金属片；13—推杆；14—连杆；15—压簧

若电动机出现过载情况，绕组中电流增大，通过热继电器热元件中的电流增大使双金属片温度升得更高，弯曲程度加大，推动人字形拨杆，人字形拨杆推动常闭触头，使触头断开而断开交流接触器线圈电路，使接触器释放、切断电动机的电源，电动机停车而得到保护。

热继电器其他部分的作用如下：人字形拨杆的左臂也用双金属片制成，当环境温度发生变化时，主电路中的双金属片会产生一定的变形弯曲，这时人字形拨杆的左臂也会发生同方向的变形弯曲，从而使人字形拨杆与推杆之间的距离基本保持不变，保证热继电器动作的准确性。这种作用称为温度补偿作用。

螺钉是常闭触头复位方式调节螺钉。当螺钉位置靠左时，电动机过载后，常闭触头断开，电动机停车后，热继电器双金属片冷却复位。常闭触头的动触头在弹簧的作用下会自动复位。此时热继电器为自动复位状态。将螺钉逆时针旋转向右调到一定位置时，若这时电动机过载，热继电器的常闭触头断开。其动触头将摆到右侧一新的平衡位置。电动机断电停车后，动触头不能复位。必须按动复位按钮后动触头方能复位。此时热继电器为手动复位状态。若电动机过载是故障性的，为了避免再次轻易地启动电动机，热继电器宜采用手动复位方式。若要将热继电器由手动复位方式调至自动复位方式，只需将复位调节螺钉顺时针旋转至适当位置即可。

（4）中间继电器

中间继电器用于继电保护与自动控制系统中，以增加触点的数量及容量。它用于在控制电路中传递中间信号。中间继电器的结构和原理与交流接触器基本相同，与接触器的主要区别在于：接触器的主触头可以通过大电流，而中间继电器的触头只能通过小电流。所以，它只能用于控制电路中。由于中间继电器的过载能力比较小，所以它一般是没有主触点的，它用的全部都是辅助触头，数量比较多。

（5）软启动器

软启动器是一种集电动机软启动、软停车、多种保护功能于一体的新型电动机控制装置，国外称为 Soft Starter。将其接入电源和电动机定子之间，采用三相反并联晶闸管作为调压器，使用软启动器启动电动机时，晶闸管的输出电压逐渐增加，电动机逐渐加速，直到晶闸管全导通，使电动机工作在额定电压的机械特性上。因为电压由零慢慢提升到额定电压，这样电动机在启动过程中的启动电流就由过去过载冲击电流不可控制变为可控制。并且可根据需要调节启动电流的大小。电动机启动的全过程都不存在冲击转矩，而是平滑地启动运行，降低启动电流，可以有效避免启动过流跳闸。

软启动器还具有软停车功能，即平滑减速，逐渐停机，它可以克服瞬间断电停机的弊病，减轻对重载机械的冲击，避免高程供水系统的水锤效应，减少设备损坏。

软启动器的启动参数可根据负载情况及电网继电保护特性选择，可自由地无级调整至最佳的启动电流。

软启动器一般有下面几种启动方式：

1）斜坡升压软启动；

2）斜坡恒流软启动；

3）阶跃启动；

4）脉冲冲击启动。

（6）低压变频器

低压变频器是指电压等级低于 690V 的可调输出频率交流电机驱动装置。

6.4　高低压成套配电装置

高低压成套配电装置，又称为成套开关设备或开关柜。是以开关设备为主体，将其他各种电气元件按一定主接线要求组装为一体而构成的成套电气设备，它用于配电系统，作接收与分配电能之用，对线路进行控制、测量、保护及调整。高低压成套配电装置主要有高、低压开关柜及箱变等。

6.4.1 开关柜的基本知识

（1）开关柜的特点

① 开关柜作为封闭式、半封闭式，对电气元件及辅助件保护性好，能有效防止灰尘、雨水、动物随意进入而影响供电质量。

② 开关柜独立性好，能有效防止因电路等故障使事故扩大。

③ 开关柜连锁比较可靠、全面，安全性能高。

④ 便于运输和安装。

⑤ 能与微机结合，实现自动化管理。

⑥ 开关柜为金属外壳，强度和刚度都能满足要求，而且壳体都可确保安全可靠接地。

（2）开关柜的分类

① 按柜体的结构特点分为开启式和封闭式两种。开启式柜体结构简单，造价低，一次电气元件之间一般不隔开，母线外露。封闭式柜体则将一次电气元件用隔板分隔成不同的小室，较开启式柜体安全，可以防止事故扩大，但造价要高。

② 按一次电气元件固定的特点分为固定式和手车式。固定式柜体一次电气元件安装完后，位置是不动的，但检修较为不便；而手车式柜体的断路器及操作机构全部在手车上（有时包括互感器、仪表等），检修断路器及操作机构等元件时，可将手车推出柜外，所以比较安全、方便，缺点是增加活动触头使回路电阻增加。

③ 按电压等级分为低压开关柜及高压开关柜。

④ 按使用环境分为户内式与户外式，以及一般环境型与特殊环境型（即矿用、温热带、高原型）。

（3）柜体尺寸要求

柜体外形尺寸的允许偏差见表6-2。

柜体外形尺寸的允许偏差　　　　　　　　　　　　　　　表 6-2

尺寸范围（mm）	偏差值（mm）		
	高	宽	深
120～400	±1.2	−01	±1.2
400～1000	±2.0	−01.6	±2.0
1000～2000	±3.0	−02.4	±3.0
2000～4000	±4.0	−04.0	±4.0

结构间隙差：结构间隙指结构外表的结构要素之间（如门与门、门与其他结构要素之间）形成的同一间隙或平行间隙，其差值见表6-3。

结构间隙差　　　　　　　　　　　　　　　表 6-3

尺寸范围（mm）	部位	
	同一间隙均匀差（mm）	平行间隙均匀差（mm）
≤1000	1.0	2.0
>1000	1.5	2.5

面板、侧板、门板等板类构件平面度的一般公差，为任意平方米小于 3mm，面板通常小于 1.5mm。

（4）外壳防护等级

外壳防护等级就是防止人体接近带电部分或触及运动部分的外壳、隔板以及防止固体物体侵入设备应具备的保护程度。开关柜外壳防护等级含义见表 6-4。

外壳防护等级含义

表 6-4

防护等级符号	防止固体异物进入	防止接近危险部件
IP2X	直径 12.5mm 及以上的物体	防止手指接近（直径 12mm、长 80mm 的试指）
IP3X	直径 2.5mm 及以上的物体	防止工具接近（直径 2.5mm、长 100mm 的试棒）
IP4X	直径 1.0mm 及以上的物体	防止导线接近（直径 1.0mm、长 100mm 的试验导线）
IP5X	尘埃（不完全，但不影响设备正常运行或危及安全）	防止导线接近（直径 1.0mm、长 100mm 的试验导线）

外壳防护等级代码为 IP，由两位特征数字及附加字母组成，如 IP2X、IP30、IP4X、IP5X。第 1 位特征数字（0～6 或字母 X）表示防止外物侵入的等级，第 2 位特征数字（0～8 或字母 X）表示防湿气、防水侵入的密闭程度，数字越大表示其防护等级越高。0 表示没有防护或无特殊防护，X 表示不要求规定特征数字。

（5）成套开关设备接地

成套开关设备的外壳都由金属材料制成的，运行中，外壳及其他不属于主回路或辅助回路的所有金属部件都必须牢靠地接地。接地导体应沿整个开关设备和控制设备的长度延伸方向布设。如果导体是铜制的，其电流密度应保证在规定的接地故障条件下不超过 $200A/mm^2$，并确保接地系统的连续性。

（6）成套开关设备连锁装置

成套开关设备各组成部件之间应设置可靠的连锁和闭锁装置，以保证操作程序的正确性。常用的连锁方式有：机械连锁、程序连锁和电气连锁。机械连锁具有操作简便、直观和可靠性高的特点，因而在设计时应优先采用。若需要连锁的元件相隔较远或连锁的程序比较复杂，可采取程序连锁和电气连锁的方式。一般在下述环节设置：

① 主开关（如断路器）误合误分。

② 断路器和负荷开关与隔离开关之间。

③ 接地开关和隔离开关或一次导电回路之间。

④ 接地开关或一次导电回路与柜门之间。

⑤ 手车式开关柜的二次插头与主开关之间。

（7）开关柜辅助回路（二次回路）

成套设备中（除主电路以外）用于控制、测量、信号和调节、数据处理等电路上所有的导电部件。

二次回路包括：测量、保护、控制与信号回路部分。测量回路包括：计量测量与保护测量。控制回路包括：就地手动合分闸、防跳连锁、试验、互投连锁、保护跳闸以及合分闸执行部分。信号回路包括：开关运行状态信号、事故跳闸信号与事故预告信号。

1）测量回路

测量回路分为电流测量回路与电压测量回路。

① 电流测量回路，各种设备串联于电流互感器二次侧（5A），电流互感器将原边负荷电流统一变为 5A 测量电流。计量与保护分别用各自的互感器（计量用互感器精度要求高），计量测量串接于电流表以及电度表、功率表与功率因数表的电流端子。保护测量串接于保护继电器的电流端子。微机保护一般将计量与保护集中于一体，分别有计量电流端子与保护电流端子。

② 电压测量回路，220V/380V 低压系统直接接 220V 或 380V 电压表，3kV 以上高压系统全部经过电压互感器将各种等级的高电压变为统一的 100V 电压，电压表以及电度表、功率表与功率因数表的电压线圈经其端子并接在 100V 电压母线上。微机保护单元计量电压与保护电压统一为一种电压端子。

2）控制回路

① 合分转换开关

合分闸通过合分转换开关进行操作，常规保护为提示操作人员及事故跳闸报警需要，转换开关选用预合—合闸—合后及预分—分闸—分后的多档转换开关。以使利用不对应接线进行合分闸提示与事故跳闸报警，国家已有标准图设计。采用微机保护以后，在进行远分合闸操作后，还要到就地进行转换开关对位操作，这就失去了远分操作的意义，所以应取消不对应接线，选用中间自复位的只有合闸与分闸的三档转换开关。

② 防跳回路

当合闸回路出现故障时进行分闸，或短路事故未排除又进行合闸（误操作），这时就会出现断路器反复合分闸，这种现象称为断路器的"跳跃"，将造成断路器的遮断能力下降。不仅容易引起或扩大事故，还会引起设备损坏或人身事故，所以高压开关控制回路应设计防跳。防跳一般选用电流启动、电压保持的双线圈继电器。电流线圈串接于分闸回路作为启动线圈。电压线圈串接于合闸回路作为保持线圈，当分闸时，电流线圈经分闸回路启动。如果合闸回路有故障，或处于手动合闸位置，电压线圈启动并通过其常开接点自保持，其常闭接点马上断开合闸回路，保证断路器在分闸过程中不能马上再合闸。防跳继电器的电流回路还可以通过其常开接点将电流线圈自保持，这样可以减轻保护继电器的出口接点断开负荷，也减少了保护继电器的保持时间要求。

有些微机保护装置自己已具有防跳功能，这样就可以不再设计防跳回路。断路器操作机构选用弹簧储能时，如果选用储能后可以进行一次合闸与分闸的弹簧储能操作机构（也有用于重合闸的储能后可以进行二次合闸与分闸的弹簧储能操作机构），因为储能一般都要求 10s 左右，当储能开关经常处于断开位置时，储一次能，合完之后，将储能开关再处于断开位置，可以跳一次闸；跳闸之后，要手动储能之后才能进行合闸，此时，也可以不再设计防跳回路。

③ 试验与互投连锁与控制

对于手车式开关柜，手车推出后要进行断路器合分闸试验，应设计合分闸试验按钮。进线与母联断路，一般应根据要求进行互投连锁或控制。

④ 保护跳闸

保护跳闸出口经过连接片接于跳闸回路，连接片用于保护调试，或运行过程中解除某些保护功能。

⑤ 合分闸回路

合分闸回路经合分闸母线为操作机构提供电源，合分闸回路及其控制回路一般都应单独画出。

3）信号回路

① 开关运行状态信号由合闸与分闸指示两个装于开关柜上的信号灯组成：经过操作转换开关不对应接线后接到正电源上。采用微机保护后，转换开关取消了不对应接线，所以信号灯正极可以直接接到正电源上。

② 事故信号有事故跳闸与事故预告两种信号，事故跳闸报警也要通过转化开关不对应后，接到事故跳闸信号母线上，再引到中央信号系统。事故预告信号通过信号继电器接点引到中央信号系统。采用微机保护后，将断路器操作机构辅助接点与信号继电器接点分别接到微机保护单元的开关量输入端子，需要有中央信号系统时，如果微机保护单元可以提供事故跳闸与事故预告输出接点，可将其引到中央信号系统。否则，应利用信号继电器的另一对接点引到中央信号系统。

③ 中央信号系统为安装于值班室内的集中报警系统，由事故跳闸与事故预告两套声光报警组成，光报警用光字牌，不用信号灯，光字牌分集中与分散两种。采用变电站综合自动化系统后，可以不再设计中央信号系统，或将其简化，只设计集中报警作为计算机报警的后备报警。

6.4.2 高压成套装置

高压成套装置是以高压开关为主的成套电器，它用于配电系统，作接收与分配电能之用。对线路进行控制、测量、保护及调整。

（1）高压开关柜的组成

开关柜应满足《3.6～40.5kV 交流金属封闭开关设备和控制设备》GB 3906—2006 的有关要求，柜体由壳体、电气元件（包括绝缘件）、各种机构、二次端子及连线等组成。

1）柜体的材料

①冷轧钢板或角钢（用于焊接柜）；②敷铝锌钢板或镀锌钢板（用于组装柜）；③不锈钢板（不导磁性）；④铝板（不导磁性）。

2）柜体的功能单元（全部或部分）

①主母线室；②断路器室（开关室）；③电缆室；④继电器和仪表室；⑤柜顶小母线室；⑥二次端子室。

3）高压开关柜结构布置见图 6-41。

（2）高压开关柜分类

1）按断路器安装方式分为移开式（手车式）和固定式。

移开式或手车式（用 Y 表示）：表示柜内的主要电气元件（如断路器）是安装在可抽出的手车上的，由于手车式开关柜有很好的互换性，因此可以大大提高供电的可靠性。常用的手车类型有：隔离手车、计量手车、断路器手车、PT 手车、电容器手车和所用变手车等，如 KYN28A-12。

固定式（用 G 表示）：表示柜内所有的电气元件（如断路器或负荷开关等）均为固定

式安装的，固定式开关柜较为简单经济，如 XGN2-10、GG-1A 等。

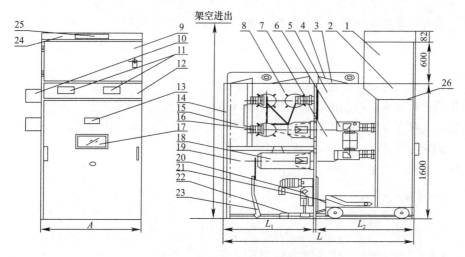

图 6-41 高压开关柜结构布置

1—仪表室；2—端子室；3—泄压活门；4—防护罩；5—前柜；6—断路器手车；7—手车室；8—母线室；9—仪表门；
10—母线套管；11—柜体铭牌及模拟母线牌；12—端子门；13—小车铭牌；14—后封板；15—后柜；16—触头盒；
17—观察孔；18—电流互感器；19—电缆；20—接地开关；21—金属活门；22—接地母线；23—电缆头；
24—小母线室；25—标牌；26—二次静触头

2）按安装地点分为户内式和户外式。

① 户内式（用 N 表示）：表示只能在户内安装使用，如 KYN28A-12 等。

② 户外式（用 W 表示）：表示可以在户外安装使用，如 XLW 等。

（3）高压开关柜型号含义见图 6-42。

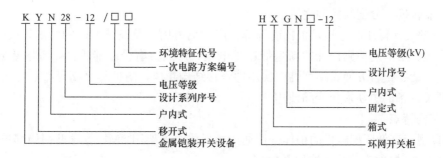

图 6-42 高压开关柜型号含义

（4）额定电压（U_r）

根据国内系统的实际，额定电压为开关设备和控制设备所在系统的最高电压上限。常见标准值为 3.6kV、7.2kV、12kV、24kV、40.5kV。

（5）额定电流（I_r）

开关设备和控制设备的额定电流是在规定的使用和性能条件下，开关设备和控制设备应该能够持续通过的电流的有效值。常常是 1、1.25、1.6、2、2.5、3.15、4、5、6.3、8 及其与 $10n$ 的乘积。

6.4.3 低压成套装置

低压成套装置是由一个或多个低压开关设备和与之相关的控制、测量、信号、保护及调节等设备由制造商负责完成所有内部的电气和机械的连接，用结构部件完整地组装在一起的一种组合体，可由主电路和辅助电路组成。

低压成套开关设备和控制设备分类：

从功能上可分为：电控设备、配电设备（或配电装置）两种类型。

从结构上可分为：固定封闭式，如 GGD 系列、动力配电箱；抽出式，如 GCK、GCD、GCS 等；固定分隔式。

低压柜型号含义见图 6-43。

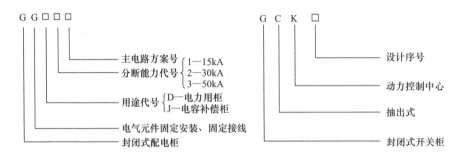

图 6-43 低压柜型号含义

（1）GGD 系列

1）用途

GGD 型交流低压配电柜适用于变电站、发电厂、厂矿企业等电力用户的交流 50Hz，额定工作电压 380V，额定工作电流 1000～3150A 的配电系统，作为动力、照明及发配电设备的电能转换、分配与控制之用。

GGD 型交流低压配电柜是根据能源部、广大电力用户及设计部门的要求，按照安全、经济、合理、可靠的原则设计的新型低压配电柜。产品具有分断能力高，动热稳定性好，电气方案灵活、组合方便，系列性，实用性强、结构新颖，防护等级高等特点。可作为低压成套开关设备的更新换代产品使用。

2）结构特点

GGD 型交流低压配电柜的柜体采用通用柜形式，构架用 8MF 冷弯型钢局部焊接组装而成，并有 20 模的安装孔，通用系数高。

GGD 型交流低压配电柜充分考虑散热问题。在柜体上、下两端均有不同数量的散热槽孔，当柜内电气元件发热后，热量上升，通过上端槽孔排出，而冷风不断地由下端槽孔补充进柜，使密封的柜体自下而上形成一个自然通风道，达到散热的目的。

GGD 型交流低压配电柜按照现代化工业产品造型设计的要求，采用黄金分割比的方法设计柜体外形和各部分的分割尺寸，使整柜美观大方，面目一新。

柜体的顶盖在需要时可拆除，便于现场主母线的装配和调整，柜顶的四角装有吊环，用于起吊和装运。

柜体的防护等级为 IP30，用户也可根据环境要求在 IP20～IP40 之间选择。

（2）GCK 系列

1）产品型号及含义

GCK：G 是封闭式开关柜，C 是抽出式，K 是动力控制中心。

GCK 低压抽出式开关柜（以下简称开关柜）由动力配电中心（PC）和电动机控制中心（MCC）两部分组成。该装置适用于交流 50（60）Hz、额定工作电压小于等于 660V、额定电流 4000A 及以下的控配电系统，作为动力配电、电动机控制及照明等配电设备。

GCK 开关柜符合《低压开关设备和控制设备 第 1 部分：总则》IEC 61439-1—2009、《低压成套开关设备和控制设备 第 1 部分：总则》GB 7251.1—2013、《低压开关设备和控制设备 第 1 部分：总则》GB/T 14048.1—2012 等标准的规定。且具有分断能力高、动热稳定性好、结构先进合理、电气方案灵活、系列性、通用性强、各种方案单元任意组合、一台柜体等特点。

优点：所容纳的回路数较多、节省占地面积、防护等级高、安全可靠、维修方便等。

2）结构特点

整柜采用拼装式组合结构，模数孔安装，零部件通用性强，适用性好，标准化程度高。

柜体上部为母线室、前部为电器室、后部为电缆进出线室，各室间有钢板或绝缘板作隔离，以保证安全。

MCC 柜抽屉小室的门与断路器或隔离开关的操作手柄设有机械连锁，只有手柄在分断位置时门才能开启。

受电开关、联络开关及 MCC 柜的抽屉具有三个位置：接通位置、试验位置、断开位置。

开关柜的顶部根据受电需要可装母线桥。

6.5 电器和导体的选择

正确地选择设备是使电气主接线和配电装置达到安全、经济的重要条件。在进行设备选择时，应根据工程实际情况，在保证安全、可靠的前提下，积极而稳妥地采用新技术，并注意节约投资，选择合适的电器设备。电器设备的选择同时必须执行国家的有关技术经济政策，并应做到技术先进、经济合理、安全可靠、运行方便和适当地留有发展余地，以满足电力系统安全、经济运行的需要。

6.5.1 电器和导体选择的条件

电器设备要能可靠地工作，必须按正常工作条件进行选择，并按短路状态来校验热稳定性和动稳定性，电器设备应能在长期工作条件下和发生过电压、过电流的情况下保持正常运行。

（1）正常条件选择

1）额定电压的选择

设备的最高工作电压：$(1.1\sim1.15)U_N$；

电网的最高工作电压：U_{SN}；

电器的最高工作电压不应低于电网的最高电压。

2）额定电流的选择

导体和电器的额定电流 I_N 应不小于各种运行方式下流过设备的最大持续工作电流 I_{max}，即：$I_N \geqslant I_{max}$。

I_N 指在额定环境温度下，电器设备长期允许通过的最大电流。

3）环境条件对设备选择的影响

当海拔＜1000m 时，选择普通非高原型设备。当海拔为 1000～3500m 时，海拔比制造厂家规定值每升高 100m，电器设备最高允许工作电压下降 1％。当最高工作电压不能满足要求时，应采用高原型电器设备或采用外绝缘高一级的产品。

我国生产的电器设备一般使用的额定环境温度为 40℃。每增 1℃，额定电流按减少 1.8％进行修正。环境温度＜40℃时，每降 1℃，额定电流按增加 0.5％进行修正，但最大电流不得超过额定电流的 20％。

4）日照

屋外高压电器在日照条件下将产生附加温升。但高压电器的发热试验是在背面阳光直射的条件下进行的。如果制造部门未能提出产品在日照下额定载流量下降的数据，在设计时可按电器额定电流的 80％选择设备。在进行计算时，日照强度取 0.1W/cm，风速取 0.5m/cm。

（2）按短路状态校验

1）热稳定性校验

短路发热的最高温度不超过短时发热的最高允许温度。

$$I_t^t t \geqslant Q_k$$

式中　$I_t^t t$——电器设备允许通过的热稳定电流和时间；

　　　Q_k——短路电流产生的热效应。

2）动稳定性校验

动稳定性指导体和电器承受短路电流机械效应的能力。

$$i_{es}(I_{es}) \geqslant i_{sh}(I_{sh})$$

式中　$i_{es}(I_{es})$——电器设备允许通过的动稳定电流幅值及其有效值；

　　　$i_{sh}(I_{sh})$——短路冲击电流幅值及其有效值。

3）下列几种情况简化短路校验：

① 用熔断器保护的电器设备，其热稳定性由熔断时间保证，故可不校验热稳定性。

② 采用有限流电阻的熔断器保护的电器设备，可不校验动稳定性。

③ 装设在电压互感器回路中的裸导体和电器设备，可不校验动稳定性和热稳定性。

4）短路电流计算条件

按工程设计最终容量计算，并考虑电力系统远景发展（一般为工程建成后 5～10 年），其接线应采用可能发生最大短路电流的正常接线方式，但不考虑在切换过程中可能短时并列的接线方式（如切换厂用变压器时的并列）。一般按系统最大运行方式下三相短路计算。选择通过导体和电器的短路电流为最大的那些点作为计算点。

计算短路点：①两侧均有电源的断路器（如：发电厂与系统相连的出线断路器，发电机、变压器回路的断路器），比较断路器前后短路时短路电流的大小，择其大者作为短路计算点。②母联断路器，考虑当采用该母联断路器向备用线路充电时，备用母线故障流过该备用母线的全部短路电流。③带电抗器的出线回路，由于干式电抗器工作可靠性较高，且断路器与电抗器间的连线很短，故障几率小，一般可选电抗器后为计算短路点，这样出线可选用轻型电抗器，以节约投资。

短路时间计算：

校验热稳定性的时间计算：

$$t_k = t_{pr} + t_{br}$$

式中　t_k——短路计算时间；

　　　t_{pr}——继电保护动作时间（在校验裸导体短路热效应时，宜采用主保护工作时间。如主保护有死区，则采用能对该死区起作用的后备保护动作时间，并采用相应处的短路电流值。在校验电器的短路热效应时，宜采用后备保护动作时间）；

　　　t_{br}——相应断路器的全开断时间。

短路开断计算时间：

$$t_k' = t_{pr1} + t_{in}$$

式中　t_k'——短路计算时间；

　　　t_{pr1}——继电保护主保护动作时间；

　　　t_{in}——断路器的固有分闸时间。

6.5.2　电器的选择

（1）断路器

高压断路器应根据断路器安装地点、环境和使用技术条件等要求选择其种类及形式，由于真空断路器、SF6断路器比少油断路器可靠性更好、维护工作量更少、灭弧性能更高，目前得到普遍推广，故35~220kV一般采用SF6断路器。真空断路器只适用于10kV电压等级。

一般使用时要求交流接触器装置结构紧凑，使用方便，动、静触头的磁吹装置良好，灭弧效果好，最好达到零飞弧，温升小。按照灭弧方式分为空气式和真空式，按照操作方式分为电磁式、气动式和电磁气动式。

1）按正常条件选择

额定电压选择：$U_N \geqslant U_{SN}$

额定电流选择：$I_N \geqslant I_{max}$

额定开断电流选择：额定电压下断路器能开断而不致妨碍其继续工作的最大短路电流。开断计算时间：从发生短路到断路器的触头刚刚分开所经历的时间。为保证断路器能开断最严重情况下的短路电流，开断计算时间等于主保护动作时间与断路器固有分闸时间之和。

断路器选择的条件见表6-5。

断路器选择的条件　　　　　　　　　　　　　表 6-5

项目		参数
技术条件	正常工作条件	电压、电流、频率、机械荷载
	短路稳定性	动稳定电流、热稳定电流和持续时间
	承受过电压能力	对地和断口间的绝缘水平、泄漏比距
	操作性能	开断电流、短路关合电流、操作循环、操作次数、操作相数、分合时间及周期性、对过电压的限制、某些的开断电流、操作机构
环境条件	环境	环境温度、日温差、最大风速、相对湿度、污秽、海拔高度、地震强度
	环境保护	噪声、电磁干扰

额定关合电流的选择：若断路器合闸之前，线路上已存在短路故障，则在断路器合闸过程中，动、静触头间在未接触时既有很大的短路电流通过，更容易发生触头熔焊和遭受电动力的损坏，要求断路器能够关合其短路电流。因此，额定关合电流是断路器的重要参数之一。

2）形式选择

根据对可靠性的要求，220kV 侧采用 SF6 断路器，而根据经济性和可靠性的综合考虑，110kV、10kV 可采用别的断路器，当不满足要求时，110kV 侧可采用 SF6 断路器，厂用封闭母线的大容量机组，当需要装设断路器时，应选用发电机专用断路器。

不同断路器特性见表 6-6。

不同断路器特性　　　　　　　　　　　　　表 6-6

类型	特性	适用场合
手动机构	人力直接作为合闸动力	
电磁机构	电磁铁将电能变成机械能作为合闸动力的机构	10kV、35kV
气动机构	以压缩空气储能和传递能量的机构	空气断路器
弹簧机构	利用弹簧储存的能量进行合闸的机构	广泛应用
液压机构	利用高压压缩气体（氮气）作为能源，液压油作为传递能量的媒介，注入带有活塞的工作缸中，推动活塞做功，使断路器进行合闸和分闸的机构	少油断路器

（2）隔离开关的选择

额定电流选择：$I_N \geqslant I_{max}$

热稳定性校验：$I_t^2 t \geqslant Q$

动稳定性校验：$i_{es}(I_{es}) \geqslant i_{sh}(I_{sh})$

（3）互感器的选择

1）电流互感器选择

① 一次回路额定电压和额定电流的选择

额定电压选择条件：$U_N \geqslant U_{SN}$

额定电流选择条件：$I_N \geqslant I_{max}$

② 准确级和额定容量的选择

为了保证测量仪表的准确度，电流互感器的准确级不得低于所供测量仪表的准确级。

用于实验室精密测量应选用 0.2 级电流互感器；用于电度表应选用 0.5 级电流互感器；电流表选用 1 级电流互感器。用于继电保护的电流互感器（国家规定采用 P 级），准确度要求不如测量级高。当所供仪表要求不同准确级时，应按相应最高级别来确定电流互感器的准确级。

为了保证电流互感器在一定的准确级下工作，电流互感器的二次侧所接负荷 S_2 应不大于该准确级所规定的额定容量 S_{2N}。

$S_{2N} \geqslant S_2 = I_{2N}^2 Z_{2L}$，其中：$I_{2N}$ 为电流互感器二次额定电流；Z_{2L} 为电流互感器二次负载阻抗。

③ 电流互感器的配置

为满足测量和保护装置的需要，在发电机、变压器、出线、母线分段及母联断路器、旁路断路器等回路中均设有电流互感器。对于中性点直接接地系统，一般按三相配置，对于中性点非直接接地系统，依据情况按两相或三相配置。保护用电流互感器的装设地点应按尽量消除主保护装置的死区来设置。如有两组电流互感器，应尽可能设在断路器两侧，使断路器处于交叉保护范围之中。为防止电流互感器套管闪络造成母线故障，电流互感器通常布置在断路器的出线或变压器侧，即尽可能不在紧靠母线侧装设电流互感器。为了减轻内部故障对发电机的损伤，用于自动调节励磁装置的电流互感器应布置在发电机定子绕组的出线侧。为便于分析和在发电机并入系统前发现内部故障，用于测量仪表的电流互感器宜装设在发电机中性点侧。

2）电压互感器选择

① 额定电压的选择

应与互感器接入电网的电压相适应，其值应满足：

$$1.1U_{SN} > U_N > 0.9U_{SN}$$

② 按二次负荷校验精确等级

校验电压互感器的精确等级应使二次侧连接仪表所消耗的总容量小于精确等级所规定的二次额定容量，即：

$$S_{2N} \geqslant S_{2\Sigma}$$

③ 电压互感器的配置

除了旁路母线外，一般工作及备用母线都装有 1 组电压互感器，用于同步、测量仪表和保护装置。35kV 及以上线路，当对端有电源时，为了监视线路有无电压、进行同步和设置重合闸，装有 1 台单相电压互感器。一组供自动调节励磁装置，另一组供测量仪表、同步和保护装置用。当互感器负荷较大时，可增设 1 组不完全星形接线的互感器，专供测量仪表用。变压器低压侧有时为了满足同步或继电保护的要求，设有 1 组电压互感器。

6.5.3 导体的选择

（1）导体的选型

常用导体材料有铜、铝和铝合金。铜的电阻率低、强度大、抗腐蚀性强，是很好的导体材料。但我国铜储量较少，价格较高，因此铜导体只用在持续工作电流大，且出线特别狭窄或污秽对铝有严重腐蚀而对铜腐蚀较轻的场所。

铝的电阻率虽为铜的 1.7～2 倍，但密度只有铜的 30%，且我国铝储量丰富、价廉。因此，一般采用铝或铝合金材料作为导体材料。

常用的硬导体截面有矩形、槽形和管形。矩形导体散热条件较好，便于固定和连接，但集肤效应较大。为避免集肤效应系数过大，单条矩形截面面积最大不超过 1250mm^2。当工作电流超过最大截面单条导体允许载流量时，可将 $2\sim4$ 条矩形导体并列使用，但多条导体并列的允许电流并不成比例增加，故一般避免采用 4 条矩形导体并列使用。矩形导体一般只用在 35kV 及以下、电流在 4000A 及以下的配电装置中。槽形导体机械强度高，载流量大，集肤效应较小。故槽形导体一般用于 35kV 以下、$4000\sim8000\text{A}$ 的配电装置中。管形导体集肤效应系数小，机械强度高，管内可以通水或通风。因此，可用于 8000A 以上的大电流母线。此外，圆管表面光滑，电晕放电电压高，可用在 110kV 及以上的配电装置中。

矩形导体的散热和机械强度与导体布置方式有关。因此，导体的布置方式应根据载流量的大小、短路电流水平和配电装置的具体情况而定。

（2）导体截面的选择

1）按导体长期发热允许电流选择

为保证母线长期安全运行，母线导体在额定环境温度 θ_0 和导体正常发热允许最高温度 θ_{al} 下的允许电流 I_{al}，经过修正后的数值应大于或等于流过导体的最大持续工作电流 I_{max}。

$$I_{max} \leqslant KI_{al}$$

式中　I_{max}——导体所在回路中最大持续工作电流；

　　　I_{al}——额定环境温度 $\theta_0 = 25℃$ 时，导体的允许电流；

　　　K——与实际环境温度和海拔有关的综合修正系数。

2）按经济电流密度选择

为了考虑母线长期运行的经济性，除了配电装置的汇流母线以及断续运行或长度在 20m 以下的母线外，其截面一般按经济电流密度选择。经济电流密度 J 的概念：对应于不同种类的导体和不同的最大负荷利用小时数 T_{max}，将有一个年计算费用最低的电流密度，称为经济电流密度。按经济电流密度选择导体截面可使年计算费用最低。

导体的经济截面 S_J 计算：

$$S_J = \frac{I_{max}}{J}(\text{mm}^2)$$

上式所选导体截面的允许电流必须满足 $I_{max} \leqslant KI_{al}$。

第7章 继电保护与二次回路

7.1 继电保护基本知识

7.1.1 继电保护的作用和任务

供配电系统在运行中，可能会出现各种故障和不正常运行状态，最常见同时也是最危险的故障就是各种类型的短路，包括相间短路和接地短路。此外还可能发生输电线路断线、变压器及电机同一相绕组匝间短路等，还有由几种故障组合而成的复杂故障。

短路会伴随着很大的短路电流，同时系统电压大大降低。短路点电弧和短路电流的热效应和机械效应会直接损害电气设备，电压下降会破坏电能用户的正常工作，影响产品质量。短路更严重的后果是因电压下降可能破坏供配电系统之间并列运行的稳定性，导致事故扩大，甚至造成整个系统的崩溃瓦解。

不正常运行状态是指系统的正常工作受到干扰，使运行参数偏离正常值，但没有发生故障。例如因过负荷引起的电流升高。长时间的过负荷会使电气元件的载流部分和绝缘材料的温度过高，从而加速设备的绝缘老化或者损坏设备。

供配电系统中发生故障和不正常运行状态都可能引起系统事故。事故是指系统或其中一部分的正常工作遭到破坏，并造成对用户少送电或电能质量下降到不允许的地步，甚至造成电气设备损坏和人身伤亡。

事故一旦发生，故障量迅速影响其他非故障设备，甚至引起新的故障。为防止事故扩大，保证非故障部分仍能可靠供电，维持供配电系统的稳定性，要求迅速有选择性地切除故障部分。切除故障的时间有时候要求短到十分之几秒到百分之几秒。显然，在这样短的时间内，由运行人员发现故障设备，并将故障设备切除是不可能的。

供配电系统继电保护装置就是装设在被保护元件上，用来反映被保护元件故障和异常运行状态，从而发出信号或让断路器跳闸的一种有效的反事故自动装置。

继电保护的任务是：①自动的、有选择的、快速的将故障元件从电力系统中切除，使故障元件损坏程度尽可能降低，并保证电力系统非故障部分迅速恢复正常运行；②应正确反映电气元件的过负荷等不正常运行状态，并依据运行维护的具体条件和设备的承受能力，发出信号，减负荷或延时跳闸；③继电保护装置和系统中其他自动化装置配合，在条件允许时，采取预定措施，缩短事故停电时间，尽快恢复供电，有效提高系统运行的可靠性。

综上所述，继电保护在电力系统中的主要作用是通过预防事故或缩小停电范围来提高系统运行的可靠性。在现代电力系统中，如果没有继电保护装置，就无法维持电力系统的正常运行。

7.1.2　继电保护的基本原理

为了完成继电保护所担负的任务，显然应该要求它能够正确地区分系统正常运行与发生故障或异常运行状态之间的差别，以实现保护。

继电保护的基本原理是利用被保护线路或设备故障前后某些突变的物理量为信息量，当突变量达到一定值时，启动逻辑控制环节，发出相应的跳闸脉冲或信号。

（1）利用基本电气参数的变化

发生短路后，利用电流、电压、线路测量阻抗等的变化，可以构成如下保护：

1）过电流保护。过电流保护时反映电流的增大而动作，如图 7-1 所示，若在单侧电源线路 BC 段上发生短路，则从电源到短路点 k 之间将流过短路电流 I_k，使保护装置 2 反映短路电流而使 QF2 跳闸。

2）低电压保护。反映电压降低而动作，如图 7-1 所示，若在短路点 k 发生三相金属性短路，则短路点电压 U_k 降到零，各变电所母线上的电压均有所降低，可使保护装置 2 反映电压降低而使 QF2 动作。

3）距离保护（或阻抗保护）。反映短路点到保护安装处之间的距离（或测量阻抗的降低）而动作。以图 7-1 为例，设在短路点发生三相金属性短路，以 Z_k 表示短路点到保护装置 2 安装处之间的阻抗，则 B 母线上的残余电压 $U_{B.res} = I_k Z_k$。此时保护安装处测量到的电流 $I_m = I_k$、电压 $U_m = U_k$。若电流、电压互感器变比为 1，则测量阻抗 $Z_m = U_m / I_m$，即 $Z_m = Z_k$ 就是保护安装处到短路点的阻抗，它的大小正比于短路点到保护装置 2 之间的距离。

（2）利用内部故障与外部故障时被保护线路两侧电流相位（或功率方向）的差别

如图 7-2 所示，按习惯规定电流正方时从母线流向线路，分析线路 AB 正常运行、外部故障及内部故障的情况。

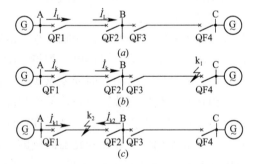

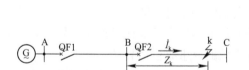

图 7-1　单侧电源线路过电流保护示意图

图 7-2　双侧电源网络
（a）正常运行情况；（b）外部短路情况；（c）内部短路情况

正常运行时，A、B 两侧电流大小相等，相位差 180°；当线路 AB 外部短路时，A、B 两侧电流大小仍相等，相位差 180°；当线路 AB 内部短路时，A、B 两侧电流一般大小不相等，在理想条件下，两侧电流相位差 0°，即同相位。从而可利用电气元件在内部短路、外部短路及正常运行的情况下，两侧电流的相位或功率方向的差别构成各种差动原理保护。

（3）利用对称分量变化

电气元件在正常对称运行时，负序分量和零序分量为零或很小，但在发生不对称短路时，一般负序分量较大；接地短路时负序分量和零序分量较大。因此，根据负序分量的变化可以构成负序保护和零序保护；也可以利用正序分量突变量反映各种短路故障。

（4）反映非电气量保护

利用故障时引起的非电量变化反映故障信息、如利用变压器油箱内部故障时所产生的气体而构成瓦斯保护；利用异常温度变化而构成过负荷保护等。

7.1.3 继电保护装置的组成

一般情况下继电保护装置都是由三部分组成，即测量部分、逻辑部分和执行部分，其原理结构图如图 7-3 所示。

图 7-3 继电保护装置的原理结构图

（1）测量部分

测量部分是测量从被保护对象输入的有关电气量，并与给定的整定值进行比较，根据比较的结果，给出"是"、"非"，"大于"、"不大于"、等于"0"或"1"性质的一组逻辑信号，从而判断继电保护装置是否应该启动。

（2）逻辑部分

逻辑部分是根据测量部分各输出量的大小、性质、输出的逻辑状态、出现的顺序或它们的组合，使继电保护装置按一定的逻辑关系工作，然后确定是否应该使继电保护装置动作或发出信号，并将有关命令传给执行部分。继电保护中常用的逻辑回路有"或"、"与"、"否"、"延时启动"、"延时返回"以及"记忆"等回路。

（3）执行部分

执行部分是根据逻辑部分传送的信号，最后完成继电保护装置所担负的任务。如故障时，动作于跳闸；异常运行时，发出信号；正常运行时，不动作等。

7.1.4 继电保护装置的要求

继电保护装置有四个基本要求，即可靠性、选择性、灵敏性、速动性，要全面考虑。在某些情况下，"四性"的要求有矛盾不能兼顾时，应有所侧重；片面强调某一项要求，都会导致保护复杂化、影响经济指标及不利于运行维护等弊病。整定计算尤其需要处理好"四性"的协调关系。

（1）可靠性

要求继电保护装置处于良好状态，随时准备动作。用简单的话来说，就是"该动的就动，不该动的不动"，即不误动、不拒动。

整定计算中，主要通过制定简单、合理的保护方案来保证。另外，在运行方式变化时应注意对定值进行调整以确保保护装置可靠动作。

（2）选择性

选择性是指当电力系统发生故障时，继电保护装置应该有选择性地切除故障部分，让非故障部分继续运行，使停电范围尽量缩小。首先由故障线路或元件本身的保护切除故障，当上述保护或开关拒动时，才允许相邻保护动作。

选择性是继电保护的一个很重要的特性，一般不允许无选择性产生。如不能做到，应该按照相关规程进行处理，并尽量减小不配合导致失去选择性带来的危害。

（3）灵敏性

灵敏性是指在所规定的保护范围内发生所有可能发生的故障或不正常工作状态时，继电保护装置的迅速反应能力。希望的保护范围是指在该保护范围内发生故障时，不论故障点的位置以及故障的类型如何，继电保护装置都能敏锐且正确地启动。反应能力用继电保护装置的灵敏系数（灵敏度）来衡量。继电保护装置的灵敏度一般是用被保护电气设备故障时，通过继电保护装置的故障参数，例如短路电流与继电保护装置整定的动作参数（例如动作电流）的比值大小来判断的，这个比值叫做灵敏系数，亦称为灵敏度，其大小代表灵敏度高低。

（4）速动性

短路故障引起电流的增大、电压的降低，继电保护装置快速地切断故障，有利于减轻设备的损坏程度，为负荷尽快恢复创造条件，提高发电机并列运行的稳定性。

为了提高速动性，一是配置快速保护；二是通过合理地缩小动作时间级差来提高快速性；三是正确地采用先无选择性和后用重合闸补救相结合的措施，或备用电源自投的方式。例如：线路变压器组、分段保护等。

（5）合理解决"四性"的矛盾

继电保护装置的"四性"在整定计算中非常重要，在制定保护系统方案中常常很难同时满足"四性"基本要求，整定计算工作很重要的一部分就是对"四性"进行统一协调。

1）可靠性与选择性、灵敏性、速动性存在矛盾。例如，保护装置的环节越少、回路越简单可靠性越高，但简单的保护很难满足选择性、速动性、灵敏性的要求。

2）选择性与灵敏性存在矛盾。例如，对于电流保护，提高整定值可以保证选择性，但降低整定值才能保证灵敏性，尤其是大、小方式相差较大时，很难同时满足二者的要求。

3）选择性与速动性存在矛盾。时间越长越容易保证选择性，但无法满足速动性的要求。

对于"四性"的矛盾，要具体分析电网的实际情况进行合理的取舍，具体原则如下：

1）地区电网服从主系统电网；

2）下一级电网服从上一级电网；

3）局部问题自行消化；

4）尽可能照顾地区电网和下一级电网的需要；

5）保证重要用户供电。

7.2　常用保护继电器

继电器是一种在其输入的物理量（电量或非电量）达到规定值时，其电气输出电路被接通（导通）或分断（阻断、关断）的自动电器。

继电器按其输入量性质分，有电气继电器和非电气继电器两大类。按其用途分，有控制继电器和保护继电器两大类；控制继电器用于自动控制电路中，保护继电器用于继电保护电路中。这里只介绍保护继电器。

保护继电器按其构成元件分，有机电型、晶体管型和微机型。由于机电型继电器具有简单可靠、便于维修等优点，因此我国工厂供配电系统中现在仍普遍应用传统的机电型继电器。

保护继电器按其反映的物理量分，有电流继电器、电压继电器、功率继电器、瓦斯（气体）继电器等。

保护继电器按其反映的数量变化分，有过量继电器和欠量继电器，例如过电流继电器、欠电压继电器。

保护继电器按其在保护装置中的功能分，有启动继电器、时间继电器、信号继电器、中间（出口）继电器等。图7-4是过电流保护的接线框图。当线路上发生短路时，启动用的电流继电器KA瞬时动作，使时间继电器KT启动，KT经整定的一定时限（延时）后，接通信号继电器KS和中间继电器KM。KM接通断路器的跳闸回路，使断路器自动跳闸。

保护继电器按其动作于断路器的方式分，有直接动作式和间接动作式两大类。断路器操作机构中的脱扣器实际上就是一种直接动作式继电器，而一般的保护继电器则为间接动作式继电器。

保护继电器按其与一次电路联系的方式分，有一次式继电器和二次式继电器。一次式继电器的线圈是与一次电路直接相连的，例如低压断路器的过电流脱扣器和失压脱扣器，实际上就是一次式继电器，同时又是直接动作式继电器。二次式继电器的线圈是通过互感器接入一次电路的。高压系统中的保护继电器都是二次式继电器，均接在互感器的二次侧。

保护继电器型号组成格式见图7-5。

继电器动作原理代号如表7-1所示；继电器

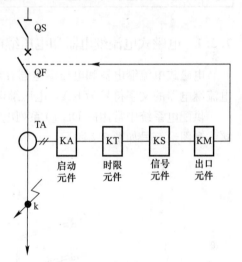

图7-4　过电流保护接线框图
KA—电流继电器；KT—时间
继电器；KS—信号继电器；
KM—中间继电器

主要功能代号如表7-2所示；设计序号和主要规格代号均用阿拉伯数字表示；产品改进代号一般用字母A、B、C等表示；派生产品代号用其产品特征的汉语拼音缩写字母表示，例如"长期通电"用字母C表示，"前面接线"用字母Q表示，"带信号牌"用字母X表示。

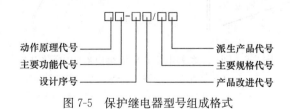

图7-5　保护继电器型号组成格式

继电器动作原理代号及含义   表 7-1

代号	含义	代号	含义
B	半导体式	J	晶体管或集成电路式
C	磁电式	L	整流式
D	电磁式	S	数字式
G	感应式	W	微机式

继电器主要功能代号及含义   表 7-2

代号	含义	代号	含义	代号	含义
C	冲击	G	功率	S	时间
CD	差动	L	电流	X	信号
CH	重合闸	LL	零序电流	Y	电压
D	接地	N	逆流	Z	中间

7.2.1 电磁式电流继电器和电压继电器

电磁式电流继电器和电压继电器在继电保护装置中均为启动元件，属于测量继电器。电流继电器的文字符号为 KA，电压继电器的文字符号为 KV。

供配电系统中常用的 DL-10 系列电磁式电流继电器的内部结构如图 7-6 所示，其内部接线和图形符号如图 7-7 所示。

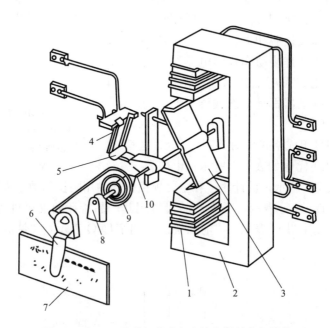

图 7-6　DL-10 系列电磁式电流继电器的内部结构

1—线圈；2—电磁铁；3—Z 形钢舌片；4—静触点；5—动触点；6—启动电流调节转杆；

7—标度盘（铭牌）；8—轴承；9—反作用弹簧；10—轴

过电流继电器线圈中使继电器动作的最小电流，称为继电器的动作电流，用 I_{op} 表示。

过电流继电器动作后，减小其线圈电流到一定值时，钢舌片在弹簧作用下返回起始位置。

过电流继电器线圈中使继电器由动作状态返回到起始位置的最大电流，称为继电器的返回电流，用 I_{re} 表示。

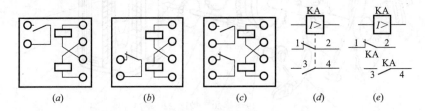

图 7-7　DL-10 系列电磁式电流继电器的内部接线和图形符号

(*a*) DL-11 型；(*b*) DL-12 型；(*c*) DL-13 型；(*d*) 集中表示的图形符号；(*e*) 分开表示的图形符号

KA1-2—常闭（动断）触点；KA3-4—常开（动合）触点

继电器的返回电流与动作电流的比值，称为继电器的返回系数，用 K_{re} 表示，即：

$$K_{re} = \frac{I_{re}}{I_{op}}$$

对于过量继电器（例如过电流继电器），K_{re} 总是小于 1，一般为 0.8。当过电流继电器的 K_{re} 过低时，还可能使保护装置发生误动作，这将在后面讲过电流保护的电流整定时加以说明。

电磁式电流继电器的动作电流有两种调节方法：①平滑调节，即拨动调节转杆 6（见图 7-6）来改变弹簧 9 的反作用力矩。②级进调节，即利用线圈 1 的串联或并联。当线圈由串联改为并联时，相当于线圈匝数减少一半。由于继电器动作所需的电磁力是一定的，即所需的磁动势 (I_N) 是一定的，因此动作电流将增大一倍。反之，当线圈由并联改为串联时，动作电流将减少一半。

这种电流继电器的动作极为迅速，可认为是瞬时动作的，因此它是一种瞬时继电器。

电磁式电压继电器的结构和原理，与上述电磁式电流继电器极为相似，只是电压继电器的线圈为电压线圈，而且大多做成低电压（欠电压）继电器。低电压继电器的动作电压 U_{op}，为其电压线圈上加的使继电器动作的最高电压；而其返回电压 U_{re}，为其电压线圈上加的使继电器由动作状态返回到起始位置的最低电压。低电压继电器的返回系数 K_{re} 越接近于 1，说明继电器越灵敏，一般为 1.25。

7.2.2　电磁式时间继电器

电磁式时间继电器在继电保护装置中，用来使保护装置获得所要求的延时（时限）。它属于机电式有或无继电器。时间继电器的文字符号为 KT。

供配电系统中常用的 DS-110、DS-120 系列电磁式时间继电器的内部结构如图 7-8 所示，其内部接线和图形符号如图 7-9 所示。其中 DS-110 系列用于直流，DS-120 系列用于交流。

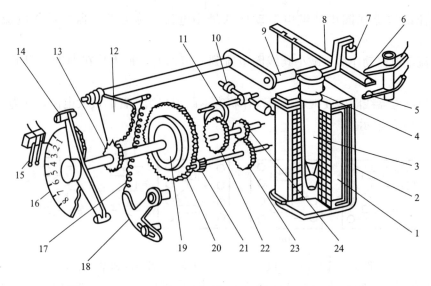

图 7-8 DS-110、DS-120 系列电磁式时间继电器的内部结构

1—线圈；2—电磁铁；3—可动铁芯；4—返回弹簧；5、6—瞬时静触点；7—绝缘杆；8—瞬时动触点；9—压杆；
10—平衡锤；11—摆动卡板；12—扇形齿轮；13—传动齿轮；14—主动触点；15—主静触点；
16—动作时限标度盘；17—拉引弹簧；18—弹簧拉力调节机构；19—摩擦离合器；20—主齿轮；
21—小齿轮；22—掣轮；23、24—钟表机构传动齿轮

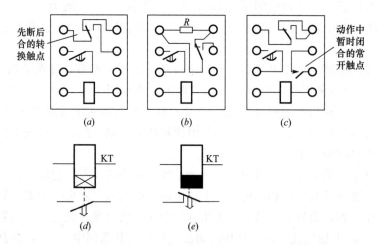

图 7-9 DS-110、DS-120 系列电磁式时间继电器的内部接线和图形符号

(a) DS-111、DS-112、DS-113、DS-121、DS-122、DS-123 型；(b) DS-111C、DS-112C、DS-113C 型；
(c) DS-115、DS-116、DS-125、DS-126 型；(d) 时间继电器的缓吸线圈及延时闭合触点符号；
(e) 时间继电器的缓放线圈及延时断开触点符号

当继电器线圈接上工作电压时，铁芯被吸入，使卡住的一套钟表机构被释放，同时切换瞬时触点。在拉引弹簧的作用下，经过整定的时间，使主触点闭合。继电器的延时，可借改变主静触点的位置（即它与主动触点的相对位置）来调节。调节的时间范围，在标度盘上标出。

当继电器线圈断电时，继电器在返回弹簧的作用下返回起始位置。

为了缩小继电器尺寸和节约材料，时间继电器的线圈通常不按长时间接上额定电压来设计，因此凡需长时间通电工作的时间继电器（如 DS-111C 型等），应在继电器动作后，利用其常闭的瞬时触点的断开，使继电器线圈串入限流电阻，以限制线圈的电流，防止线圈过热烧毁，同时又使继电器保持动作状态。

7.2.3 电磁式信号继电器

电磁式信号继电器在继电保护装置中用来发出保护装置动作的指示信号。它也属于机电式有或无继电器。信号继电器的文字符号为 KS。供电系统中常用的 DX-11 型电磁式信号继电器的内部结构如图 7-10 所示。它在正常状态即未通电时，其信号牌是被衔铁支持住的。当继电器线圈通电时，衔铁被吸向铁芯而使信号牌掉下，显示动作信号，同时带动转轴旋转 $90°$，使固定在转轴上的动触点（导电条）与静触点接通，从而接通信号回路，同时使信号牌复位。

DX-11 型电磁式信号继电器有电流型和电压型两种。电流型信号继电器的线圈为电流线圈，阻抗很小，串联在二次回路内，不影响其他二次元件的动作。电压型信号继电器的线圈为电压线圈，阻抗大，在二次回路中只能并联使用。DX-11 型电磁式信号继电器的内部接线和图形符号如图 7-11 所示。

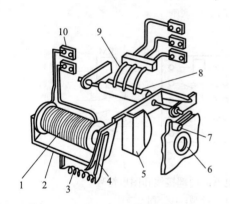

图 7-10　DX-11 型电磁式信号继电器的内部结构
1—线圈；2—电磁铁；3—弹簧；4—衔铁；
5—信号牌；6—玻璃窗孔；7—复位旋钮；
8—动触点；9—静触点；10—接线端子

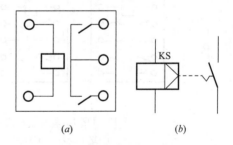

图 7-11　DX-11 型电磁式信号继电器的内部
接线和图形符号
（a）内部接线；（b）图形符号

7.2.4 电磁式中间继电器

电磁式中间继电器在继电保护装置中用作辅助继电器以弥补主继电器触点数量或触点容量的不足。中间继电器通常装在保护装置的出口回路中，用来接通断路器的跳闸线圈，所以它也称为出口继电器。中间继电器也属于机电式有或无继电器，其文字符号为 KM。

供配电系统中常用的 DZ-10 系列电磁式中间继电器的内部结构如图 7-12 所示。当其线圈通电时，衔铁被快速吸向电磁铁，从而使触点切换。当其线圈断电时，继电器就快速释放衔铁，触点全部返回起始位置。

DZ-10 系列电磁式中间继电器的内部接线和图形符号如图 7-13 所示。

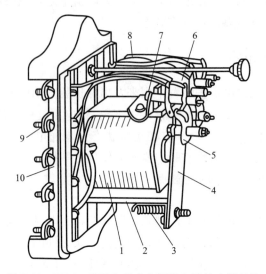

图 7-12 DZ-10 系列电磁式中间继电器的内部结构
1—线圈；2—电磁铁；3—弹簧；4—衔铁；5—动触点；6、7—静触点；
8—连接线；9—接线端子；10—底座

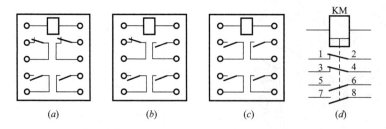

图 7-13 DZ-10 系列电磁式中间继电器的内部接线和图形符号
(*a*) DZ-15 型；(*b*) DZ-16 型；(*c*) DZ-17 型；(*d*) 图形符号

7.2.5 感应式电流继电器

在工厂供配电系统中，广泛采用感应式电流继电器来作过电流保护兼电流速断保护，因为感应式电流继电器兼有上述电磁式电流继电器、时间继电器、信号继电器和中间继电器的功能，从而可大大简化继电保护装置。而且感应式电流继电器组成的保护装置采用交流操作，可降低投资，因此它在中小型工厂变配电所中应用非常普遍。

供配电系统中常用的 GL-10、GL-20 系列感应式电流继电器的内部结构如图 7-14 所示。这种继电器由两组元件构成：一组为感应元件，另一组为电磁元件。感应元件主要包括线圈 1、带短路环 3 的电磁铁 2 及装在可偏转的铝框架 6 上的转动铝盘 4。电磁元件主要包括线圈 1、电磁铁 2 和衔铁 15。线圈 1 和电磁铁 2 是两组元件共用的。

感应式电流继电器的工作原理见图 7-15。

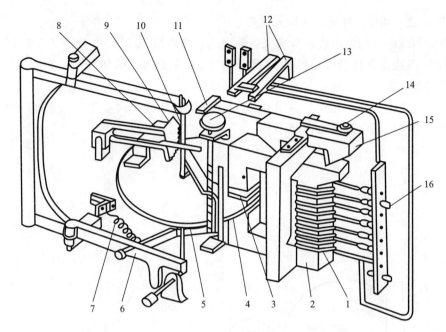

图 7-14 GL-10、GL-20 系列感应式电流继电器的内部结构

1—线圈；2—电磁铁；3—短路环；4—铝盘；5—钢片；6—铝框架；7—调节弹簧；8—制动永久磁铁；9—扇形齿轮；
10—蜗杆；11—扁杆；12—继电器触点；13—时限调节螺杆；14—速断电流调节螺钉；15—衔铁；16—动作电流调节插销

当线圈 1 有电流 I_{KA} 通过时，电磁铁 2 在短路环 3 的作用下，产生相位一前一后的两个磁通 Φ_1 和 Φ_2，穿过铝盘 4。这时作用于铝盘上的转矩为：

$$M_1 \propto \Phi_1 \Phi_2 \sin\Psi$$

式中 Ψ 为 Φ_1 与 Φ_2 之间的相位差。上式通常称为感应式机构的基本转矩方程。

由于 Φ_1、Φ_2 与 I_{KA} 成正比，而 Ψ 为常数，因此：

$$M_1 \propto I_{KA}^2$$

铝盘 4 在转矩 M_1 作用下转动后，铝盘切割永久磁铁 8 的磁通，在铝盘上感应出涡流，涡流又与永久磁铁的磁通作用，产生一个与 M_1 反向的制动力矩 M_2，它与铝盘转速 n 成正比，即：

$$M_2 \propto n$$

当铝盘转速 n 增大到某一值时，$M_1 = M_2$，这时铝盘匀速转动。

继电器的铝盘在 M_1 和 M_2 的共同作用下，铝盘受力有使铝框架 6 绕轴顺时针方向偏转的趋势，但受到调节弹簧 7 的阻力。

当继电器线圈中的电流增大到继电器的动作电流 I_{op} 时，铝盘受到的力也增大到可克服调节弹簧阻力的程度，这时铝盘带动铝框架前的蜗杆与扇形齿轮啮合，这就叫做继电器动作。由于铝盘继续转动，使扇形齿轮沿着蜗杆上升，最后使触点切换，同时使信号牌（图 7-12 上未绘出）掉下，从外壳上的观察孔可看到红色或白色的指示，表示继电器已经动作。

继电器线圈中的电流越大，铝盘转动越快，扇形齿轮沿蜗杆上升的速度也越快，因此动作时间也越短，这也就是感应式电流继电器的"反时限（或反比延时）特性"，如图 7-16 所

示曲线 abc，这一动作特性是其感应元件产生的。

当继电器线圈中的电流进一步增大到整定的速断电流 I_{qb} 时，电磁铁 2（参见图 7-14）瞬时将衔铁 15 吸下，使继电器触点 12 瞬时切换，同时也使信号牌掉下。很明显，电磁元件的作用又使感应式电流继电器兼有"电流速断特性"，如图 7-16 所示曲线 $bb'd$。因此该电磁元件又称为电流速断元件。图 7-16 所示动作特性曲线上对应于开始速断时间的动作电流倍数，称为速断电流倍数，即：

$$n_{qb} = \frac{I_{qb}}{I_{op}}$$

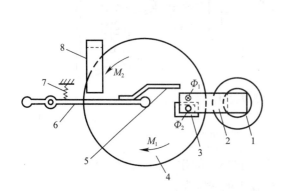

图 7-15 感应式电流继电器的转矩
M_1 和制动力矩 M_2

1—线圈；2—电磁铁；3—短路环；4—铝盘；5—钢片；
6—铝框架；7—调节弹簧；8—制动永久磁铁

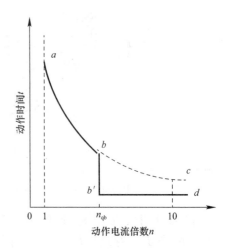

图 7-16 感应式电流继电器的
动作特性曲线

abc——感应元件的反时限特性；
$bb'd$——电磁元件的速断特性

速断电流 I_{qb} 是指继电器线圈中使电流速断元件动作的最小电流。GL-10、GL-20 系列感应式电流继电器的速断电流倍数为：$n_{qb} = 2 \sim 8$。

感应式电流继电器的这种有一定限度的反时限动作特性，称为"有限反时限特性"。

继电器的动作电流（亦称整定电流）I_{op}，可利用动作电流调节插销 16（参见图 7-14）改变线圈匝数来进行级进调节，也可利用调节弹簧 7 的拉力来进行平滑的细调。

继电器的速断电流倍数 n_{qb}，可利用速断电流调节螺钉 14 改变衔铁 15 与电磁铁 2 之间的气隙来调节，气隙越大，n_{qb} 越大。

继电器感应元件的动作时间（亦称动作时限）是利用时限调节螺杆 13（参见图 7-14）来改变扇形齿轮顶杆行程的起点，以使动作特性曲线上下移动。不过要注意，继电器动作时限调节螺杆的标度尺，是以"10 倍动作电流的动作时间"来刻度的，也就是标度尺上所标示的动作时间是继电器线圈通过的电流为其整定的动作电流 10 倍时的动作时间。因此，继电器实际的动作时间与实际通过继电器线圈的电流大小有关，需从继电器的动作特性曲线上去查得。

7.3 微机继电保护

继电保护装置发展的初期，主要是由电磁型、感应型继电器构成的继电保护装置；20世纪60年代，由于半导体二极管的问世，出现了整流型继电保护装置；20世纪70年代，由于半导体技术的进一步发展，出现了晶体管继电保护装置；20世纪80年代，由于大规模集成电路的出现，又出现了集成电路型继电保护装置；20世纪80年代中期，由于计算机技术和微型计算机的快速发展，出现了微机型继电保护装置；供配电系统的飞速发展对继电保护不断提出新的要求，电子技术、计算机技术与信息技术的飞速发展又为继电保护技术的发展不断地注入了新的活力。供配电系统微机继电保护是指以微型计算机和微型控制器作为核心部件，基于数字信号处理技术的继电保护，简称微机保护。

（1）微机保护装置的优点

1）维护调试方便

在微机保护应用之前，整流型或晶体管型继电保护装置的调试工作量很大，尤其是一些复杂的保护，如超高压线路的保护设备，调试一套保护常常需要一周，甚至更长的时间。究其原因，这类保护装置都是布线逻辑的，保护的每一种功能都由相应的硬件器件和连线来实现。为确认保护装置完好，就需要把其所具备的各种功能通过模拟试验来校核一遍。微机保护则不同，它的硬件是一台计算机，各种复杂的功能由相应的软件程序来实现。换言之，它使用一个只会做几种单调的、简单操作（读数、写数、运算）的硬件，配以软件，把许多简单操作组合起来完成各种复杂的功能，因而只用几个简单的操作就可以检验硬件是否完好，或者说微机硬件有故障，将立即表现出来。微机保护装置一般都有很强的自诊断功能，对硬件各部分和程序不断进行自动检测，一旦发生异常就会发出报警。通常只要电源上电后没有报警，就可确认保护装置是完好的。所以微机保护装置可大大减轻运行维护的工作量。

2）可靠性容易提高

自检功能强，可用软件方法检测主要元件、部件工况以及功能软件本身。计算机在程序的指挥下，有极强的综合分析和判断能力，因而它可实现常规保护很难办到的自动纠错，即自动识别和排除干扰，防止由于干扰而造成的误动作。另外，它有自诊断能力，能够自动检测出本身硬件的异常部分，配合多重化可以有效地防止振动，因此可靠性很高。数字元件的特性不易受温度变化、电源波动、使用年限的影响。

3）方便扩充辅助功能

通过增加软件的方法获得保护之外的功能。应用微型计算机后，可以在电力系统故障后提供多种信息。如打印故障前后电量波形——故障录波、波形分析；打印故障报告，包括日期、时间、保护动作元件、时间先后、故障类型；随时打印运行中的保护定值；利用线路故障记录数据进行测量（故障定位）；通过计算机网络、通信系统实现与厂站监控交换信息；远方改变定值。

4）灵活性好

由于微机保护的特性主要由软件决定，不同原理的保护可以采用通用的硬件，只要改变软件就可以改变保护的特性和功能，从而灵活地适应供配电系统运行方式的变化。

5）改善和提高保护的动作特性和性能

用数学方程的数学方法构成保护的测量元件，其动作特性可以得到很大的改进，或得到常规保护（模拟式）不宜获得的特性。用它的很强的记忆功能更好地实现故障分析保护。容易引进自动控制、新的数学理论和技术——自适应状态预测、模糊控制及人工神经网络（ANN）等更好地改进系统性能。

（2）微机继电保护系统的组成

微机继电保护系统是以微型计算机为核心的计算机应用系统。它由硬件系统和软件系统组成。微机保护的硬件指组成微机继电保护的电路的组合，它具备一般计算机应用系统硬件的特点，微机保护的原理如图 7-17 所示。微机继电保护要能反映供配电系统的故障和不正常状态，依据继电保护的原理，反映电力系统状况的继电保护物理参量，经前向输入检测回路采集输入，送给 CPU 主系统进行处理、判断，发出动作执行的命令和报警、显示、通信信息等。后向通道是微机保护控制器执行接口机构。微机保护的软件系统是指实现继电保护的程序软件。

图 7-17　微机保护原理图

微机保护装置硬件系统构成：数据采集部分（包括电流、电压等模拟量输入变换、低通滤波回路、模数转换等）；数据处理、逻辑判断及保护算法的数字核心部分（包括 CPU、存储器、实时时钟、WATCHDOG 等）；开关量输入/输出通道以及人机接口（键盘、液晶显示器）。

图 7-18 为微机继电保护的典型硬件结构图。

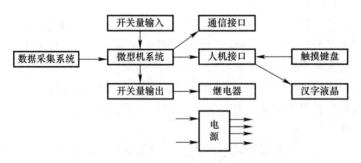

图 7-18　微机继电保护的典型硬件结构图

1）数据采集系统（模拟量输入系统）

① 主要功能：采集由被保护设备的电流、电压互感器输入的模拟信号，并将此信号经过适当的预处理，然后转换为所需要的数字量。

② 模拟量输入回路方式（根据模数转换原理分）：

基于逐次逼近型 A/D 转换的方式：包括电压形成回路、模拟低通滤波器（ALF）、采样保持回路（S/H）、多路转换开关（MPX）及模数转换回路（A/D）等。

利用电压/频率变换（VFC）原理进行 A/D 转换的方式：包括电压形成、VFC 回路、计数器等。

2）数字处理系统（CPU 主系统）

微机保护装置是以 CPU 为核心，根据数据采集系统采集到的电力系统的实时数据，按照给定的算法来检测电力系统是否发生故障以及故障性质、范围等，并由此做出是否需要跳闸或报警等判断的一种自动装置。

微机保护原理由计算机程序来实现，CPU 是计算机系统自动工作的指挥中枢，计算机程序的运行依赖于 CPU 来实现。所以 CPU 的性能直接影响系统优劣。

数字处理系统主要包括：

① 微机处理器 CPU；

② 数据总线为 8、16、32 位等的单片机、工控机以及 DSP 系统；

③ 存储器；

④ 电擦除可编程只读存储器 EEPROM：存放定值；

⑤ 紫外线擦除可编程只读存储器 EPROM 和闪速存储器 FLASH：存放程序；

⑥ 非易失性随机存储器 NVRAM：存放故障报文、采样数据；

⑦ 静态存储器 SRAM：存储计算过程中的中间结果、各种报告。

3）开关量输入/输出回路

开关量输入/输出回路一般由固态继电器、光电隔离器、PHTOMOS 继电器等器件组成，以完成各种保护的出口跳闸、信号报警及外部接点输入等工作，实现与 5V 系统接口。

柜内开关量一般使用 24V 电源，柜间开关量输入信号采用 220V 或 110V 电源，计算机系统输入回路经光隔离器转换为 24V/5V 信号，驱动继电器实现操作。

4）人机接口

主要包括：显示器、键盘、各种面板开关、实时时钟、打印电路等。

主要功能：用于人机对话，如调试、定值调整及对机器工作状态的干预。

人机交互面板包括：由用户自定义画面的大液晶屏人机界面；由用户自定义的报警信号显示灯 LED；由用户自定义用途的 F 功能键；光隔离的串行接口；就地、远方选择按钮；就地操作键。

5）通信接口

包括：维护口、监控系统接口、录波系统接口等。

一般采用：RS485 总线、PROFIBUS 网、CAN 网、以太网及双网光纤通信模式。

微机保护对其要求：快速，支持点对点平等通信，突发方式的信息传输，物理结构采用星形，环形，总线形，支持多主机等。

6）电源回路

采用开关稳压电源或 DC/DC 电源模块，提供数字系统±5V、±15V、±24V 电源；+5V 电源用于计算机系统主控电源；±15V 电源用于数据采集系统、通信系统；+24V 电源用于开关量输入、输出、继电器逻辑电源。

7.4　线路保护

7.4.1　线路的电流保护

（1）电流速断保护

1）电流速断保护的工作原理

通常输电线路电流保护采用阶段式电流保护，采用三套电流保护共同构成三段式电流保护。可以根据具体的情况，只采用速断加过流保护或限时速断加过流保护，也可以三段同时采用。

对于仅反映电流增大而瞬时动作的电流保护，称为电流速断保护。电流速断保护又称 Ⅰ 段电流保护，它是反映电流增大而能瞬时动作切除故障的电流保护。

当系统电源电势一定，线路上任一点发生短路故障时，短路电流的大小与短路点至电源之间的电抗及短路类型有关，三相短路和两相短路时，流过保护安装地点的短路电流可用下式表示：

$$I_{\mathrm{k}}^{(3)} = \frac{E_{\mathrm{s}}}{X_{\mathrm{s}} + X_l l} \tag{7-1}$$

$$I_{\mathrm{k}}^{(2)} = \frac{\sqrt{3}}{2} \frac{E_{\mathrm{s}}}{X_{\mathrm{s}} + X_l l} \tag{7-2}$$

式中　E_{s}——系统等电源相电势；

X_{s}——系统等效电源到保护安装处之间的电抗；

X_l——线路千米长度的正序电抗；

l——短路点至保护安装处的距离。

由上式可见，当系统运行方式一定时，E_{s} 和 X_{s} 是常数，流过保护安装处的短路电流是短路点至保护安装处距离 l 的函数。短路点距离电源越远，短路电流值越小。

电流速断保护的单相接线原理图构成如图 7-19 所示。

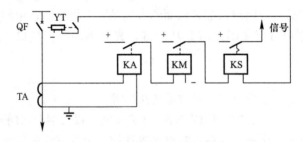

图 7-19　电流速断保护的单相接线原理图

2）电流速断保护的整定计算

动作电流整定：为了保证电流速断保护的选择性，其整定的动作电流必须大于短路点的最大短路电流 $I_{\mathrm{k. B. max}}$。

$$I_{\mathrm{set. 1}}^{\mathrm{I}} > I_{\mathrm{k. B. max}} = \frac{E_{\mathrm{s}}}{X_{\mathrm{s. min}} + X_l l_{\mathrm{max}}} \tag{7-3}$$

动作电流为：

$$I_{set.1}^{I} = K_{rel}^{I} I_{k.B.max}$$ (7-4)

引入可靠系数 $K_{rel}^{I} = 1.2 \sim 1.3$ 是考虑非周期分量的影响，实际的短路电流可能大于计算值，保护装置的实际动作值可能小于整定值和一定的裕度等因素。

（2）限时电流速断保护

限时电流速断保护的工作原理，可用图 7-20 说明。线路 L1 和 L2 上分别装有电流速断保护。设在线路 L1 和 L2 上的保护装置都有限时电路速断保护，要使其能保护 L1 的全长，即线路 L1 末端短路时应该可靠地动作，则其动作电流 I_{op1}^{II} 必须小于线路末端的最小短路电流。

限时电流速断的构成原理图如图 7-21 所示。

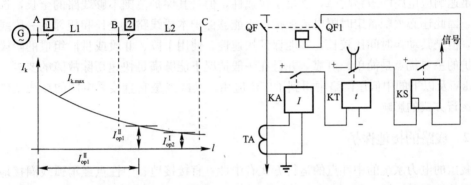

图 7-20　限时电流速断保护的工作原理　图 7-21　限时电流速断保护的单相接线原理图

限时电流速断整定计算：

1）启动电流的整定。保护 2 的限时电流速断范围不应该超出保护 1 的电流速断范围。因此在单端电源供电的情况下，它的启动电流就应该整定为：

$$I_{set.2}^{\pi} \geqslant I_{set.1}^{I}$$ (7-5)

引入可靠性配合系数 K_{rel}^{π}，一般取为 $1.1 \sim 1.2$，则得：

$$I_{set.2}^{\pi} = K_{rel}^{\pi} I_{set.1}^{I}$$ (7-6)

2）动作时限的选择。从以上分析中已经得出，限时速断的动作时限 t_{2}^{II}，应选择得比下级线路速断保护的动作时限 t_{1}^{I} 高出一个时间阶梯 Δt，即：

$$t_{2}^{II} = t_{1}^{I} + \Delta t$$ (7-7)

（3）定时限电流保护

1）定时限电流保护的工作原理

作为下一级主保护拒动和断路器拒动时的远后备保护，同时作为本线路主保护拒动时的近后备保护，也作为过负荷时的保护，一般采用过电流保护。

过电流保护通常是指其启动电流按躲开最大负荷电流来整定的保护，当电流的幅值超过最大负荷电流时启动。过电流保护在正常运行时不会动作，而在电网发生故障时，则能反映于电流的增大而动作。在一般情况下，它不仅能够保护本线路的全长，而且能够保护相邻线路的全长。

定时限电流保护的接线原理图如图 7-22 所示。

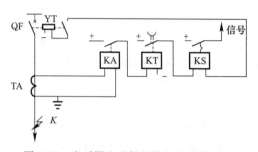

图 7-22　定时限电流保护单相式接线原理图

2）定时限电流保护整定计算

① 自启动最大电流

$$I_{\mathrm{ss.\,max}} = K_{\mathrm{ss}} I_{\mathrm{L.\,max}} \tag{7-8}$$

② 启动电流

$$I_{\mathrm{set}}^{\mathrm{I\,II}} = \frac{1}{K_{\mathrm{re}}} I'_{\mathrm{re}} = \frac{K_{\mathrm{re}}^{\mathrm{I\,II}} K_{\mathrm{ss}}}{K_{\mathrm{re}}} I_{\mathrm{L.\,max}} \tag{7-9}$$

③ 动作时间：该段保护的动作时间应比相邻元件的动作时间高出至少一个 Δt，只有这样才能保证动作的选择性。

由上述分析可见，双回线路只能采用电流速断保护和定时限电流保护相配合，其中前者能迅速响应电路的短路故障，满足了快速性，但是其保护范围不够线路的全长，选择性不够，因此还必须配备定时限电流保护，它能够保护本段线路的全长和相邻下一段线路的全长，但是其动作时间比较长，不能保证快速性。使用Ⅰ段、Ⅱ段或Ⅲ段组成的阶段式电流保护的主要优点是简单、可靠，并且在一般情况下能够满足快速切除故障的要求，因此在 35kV 及以下的中低压网络中得到了广泛应用。其缺点是它直接受电网的接线及供配电系统运行方式的影响。

7.4.2　线路的接地保护

我国的电力系统的中性点的运行方式有中性点直接接地、中性点经消弧线圈接地和中性点不接地三种。一般 110kV 及以上电压等级和低压 380V 的电网采用中性点直接接地运行方式，当发生单相接地时，通过中性点构成单相接地短路，故障相中流过很大的短路电流，所以又称为大接地电流系统；3～66kV 电压等级的电网采用中性点不接地或中性点经消弧线圈接地的运行方式，当发生单相接地时，接地电流为对地电容电流，一般很小，所以又称为小接地电流系统。供配电系统中这两种形式的接地方式都有，而且对继电保护的要求也各不相同，以下分别进行讨论。

（1）大接地电流系统的接地保护

据运行统计，大接地电流系统中发生单相接地短路的机会很多，占总故障数的 70%～80%，因此，接地保护就显得尤为重要。采用三相完全星形接线进行相间短路保护的三段式保护，虽然能反映接地短路，但用来保护单相接地短路时，通常灵敏度较低而且时限也较长，所以需要采用专用的接地保护装置，即零序电流保护。

大接地电流系统中单相接地保护的三段式零序电流保护的原理如图 7-23 所示，其由三部分组成，即零序电流速断（零序一段）保护、带时限零序电流速断（零序二段）保护、定时限零序过电流（零序三段）保护。

图 7-23 中流过零序电流继电器的电流为：

$$\dot{I}_{\mathrm{KA}} = \dot{I}_{\mathrm{a}} + \dot{I}_{\mathrm{b}} + \dot{I}_{\mathrm{c}} = 3\dot{I}_0$$

式中　$\dot{I}_0$——零序电流。

实际中，I_{KA} 取 1～3A，灵敏度可大大提高。

同样，在多电源供电系统中，零序电流保护也可添加方向元件，设置方向零序电流保护。

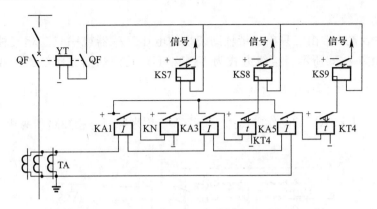

图 7-23　大接地电流系统三段式零序电流保护原理图

（2）小接地电流系统的接地保护

1）多线路系统单相接地分析

在小接地电流系统中，实际配电系统母线上一般均有若干回引出线，如图 7-24 所示，当其中第 3 回出线的 C 相发生单相接地时，系统中的零序电流的分布情况如图所示。

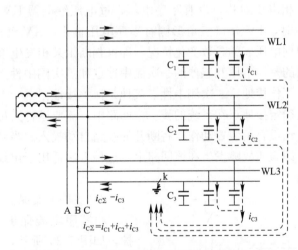

图 7-24　多回路系统单相接地时的电容电流分布

可见，小接地电流系统中发生单相接地短路时有以下特点：

① 发生单相接地短路时，接地相对地电压为零，非接地相对地电压升高了 $\sqrt{3}$ 倍，三个相间电压大小不变，并仍然对称，全系统出现了零序电压。

② 在非故障线路中有零序电流，其数值为本线路非故障相对地电容电流之和，其方向由母线流向线路。

③ 在故障线路上，零序电流为所有非故障线路的非故障相对地电容电流之和，数值一般较大，其方向由线路流向母线。

根据这些特点和区别，考虑相对应的保护方式：

① 绝缘监察装置——利用电压互感器监测系统中出现的 3 倍零序电压，即 $3U_0$；

② 零序电流保护——适用于当非故障线路和故障线路上零序电流相差较大时；

③ 方向零序电流保护——适用于当非故障线路和故障线路上零序电流相差较小时。

2）绝缘监察装置

绝缘监察装置一般由三只单相带辅助绕组的电压互感器或一只三相五柱式的电压互感器组成，如图 7-25 所示。接线方式为 $Y_0/Y_0/U$，其中辅助二次绕组接成开口三角形接线，实际上是一个零序电压过滤器。变比一般为 $\dfrac{U_{1N}}{\sqrt{3}}:\dfrac{0.1}{\sqrt{3}}:\dfrac{0.1}{3}$，其中 U_{1N} 为系统的额定电压。过电压继电器 KV 的动作电压为 $15\sim20\text{V}$，用来躲开三相短路和两相短路的不平衡电压。

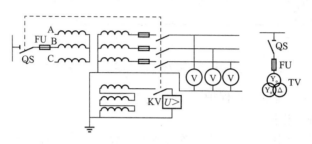

图 7-25　绝缘监察接线图

正常运行时，三相电压对称，没有零序电压，过电压继电器 KV 不动作，无信号发出。当发生单相接地时，TV 开口三角形侧有零序电压输出，KV 动作，发出预报信号。运行值班人员只要根据电压表的参数变化情况，即可判断出某相发生单相接地。

运行中值得注意的是，电压互感器的一次侧中性点和二次侧中性点均必须接地。其中一次侧中性点接地是工作接地，二次侧中性点接地是保护接地。

但这种方法无法确定接地点在系统的哪一个回路中，需要运行人员依次短时间断开每一回路，同时配合自动重合闸装置动作，将断开的线路自动投入。当断开某一回路时，零序电压的信号消失，即表明故障发生在该回路上。这种方法适用于出线不多、允许短时间停电的中小型变电所。

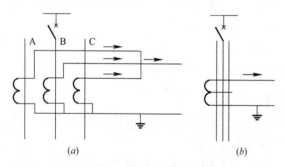

图 7-26　零序电流保护原理接线图
(a) 架空线；(b) 电缆线

3）零序电流保护

由零序电流保护构成的单相接地保护，如图 7-26 所示，架空线用三只电流互感器构成零序电流互感器。电缆线路用一只零序电流互感器。电缆线路必须将电缆头的接地线穿过零序电流互感器后再接地，以保证保护装置可靠动作。

零序电流保护的动作电流按躲过系统中其他线路发生单相接地短路时本线路的接地电容电流来整定，即：

$$I_{\text{opl}} = K_{\text{rel}} I_{\text{C}} \tag{7-10}$$

式中　I_{C}——本线路的接地电容电流。

继电器的动作电流为：

$$I_{\text{op·K}} = \frac{1}{K_{\text{TA}}} I_{\text{opl}} \tag{7-11}$$

式中 K_{TA}——电流互感器的变比。

7.5 变压器的继电保护

变压器的故障和不正常工作状态主要是过负荷、外部短路引起的过电流、外部接地短路引起的中性点过电压、油箱漏油引起的油面降低或冷却系统故障造成的温度升高等。此外，大容量变压器，由于它的额定工作磁通密度较高，工作磁通密度与电压频率成正比，在过电压或低频率下运行时，可能会引起变压器的过励磁故障等。针对以上情况，大型变压器继电保护常用的方式为以下几种：

(1) 瓦斯保护：保护变压器的内部短路和油面降低的故障。

(2) 差动保护、电流速断保护：保护变压器绕组或引出线各相的相间短路、大接地电流系统的接地短路以及绕组匝间短路。

(3) 过电流保护：保护外部相间短路，并作为瓦斯保护和差动保护（或电流速断保护）的后备保护。

(4) 零序电流保护：保护大接地电流系统的外部单相接地短路。

(5) 过负荷保护：保护对称过负荷，仅作用于信号。

(6) 过励磁保护：保护变压器的过励磁不超过允许的限度。

7.5.1 变压器瓦斯保护

(1) 瓦斯保护的定义

变压器瓦斯保护反映变压器油箱内部各种故障和油面降低。0.8MVA 及以上油浸式变压器和 0.4MVA 及以上车间内油浸式变压器，均应装设瓦斯保护。当油箱内故障产生轻微瓦斯或油面下降时，应瞬时动作于信号；当产生大量瓦斯时，应动作于断开变压器各侧断路器。带负荷调压的油浸式变压器的调压装置，亦应装设瓦斯保护。

(2) 瓦斯保护的分类

瓦斯保护一般分为轻瓦斯和重瓦斯两类。

1) 轻瓦斯：变压器内部过热或局部放电，使变压器油油温上升，产生一定量的气体，汇集于继电器内，达到了一定量后触动继电器，发出信号。

2) 重瓦斯：变压器内发生严重短路后，将对变压器油产生冲击，使一定油流冲向继电器的挡板，动作于跳闸。

(3) 瓦斯继电器的结构及动作原理

瓦斯继电器有浮筒式、挡板式、开口杯式等不同型号。目前多采用 FJ3-80 型继电器（其结构如图 7-27 所示），其信号回路接上开口杯，跳闸回路接下挡板。

瓦斯继电器的上、下方各有一个带干簧接点的开口杯，即上开口杯和下开口杯。正常时，上开口杯 1、下开口杯 2 都浸在油内，由于开口杯及附件在油内的重力所产生的力矩比平衡锤 4 所产生的力矩小，因此开口杯都处于上升位置，干簧触点 3 是断开的。

当油箱内发生轻微故障时，产生的少量气体（称为轻瓦斯）聚集在继电器的上部，迫使油面下降，上开口杯 1 露出油面。这时，上开口杯及附件在空气中的重力加上杯内的油重所产生的力矩大于平衡锤所产生的力矩。因此上开口杯 1 沿顺时针方向转动，并带动永

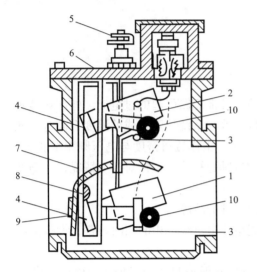

图 7-27 FJ3-80 型复合式瓦斯继电器的结构

1—上开口杯；2—下开口杯；3—干簧触点；
4—平衡锤；5—放气阀；6—探针；7—支架；
8—挡板；9—进油挡板；10—永久磁铁

久磁铁 10 靠近干簧触点 3，干簧触点依靠磁力作用而闭合，发出轻瓦斯的预告信号。当油箱内发生严重故障时，产生大量气体（称为重瓦斯），形成油流，沿连接管冲向油枕。瓦斯继电器的挡板 8 在油流的冲击下，带动下开口杯 2 沿顺时针方向转动，使下部干簧触点闭合，发出重瓦斯报警信号，并作用于断路器跳闸。在有人值班的场所，不需要因油面严重下降而跳闸，可将下开口杯 2 底部的螺丝拧掉，使重瓦斯不动作，只使轻瓦斯作用于信号。

瓦斯继电器的整定：1）轻瓦斯按气体容积进行整定，整定范围为 $250\sim300\text{cm}^3$，一般整定在 250cm^3。2）重瓦斯按油流速度进行整定，整定范围为 $0.6\sim1.5\text{m/s}$，一般整定在 1m/s 左右。

（4）瓦斯保护的工作原理

当变压器内部发生轻微故障时，有轻瓦斯产生，瓦斯继电器 KG 的上触点（1-2）闭合，作用于预告信号；当变压器内部发生严重故障时，重瓦斯冲出，瓦斯继电器 KG 的下触点（3-4）闭合，经中间继电器 KC 作用于信号继电器 KS，发出报警信号，同时断路器跳闸。瓦斯继电器的下触点闭合，也可以利用切换片 XB 切换位置，只给出报警信号。

为了消除浮筒式瓦斯继电器的下触点在发生重瓦斯时可能有跳动（接触不稳定）现象，中间继电器有自保触点。只要瓦斯继电器的下触点一闭合，KC 就动作并自保。当断路器跳闸后，断路器的辅助触点断开自保回路，使 KC 恢复起始位置。如图 7-28 所示。

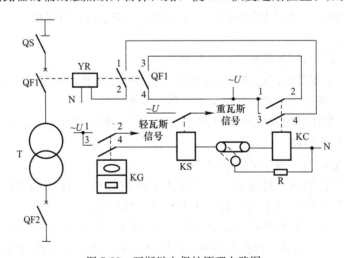

图 7-28 瓦斯继电保护原理电路图

（5）瓦斯保护的保护范围

瓦斯保护是变压器的主要保护，它可以反映油箱内的一切故障。包括：油箱内的多相短路、绕组匝间短路、绕组与铁芯或外壳间的短路、铁芯故障、油面下降或漏油、分接开关接触不良或导线焊接不良等。瓦斯保护动作迅速、灵敏可靠而且结构简单。但是它不能反映油箱外部电路（如引出线上）的故障，所以不能作为保护变压器内部故障的唯一保护装置。另外，瓦斯保护也易在一些外界因素（如地震）的干扰下误动作。

变压器有载调压开关的瓦斯继电器与主变的瓦斯继电器，它们的作用相同，但安装位置不同、型号不同。

7.5.2 变压器差动保护

变压器差动保护是反映变压器一、二次侧电流差值的一种快速动作的保护装置。用来保护变压器内部以及引出线和绝缘套管的相间短路，并且也可以用来保护变压器的匝间短路，其保护区位于变压器一、二次侧所装电流互感器之间。

差动保护作为变压器的一种主保护，国家标准规定，6.3MVA 及以上并列运行的变压器、10MVA 及以上单独运行的变压器、发电厂厂用工作变压器和工业企业中 6.3MVA 及以上重要的变压器，应装设纵差保护。10MVA 及以下的电力变压器，应装设电流速断保护；对于 2MVA 以上的变压器，当电流速断保护灵敏度不能满足要求时，也应装设纵差保护。

（1）差动保护的工作原理

变压器差动保护的单相原理接线如图 7-29 所示。在变压器的两侧装有电流互感器，其二次绕组串接成环路，电流继电器 KA 并接在环路上，流入继电器的电流等于变压器两侧电流互感器的二次绕组电流之差，即 $\dot{I}_{KA} = \dot{I}_1'' - \dot{I}_2'' = \dot{I}_{UN}$。$I_{UN}$ 为变压器一、二次侧不平衡电流。

在正常运行和外部 k_1 点短路时，流入继电器 KA 的不平衡电流小于继电器的动作电流，继电器不动作。在差动保护的保护区内 k_2 点短路时，对于单端供电的变压器来说，$\dot{I}_2' = 0$，$\dot{I}_2'' = 0$，所以 $I_{KA} = \dot{I}_1''$，远大于继电器的动作电流，使 KA 瞬时动作，然后通过出口继电器 KM 使变压器两侧断路器 QF1 和 QF2 跳闸，切除故障电路，同时由信号继电器 KS1 和 KS2 发出信号。

（2）变压器差动保护中不平衡电流产生的原因和抑制措施

为了提高变压器差动保护的灵敏度，在正常运行和保护区外短路时，希望流入继电器的不平衡电流 I_{UN} 尽可能小，甚至为零，但受变压器和电流互感器的接线方式和结构性能等因素影响，I_{UN} 为零是不可能的。因此只能设法使之尽可能减小。下面简述不平衡电流产生的原因及其减少或者消除的措施。

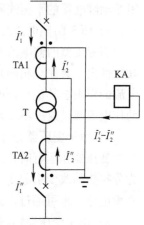

图 7-29 变压器差动保护的单相原理接线图

1）由于变压器一、二次侧接线不同引起的不平衡电流

在供配电系统中，35~110kV/6~10kV 变压器常采用 Yd11 接线的变压器，其两侧线电流之间有 30°的相位差。因此，即使两侧电流互感器二次侧电流大小相等，差动回路中仍然会出现由相位差引起的不平衡电流。

为了消除这个不平衡电流，必须消除上述 30°的相位差，为此，将将变压器 Y 侧的电流互感器接成△接线；而将变压器△侧的电流互感器接成 Y 接线，如图 7-30 所示。这样可以使电流互感器二次连接臂上的电流相位一致，即可消除因变压器两侧接线不同而引起的不平衡电流。

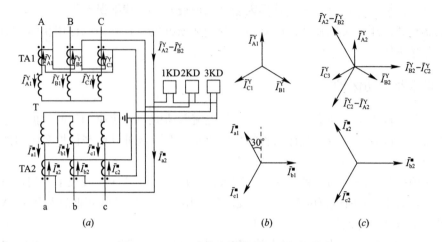

图 7-30　Yd11 连接变压器的差动保护接线

（a）Yd11 变压器纵联差动保护接线；（b）电流互感器原边电流相量图；（c）两侧差动臂中的电流相量图

2）由于两侧电流互感器变比的计算值与标准值不同引起的不平衡电流

采用上述方法，可以使 Yd11 变压器的差动保护连接臂上的电流相位一致，但没有做到大小相等，两者的差仍不为零，因此需要选择合适的电流互感器变比。但实际所选用的电流互感器的标准变比不可能与计算值完全相同，故而差动臂上存在不平衡电流。可以利用差动继电器的平衡线圈或自耦电流互感器来消除由电流互感器变比引起的不平衡电流。

3）由于两侧电流互感器型号和特性不同引起的不平衡电流

当变压器两侧电流互感器的型号和特性不同时，其饱和特性也不同（即使型号相同，其特性也不会完全相同）。当变压器差动保护范围外发生短路时，两侧电流互感器在短路电流的作用下其饱和程度相差更大，因此，出现的不平衡电流也比较大。可通过提高保护动作电流躲过这一不平衡电流。

4）由于变压器分接头改变引起的不平衡电流

变压器在运行时，往往采用改变分接头位置（即改变高压绕组的匝数）进行调压。因为分接头的改变引起变压器变比的改变，因此，电流互感器二次电流将改变，引起新的不平衡电流。也可通过提高保护动作电流躲过这一不平衡电流。

5）由于变压器励磁涌流引起的不平衡电流

变压器的励磁电流仅流过变压器的电源侧，因此，本身就是不平衡电流。在正常运行及外部故障时，此电流很小，引起的不平衡电流可以忽略不计。但在变压器空载投入和外部故障切除后电压恢复时，则可能产生很大的励磁电流，即励磁涌流。

励磁涌流是由于变压器铁芯中的磁通不能突变引起过渡过程产生的。根据对励磁涌流的波形和试验数据的分析，可以得知励磁涌流有如下特点：

① 含有很大成分的非周期分量，其波形偏向时间轴的一侧；

② 含有大量高次谐波，而且以二次谐波为主；

③ 波形之间出现断角。

利用这些特点，在变压器差动保护中减小励磁涌流影响的办法如下：

① 采用具有速饱和铁芯的差动继电器；

② 采用比较波形间断角来鉴别内部故障和励磁涌流的差动保护；

③ 利用二次谐波制动来躲开励磁涌流。

综合上述分析可知，变压器差动保护中的不平衡电流要完全消除是不可能的，但采取措施，减小其影响，用以提高差动保护灵敏性是可能的。

7.5.3 变压器的电流保护

（1）电流速断保护

对于容量较小的变压器，当灵敏系数满足要求时，可在电源侧装设电流速断保护，与瓦斯保护配合作为变压器油箱内部故障和套管及引出线上故障的主保护。

变压器电流速断保护原理接线图如图 7-31 所示。

电流速断保护的整定计算：

1）按躲过变压器负荷侧母线短路时流过保护装置的最大短路电流整定：

$$I_{opl} = K_{rel} I_{k1.\,max} \qquad (7\text{-}12)$$

式中 K_{rel}——可靠系数，一般取 $1.3\sim1.4$。

2）按躲过变压器空载投入时的励磁涌流整定：

$$I_{opl} = (3\sim5)I_{NT} \qquad (7\text{-}13)$$

式中 I_{NT}——变压器电源侧额定电流。

选择其中的较大者作为保护的动作值。

电流继电器的动作电流为：

$$I_{op \cdot KA} = \frac{K_W}{K_{TA}} I_{opl} \qquad (7\text{-}14)$$

式中 K_W——接线系数；

K_{TA}——电流互感器变比。

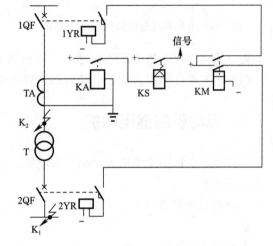

图 7-31 变压器电流速断保护原理接线图

变压器的电流速断保护与线路的电流速断保护一样，也有保护死区，只能保护变压器的一次绕组和部分二次绕组。

（2）变压器的过电流保护

变压器的过电流保护，用来保护变压器外部短路时引起的过电流，同时又可以作为变压器内部短路时的后备保护。因此，保护装置应装在电源侧，保护动作之后，应断开变压器各侧的断路器。其保护原理接线图如图 7-32 所示。

变压器的过电流保护装置的接线、工作原理和线路过电流保护基本相同，同样，变压器的动作电流应按照躲开最严重工作情况下流经保护装置安装处的最大负荷电流来整定，即：

$$I_{op \cdot KA} = \frac{K_{rel} K_W}{K_{re} K_{TA}} I_{L \cdot max} = \frac{K_{rel} K_W}{K_{re} K_{TA}} (1.5\sim3)I_{1N} \qquad (7\text{-}15)$$

式中 I_{1N} 为变压器一次侧额定电流，可靠系数 K_{rel}、接线系数 K_W 同线路的过电流保护。

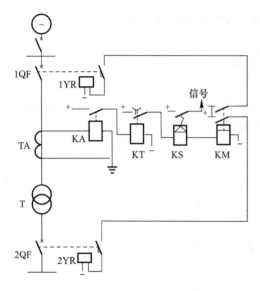

图 7-32　变压器过电流保护原理接线图

变压器过电流保护的动作时限仍按阶梯原则整定，应比下一级各引出线过电流保护动作时限最长者大一个时限阶段，即：

$$t_T = t_{L \cdot max} + \Delta t \qquad (7\text{-}16)$$

（3）变压器的过负荷保护

反映变压器对称过负荷引起的过电流。过负荷保护只需接于一相电流上，装于各侧的过负荷保护均经过同一时间继电器经整定延时作用于信号。

变压器的过负荷保护动作电流应躲过变压器的额定电流，故过负荷保护电流继电器的动作电流为：

$$I_{op \cdot KA} = \frac{K_{rel} K_W}{K_{re} K_{TA}} I_{NT} \qquad (7\text{-}17)$$

式中 I_{NT} 为变压器安装过负荷保护一侧的额定电流，可靠系数 K_{rel} 取 1.05，返回系数 K_{re}、接线系数 K_W 同变压器过电流保护。过负荷保护的动作时限应躲过电动机的自启动时间，通常取 $10\sim15s$。

7.6　电动机的继电保护

在工业生产中常采用大量高压电动机，它们在运行中发生的常见故障和不正常工作状态主要如下：

电动机内部常见的故障是：定子绕组相间短路；定子绕组单相接地；定子绕组匝间短路。

电动机常见的不正常工作状态是：过负荷；电压消失或降低；同步电动机的异步状态。

对此，电动机的保护配置通常如下：

（1）相间短路装设过电流保护和纵差保护。对 1000V 以下的电动机，容量大的使用自动空气开关，设专用保护或利用其脱扣器保护；容量小的用熔断器保护。

（2）电压为 3~10kV、功率大于 150kW 且小于 2000kW 的电动机，应装设电流速断保护；当电流速断保护不能满足灵敏度要求时需装设纵差保护。

（3）电压为 3~10kV 的电动机，若生产过程中易发生过负荷时，或启动、自启动等条件恶劣时，均应装设过负荷保护。另外，当单相接地电流大于 5A 时，需装设单相接地保护，一般 5~10A 时可作用于信号，也可作用于跳闸；大于 10A 时作用于跳闸。

（4）对不重要的高压电动机或不允许自启动的电动机，应装设低电压保护。当电网电压降到某一值时，低电压保护动作，将不重要的或不允许自启动的电动机从电网切除，以保证重要电动机在电网电压恢复时能够顺利自启动。

7.6.1　高压电动机的过负荷与速断保护

目前通常采用电流速断保护作为电动机相间故障的主要保护，为了保证在电动机本体以及电动机与断路器连接回路引线上发生故障时，保护装置均能动作，应尽可能将电流互感器安装在靠近断路器侧。在小电流接地系统中，应采用电流回路两相式接线方式，当灵敏度能满足要求时，可以采用两相差电流接线方式。

（1）高压电动机电流速断保护的整定

电动机电流速断保护的动作电流一般按以下原则整定：

1）在电动机正常启动时，保护装置不应动作；

2）对同步电动机来说，当外部故障时，电动机将送出短路电流，此时电动机速断保护不应动作。

（2）高压电动机过负荷保护的整定

作为过负荷保护，一般可采用一相一继电器式接线。但如果电动机装有电流速断保护时，可利用作为电流速断保护的 GL 型继电器的反时限过电流装置（感应元件）来实现过负荷保护。

过负荷保护的动作时间，应大于电动机启动所需的时间，一般取为 10～60s。对于启动困难的电动机，可按躲过实测的启动时间来整定。

7.6.2 电动机的低电压保护

当供电网络电压降低时，异步电动机的转速都要下降，而当供电母线电压又恢复时，大量电动机自启动，吸收较其额定电流大好几倍的启动电流，致使电压恢复时间延长。为了防止电动机自启动时使电源电压长时间严重降低，通常在次要电动机上装设低电压保护，当供电母线电压降低到一定值时，延时将次要电动机切除，使供电母线有足够的电压，以保证重要电动机自启动。

低电压保护的动作时限分为两级：一级是为保证重要电动机的自启动，在其他不重要的电动机或不需要自启动的电动机上装设带 0.5～1s 时限的低电压保护，动作于断路器跳闸；另一级是当电源电压长时间降低或消失时，为了人身和设备安全等，在不允许自启动的电动机上，应装设低电压保护，经 5～10s 时限动作于断路器跳闸。

装设低电压保护装置应满足以下基本要求：

（1）当电压互感器一次侧一相及两相断线或二次侧各相断线时，保护装置不应误动作，并发出断线信号，但在电压断线期间，恰好母线失去电压或电压下降到整定值时，保护装置仍应正确动作。

（2）当电压互感器一次侧隔离开关因误拉断开时，保护装置不应误动作，但必须发出信号。

根据以上要求，高压电动机的低电压保护原理接线图如图 7-33 所示。图中电压继电器 KV1、KV2 及 KV3 作为次要电动机低电压保护 0.5s 跳闸之用，并兼作断线信号。电压继电器 KV4 作为重要电动机低电压保护 9s 跳闸之用。

当电压消失或对称地下降至整定值以下时，KV1、KV2、KV3 均动作，其动断触点动作（闭合）、动闭触点打开，通过中间继电器 KM1 的动断触点启动时间继电器 KTM1，经 0.5s 延时跳开不重要的电动机。若电压继续保持下降或消失的状态，KV4 也动作，其触点启动时间继电器 KTM2，经 4～9s 延时跳开不允许自启动或不能自启动的重要电动机。

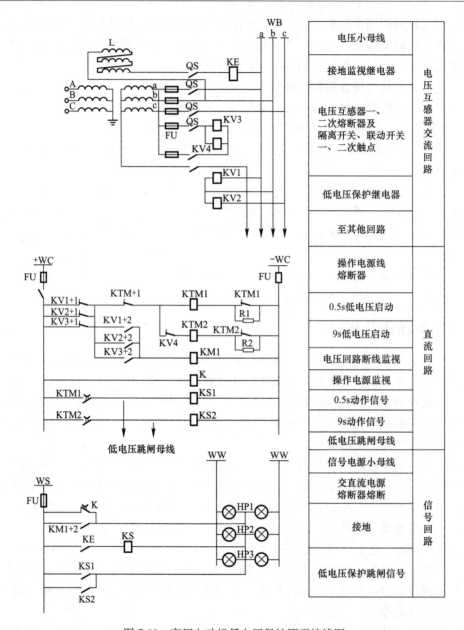

图 7-33　高压电动机低电压保护原理接线图

当电压互感器一次侧一相断线或二次侧一相断线时，在 KV1、KV2、KV3 中相应的低电压继电器动作，但总有一个低电压继电器处于额定相电压的作用下，保持励磁状态，从而启动中间继电器 KM1，发出电压回路断线信号，与此同时，KM1 的动断触点打开，断开 KM1、KM2 启动回路，防止因电压回路断线而误将电动机跳闸。低电压保护整定的要求为：

1）电压继电器 KV4 的动作电压一般取 0.4～0.5 倍的额定电压。

2）电压继电器 KV1、KV2、KV3 的动作电压应考虑在次要电动机被切除后，能保证重要电动机的自启动，一般取 0.6～0.7 倍的额定电压。

7.6.3　电动机的接地保护

在中性点不接地的供配电系统中，当电动机的单相接地电容电流大于5A时，此时很危险，有可能过渡到相间短路，因此应装设有选择性的接地保护，动作于跳闸。电动机的单相接地保护原理和小接地电流系统中的线路单相接地保护原理基本相同，一般采用零序电流保护或方向零序电流保护，此处不再讲述。

综上所述，电动机有众多类型的保护，但具体的保护配置应根据电动机的容量、要求等进行考虑。现将3～10kV电动机保护的配置一般情况列于表7-3供参考。

3～10kV电动机的保护装设　　　　　　　　　　　　　　表7-3

电动机容量（kW）	电流速断保护	差动保护	过负荷保护	单相接地保护	低电压保护	防止非同步冲击保护
异步＜2000	装设	电流速断保护不能满足要求时装设	生产过程中容易发生过负荷或启动、自启动条件恶劣时应装设	单相接地电流＞5A时装设	装设	
异步≥2000		装设				
同步＜2000	装设	电流速断保护不能满足要求时装设			装设	
同步≥2000		装设				装设

7.7　供配电系统的二次回路

7.7.1　二次回路概述

（1）二次回路的基本概念和作用

变电所的电气设备，通常可以分为一次设备和二次设备。一次设备是构成电力系统的主体，它是直接生产、输送、分配电能的电气设备，包括发电机、变压器、断路器、隔离开关、母线、输电线路等。二次设备是对一次设备进行监测、控制、调节和保护的电气设备，包括计量和测量表计、控制及信号、继电保护装置、自动装置、远动装置等。一次回路指一次设备及其相互连接的回路（又称主回路或主系统或主电路）。二次回路指二次设备及其相互连接的回路。

二次回路是电力系统安全生产、经济运行、可靠供电的重要保障，它是发电厂和变电所中不可缺少的重要组成部分。

（2）二次回路的分类

二次回路按电源的性质，分为交流回路和直流回路。按二次回路的用途，分为操作电源回路、测量表计（及计量表计）回路、断路器控制和信号回路、中央信号回路、继电保护和自动装置回路等。按用途通常可以分为原理接线图和安装接线图，原理接线图又分为归总式原理接线图和展开式原理接线图。

1）归总式原理接线图。归总式原理接线图是用来表示继电保护、测量表计、控制信号和自动装置等工作原理的一种二次接线图。采用的是集中表示方法，即在原理图中，各元件是用整体的形式，与一次接线有关的部分画在一起，如图7-34所示，但当元件较多时，接线相互交叉太多，不容易表示清楚，因此仅在解释继电保护动作原理时，才使用这种图形。

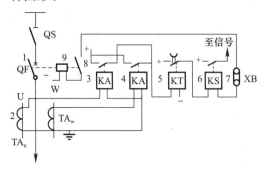

图 7-34　归总式原理接线图
（两相式定时限过电流保护装置电路图）

　　2）展开式原理接线图。展开式原理接线图是将每套装置的交流电流回路、交流电压回路、直流操作回路信号回路分开绘制。在展开式原理接线图中，同一仪表或继电器的电流线圈、电压线圈和触点通常被拆开，分别画在不同的回路里，因而必须注意将同一元件的线圈和触点用相同的文字符号表示，如图 7-35 所示。另外，在展开式原理接线图中，每一回路的旁边附有文字说明，以便于解读。

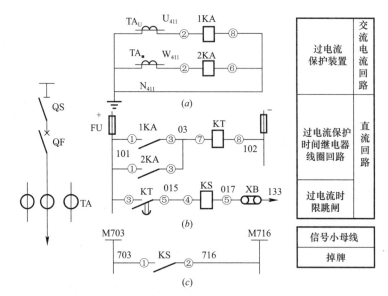

图 7-35　展开式原理接线图（两相式定时限过电流保护装置电路图）

　　展开式原理接线图的特点是条理清晰，易于解读，能逐条地分析和检查，对于复杂的二次回路，其优点更为突出，因此，在实际工作中，展开式原理接线图用得更多。

7.7.2　操作电源

　　变电所的用电一般应设置专门的变压器供电，这种变压器称为所用变压器，简称所用变。变电所的负荷主要有室内外照明、生活区用电、事故照明、操作电源用电等，上述负荷一般分别设置供电回路。

　　为保证操作电源的供电可靠性，所用变压器一般必须设置两台，互为备用，且一台设置在进线电源处（进线断路器外侧），即使变电所母线或主变发生故障，所用变压器仍能取得电源；另一台可接于变电所另一进线电源侧的高压或低压母线上。

　　操作电源是所用电的一部分，是供给全所开关电器的控制回路、继电保护回路、自动装置和中央信号系统的最重要的电源，在任何情况下都应保证供电的可靠性，操作电源应具有足够容量使用寿命长，维护工作量小。

操作电源的种类有交流操作电源和直流操作电源。直流操作电源使用比较多的有硅整流带电容储能的直流操作电源和蓄电池直流操作电源。

（1）交流操作电源

交流操作电源是指直接使用交流电源。一般由电流互感器向断路器的跳闸回路供电；由所用变压器向断路器的合闸回路供电；由电压互感器向控制、信号回路供电。

交流操作电源的优点是接线简单、投资低廉、维修方便；缺点是交流继电器的性能没有直流继电器完善，不能构成复杂的保护。因此，它只适用于不重要的终端变电站，或用于发电厂中远离主厂房的辅助设施。

（2）直流操作电源

1）硅整流带电容储能的直流操作电源

硅整流带电容储能的直流操作电源是通过硅整流设备，将交流电源变换为直流电源，作为发电厂和变电所的直流操作电源。为了保证在交流系统发生短路故障时，仍然能使控制、保护及断路器可靠动作，系统还装有一定数量的储能电容器。

硅整流带电容储能的直流操作电源通常由两组整流器 U1 和 U2、两组电容器 C1 和 C2 及相关的开关、电阻、二极管、熔断器、继电器组成，如图 7-36 所示。

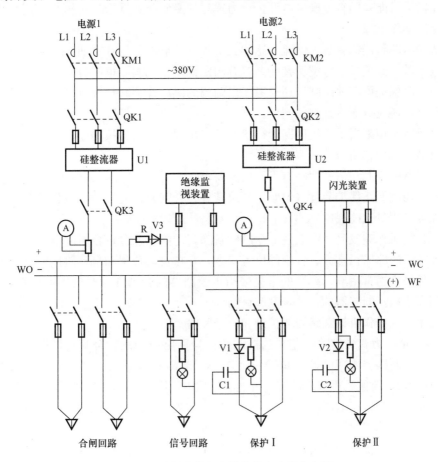

图 7-36 硅整流带电容储能的直流操作电源

U1 容量大，供给合闸电源；

U2 容量小，供给控制、保护电源。

V3 保证只能由 U1 向 U2 供电。

V1、V2 保证储能电容器组不向直流母线供电。

2）蓄电池直流操作电源

蓄电池按电解液不同，可分为酸性蓄电池和碱性蓄电池两种。

酸性蓄电池常采用铅酸蓄电池。酸性蓄电池一般适用于大型发电厂和变电站。

碱性蓄电池适用于中、小型发电厂和 110kV 以下的变电站。碱性蓄电池有铁镍、镉镍等几种。发电厂和变电站常采用镉镍碱性蓄电池。

蓄电池的容量（Q）是蓄电池蓄电能力的重要标志，是在指定的放电条件（温度、放电电流、终止电压）下所放出的电量，单位用 A·h（安培小时）表示。蓄电池放电至终止电压的时间称为放电率，单位为 h（小时）。

7.7.3　断路器的控制信号回路

在供配电系统中开关柜的关键部件都是高压断路器，高压断路器的控制回路就是控制（操作）断路器分、合闸的回路。操作机构有手力式、电磁式、液压式和弹簧储能式。电磁式操作机构只能采用直流操作电源，手力式和弹簧储能式操作机构可交直流两用，但一般采用交流操作电源。

一般高压断路器都有自配电流互感器。由传统的继电装置或微机保护装置（PLC）对采集的电流量、开关量进行逻辑判断。若有两回跳闸路控制，也应分别从直流屏引出两回直流电源，以保证可靠地跳闸。还要考虑以两侧的隔离开关联动及其闭锁。若是线路侧的高压断路器，还应考虑重合闸的问题。

信号回路是用来指示一次回路运行状态的二次回路。信号按用途分，有断路器位置信号、事故信号和预告信号等。

对断路器的控制和信号回路有下列主要要求：

能监视控制回路保护装置（熔断器）及其分、合闸回路完好性，以保证断路器的正常工作，通常采用灯光监视的方式。

分、合闸操作完成后，应能使命令脉冲解除，即能断开分、合闸的电源。

应能指示断路器正常分、合闸的位置状态，并在自动合闸和自动跳闸时有如前所述的明显指示信号。通常用红、绿灯的常亮来指示断路器的合闸和分闸的正常位置，而用红、绿灯的闪光来指示断路器的自动合闸和跳闸。

（1）手力式操作机构断路器的控制和信号回路

图 7-37 是手力式操作的断路器的控制和信号回路原理图。合闸时，推上操作手柄使断路器合闸。断路器的辅助触点 QF3-4 闭合，红灯 RD 亮，指示断路器已经合闸通电。由于有限电阻 R2，跳闸线圈 YR 虽有电流通过，但电流很小，不会跳闸。红灯 RD 亮，还表示跳闸回路及控制回路电源的熔断器 FU1 和 FU2 是完好的，即红灯 RD 同时起着监视跳闸回路完好性的作用。

分闸时，扳下操作手柄使断路器分闸。断路器的辅助触点 QF3-4 断开，切断跳闸回路，同时辅助触点 QF1-2 闭合，绿灯 GN 亮，指示断路器已经分闸断电。绿灯 GN 亮，还表示控制回路电源的熔断器 FU1 和 FU2 是完好的，即绿灯 GN 同时起着监视控制回路完好性的作用。

当一次电路发生短路故障时，继电保护装置动作，其出口继电器触点 KM 闭合，接通跳闸回路（QF3-4 原已闭合），使断路器跳闸。随后 QF3-4 断开，红灯 RD 灭，并切断 YR 的电源；同时 QF1-2 闭合，绿灯 GN 亮。这时操作机构的操作手柄虽然在合闸位置，但其黄色指示牌下掉，表示断路器自动跳闸。在信号回路中，由于操作手柄仍在合闸位置，其辅助触点 QM 闭合，而断路器已事故跳闸，QF5-6 返回闭合，因此事故信号接通，发出灯光和音响信号。当值班人员得知事故跳闸信号后，可将断路器操作手柄扳下至分闸位置，这时黄色指示牌随之返回，事故灯光、音响信号也随之解除。

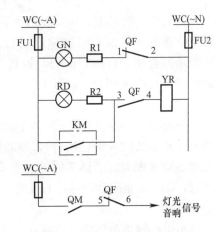

图 7-37　手力式操作的断路器的控制和信号回路原理图

（2）电磁式操作机构断路器的控制和信号回路

图 7-38 是电磁式操作的断路器的控制和信号回路原理图。其操作电源采用图 7-36 所示的硅整流带电容储能的直流操作电源。控制开关采用双向自复位式并具有保持触点的 LW5 型万能转换开关，表 7-4 是控制开关 SA 的触点图表，可供读图参考。

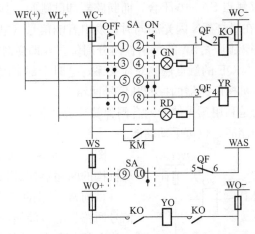

图 7-38　电磁式操作的断路器的控制和信号回路原理图

控制开关 SA 的触点图表　　　　　表 7-4

SA 触点编号	手柄位置			
	分闸后 ↑	合闸操作 ↗	合闸后 ↑	分闸操作 ↖
1-2		×		
3-4	×			×
5-6		×	×	
7-8				×
9-10			×	

注："×"表示触点接通。

合闸时，将控制开关 SA 的手柄顺时针扳转 45°，这时触点 SA1-2 接通，合闸接触器 KO 通电（其中 QF1-2 原已闭合），其主触点闭合，使电磁合闸线圈 YO 通电动作，使断路器合闸。合闸完成后，控制开关 SA 自动返回，其触点 SA1-2 断开，切断合闸回路；同时 QF3-4 闭合，红灯 RD 亮，指示断路器已经合闸，并监视着跳闸线圈 YR 回路的完好性。

分闸时，将控制开关 SA 的手柄逆时针扳转 45°，这时触点 SA7-8 接通，跳闸线圈 YR 通电（其中 QF3-4 原已闭合），使断路器分闸。分闸完成后，控制开关 SA 自动返回，其触点 SA7-8 断，断路器辅助触点 QF3-4 这时也断开，切断跳闸回路；同时触点 SA3-4 闭合，QF1-2 也闭合，绿灯 GN 亮，指示断路器已经分闸，并监视着合闸接触器 KO 回路的完好性。

由于红绿指示灯兼有监视分、合闸回路完好性的作用，长时间运行，耗能较多。因此为减少操作电源中储能电容器能量的过多消耗，故另设灯光指示小母线 WL（＋），专用来接入红绿指示灯。储能电容器的能量只用来供电给控制小母线 WC。

当一次电路发生短路故障时，继电保护动作，其出口继电器触点 KM 闭合，接通跳闸线圈 YR 回路（其中 QF3-4 原已闭合），使断路器跳闸。随后 QF3-4 断开，使红灯 RD 灭，并切断跳闸回路。同时 QF1-2 闭合，而 SA 尚在合闸后位置，其触点 SA5-6 闭合，从而接通灯光指示小母线 WL（＋），使绿灯 GN 闪光，表示断路器已自动跳闸。由于断路器自动跳闸，SA 仍在合闸位置，其触点 SA9-10 闭合，而断路器却已跳闸，其触点 QF5-6 返回闭合，因此事故音响回路接通，在绿灯 GN 闪光的同时，发出音响信号（电笛响）。当值班人员得知事故跳闸信号后，可将控制开关 SA 的手柄扳向分闸位置，即逆时针扳转 45°后松开让其自动返回，使 SA 的触点与 QF 的触点恢复对应关系，这时全部事故信号立即解除。

（3）弹簧储能式操作机构断路器的控制和信号回路

弹簧储能式操作机构是利用预先储能的合闸弹簧释放能量，使断路器合闸。合闸弹簧由交直流两用电动机拖动储能，也可手动储能。

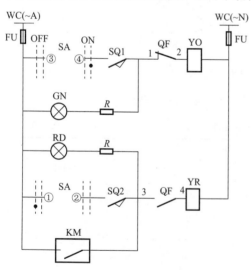

图 7-39　弹簧储能式操作机构的断路器控制和信号回路原理图

图 7-39 是采用 CT7 型弹簧储能式操作动机构的断路器控制和信号回路原理图。

目前常采用的二次回路包含控制回路、信号回路、电机储能控制回路。

电机储能控制及储能状态指示信号如图 7-40 所示。

其工作原理分析如下：

1）弹簧储能

给上控制电源和操作电源，如果合闸簧处于未储能状态，则位置开关 SP 的 1、2 节点闭合，时间继电器 K12 带电，那么 K12 的常开节点 13、14 及 43、44 同时闭合，如果此时电动/手动转换开关 SBT3 处于电动位置，直流接触器 KM 线圈就得电，KM 的常开节点闭合使电机得电而转动压缩弹簧储能，同时主控室内"合闸簧正在储能"的指示灯将亮起提醒运行人员合闸簧正在储能。

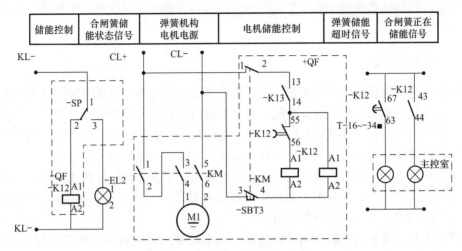

图 7-40 电机储能控制及储能状态指示信号图

KL+、KL—直流控制电源；CL+、CL—直流操作电源；—SP—储能位置开关；—K12—时间继电器；—SBT3—手动/电动转换开关；M1—交直流电机；—KM—交流接触器；—EL2—合闸簧已储能信号灯

2）储能完毕信号

弹簧储能到位后，推动位置开关 SP 转换，其 1、2 节点断开，K12 线圈失电，K12 的节点 13、14 及 43、44 同时返回，切断电机电源完成储能过程，"合闸簧正在储能"的指示灯熄灭；同时 SP 的 1、3 节点闭合，"合闸簧已储能"的指示灯亮起，提醒运行人员可以进行合闸操作。

3）故障报警信号

如果由于某种原因合闸簧在规定的时间内（16～20s）没有完成储能动作，那么时间继电器 K12 的延时开节点 55、56 将切断电机回路电源，以免电机带电时间过长烧毁，同时 K12 的延时闭节点 67、68 将使"储能超时"指示灯亮起，提醒运行人员弹簧储能环节出现问题应立即解决。

即使 K13 线圈带电 13、14 节点闭合，在储能控制回路不通或没送电的异常情况下，K12 将不会带电，主控室在给上电源 KL 后，若看不到"合闸簧正在储能"的指示灯，即可大致判断出问题之所在，如果储能控制回路接通而电机储能环节出现问题，则 K12 经过一定时延后 55、56 节点断开切断电机电源防止电机带电时间过长烧毁，同时 67、68 节点闭合给出储能超时的报警信号。

（4）断路器微机保护装置（智能脱扣器）

ABB、GE、SIEMENS、Westing House 等世界主要低压断路器生产厂家大量采用微机保护装置，断路器微机保护装置又称为智能脱扣器，用它可取代/升级老的脱扣器，还有的直接安装在断路器内成为一体。其核心主要由美国 URC 公司等生产，主要功能包括：过流速断保护、过流保护、接地保护、相序不平衡、事件记录、RS485 通信接口、通信规约 MODBUS RTU、电力参数测量，等等。

采用了断路器微机保护装置的断路器又叫做智能型断路器。智能脱扣器使断路器实现了遥测、遥控、遥信和遥调等功能。现在智能脱扣器都采用单片机、DSP等微处理器作为逻辑处理的基础，其发展趋势一方面是功能越来越多，除了传统的脱扣功能外，还有脱扣前报警功能、线路参数检测功能以及试验功能；另一方面是采用现场总线技术，把设备的网络化作为目标。

7.7.4 中央信号系统

中央信号系统设置在主控制盘上，用以集中监视变电所电气设备故障和异常状态的音响与灯光信号装置系统。中央信号系统通常由事故信号装置、预告信号装置（总称中央信号装置）以及断路器与电气设备各自的监视电路等部分组成。它的作用是便于值班人员和调度人员及时了解和处理电气设备故障和异常状态，保证变电所的正常运行。

常用中央信号装置由电磁型继电器或晶体管、集成逻辑电路组件构成。按其音响信号动作和复归方式的不同，区分为重复动作和不能重复动作、自动复归和手动复归等形式，从而构成不同功能的中央信号装置电路。

在设备出现故障发出事故音响信号的同时，事故跳闸的断路器位置信号灯发出闪光，表示事故发生的地点。另外，应能在中央信号装置的光字牌上直接显示事故性质，以便于运行人员及时判断和处理事故。

预告信号通常只设瞬时预告信息，当发生异常运行情况时，在发出音响信号的同时，光字牌显示灯光信号。对一些瞬时性的信号，例如直流电源短暂消失等，可能很快消除，如发出音响将干扰值班人员的注意力和思维，所以可使预告信号带有 $0.3\sim0.5s$ 的延时。预告信号的音响可以手动复归，也可以采用音响自动延时复归的接线。

事故警报信号和预告信号回路均设置试验回路。事故警报信号发生时也可以设停电时钟回路，以确定事故发生的时间。中央信号系统的电源可以采用强电电源，也可以采用弱电电源。强电控制可用强电或弱电信号；弱电选线控制则多数用弱电信号。

中央信号系统的另一组成部分是包括在断路器控制电路中的位置信号（见变电所控制系统），断路器的位置信号有灯光监视和音响监视两种。灯光监视通常设红绿灯，红灯表示合闸状态，绿灯表示分闸状态。音响监视信号一般用嵌在控制开关把手内的灯表示断路器位置。

微机监控系统中央信号的实现变电所采用以微机为核心的分层分布式数字监控系统时，由于电气设备、线路数据采集模块与控制模块和监控主机能实时交互信息，对设备状态进行监视、控制，并能实现变电所主接线图运行工况的CRT画面监视与显示，当断路器事故分闸时，通过开关量变位处理和逻辑运算，CRT画面自动退出该断路器图形发出闪光的故障显示与模拟光字牌发光，事故分闸的同时还启动音响报警信号，发出事故音响，并启动打印机打印输出全部事故信息和参数。从而实现中央事故信号的各种功能。中央预告信号则是通过对电气设备的电量参数和电气量上、下限值进行监视来实现的，在异常情况下和越限时，能发出越限报警，CRT画面自动显示有关参数并启动打印机打印输出。

与传统中央信号装置的功能相比，微机监控系统增加了画面显示和记录打印与储存等功能，为值班人员提供方便、科学的监控手段。中央信号与控制、监视、继电保护和RTU综合构成一体化综合自动化系统，可全面提高变电所自动化、智能化管理水平，是今后的发展趋势。

7.7.5 测量回路与电能计量

(1) 测量回路

测量回路是变电所二次回路的重要组成部分。运行人员必须依靠测量仪表了解供配电系统的运行状态，监视电气设备的运行参数。

电气设备和线路的运行参数主要有电流、电压、频率、电能、温度、绝缘电阻等。相应的仪表有电流表（A）、电压表（V）、频率表（Hz）、同步表、有功功率表（W）、无功功率表（war）、有功电能表（Wh）、无功电能表（varh）等。

1）基本要求

电测量仪表是测量电力系统中主要电气设备运行参数的二次设备。所装测量仪表应满足下列要求：

① 能正确反映电气设备及系统的运行状态。

② 在发生事故时，能使运行人员迅速辨别事故的设备、性质及原因。

2）配置原则

在变电所中，仪表的配置种类与数量要符合《电测量及电能计量装置设计技术规程》DL/T 5137—2001 的规定。该规程明确规定了对常用仪表和电能计量仪表的技术要求和配置方式。

① 电源进线。在电源进线的专用计量柜上，必须装设计费用的三相有功电能表和无功电能表。常采用标准计量柜，计量柜内有专用电流互感器和电压互感器。

② 母线。每一段母线上必须装有四只电压表，其中三只测量母线电压，一只结合转换开关测量三相线电压。对小电流接地系统的母线，应加装一套绝缘监测装置。

③ 降压变压器。变压器的高低侧均应装设电流表；低压侧如为三相四线制，则各相都应装设电流表。高压侧还应装设有功功率表、无功功率表、有功电能表和无功电能表各一只。

④ 6～10kV 配电线路。应装设电流表，如需计量电能，还需装设有功电能表和无功电能表各一只。当线路负荷大于 5000kVA 时，还应装设一只有功功率表。

⑤ 低压配电线路。低压动力线路应装设一只电流表；照明线路或照明和动力混合供电线路，应在每相上装设电流表。如需计量电能，一般只装设一只三相四线有功电能表。

⑥ 并联电力电容器。每相装设电流表，如需计量电能，还应装设一只无功电能表。

电测量回路的种类很多：按被测电气参数性质的不同分为交流测量回路和直流测量回路；按测量方式的不同分为连续测量和选线测量；按测量参数的不同分为电流测量、电压测量、功率测量等。

(2) 电能计量

1）电能计量装置及电能计量管理简介

电能计量装置的原理图如图 7-41 所示，供电线路分支是与高压配电系统相连接的，要对这个高压供电系统分支的电能进行计量，首先要通过电压信号源器件将高电压信号成正比地变为低电压信号，通过电流信号源器件将大电流信号成正比地变为小电流信号；然

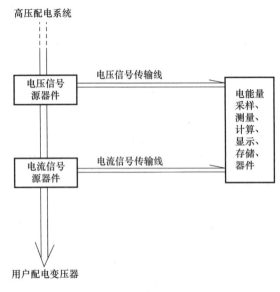

高压配电系统

电压信号源器件 ── 电压信号传输线 ──

电流信号源器件 ── 电流信号传输线 ──

电能量采样、测量、计算、显示、存储、器件

用户配电变压器

图 7-41　电能计量装置的原理图

后通过传输线将这个低电压、小电流信号传输给电能量采样、测量、计算、显示、存储器件。

电压信号源器件一般选用电压互感器，也有用电阻分压器的；电流信号源器件一般选用电流互感器，高新技术选用电子式电流互感器、光电流互感器；传输线一般选用电缆，高新技术选用光缆；电能量采样、测量、计算、显示、存储一般由电能表来完成，高新技术直接用计算机来取代电能表。

目前广泛使用的电能计量装置包括：计量用电流电压互感器、电能表及互感器与电能表之间的二次回路，电能计量箱（柜），电能计量集抄设备等。

电能通过电网传输会产生网损，通过专线传输会产生线损，一台变压器的供电量会大于售电量之和，其差值也称为线损。线损造成的经济损失使输电、供电成本加大，电力系统中各级电能计量装置计量结果正确与否会影响每段线路记录的线损大小，影响线损的归属，是个值得注意的经济问题。

对电能计量装置管理的目的是为了保证电能计量值的准确、统一和电能计量装置运行的安全可靠。

2）电能计量装置的类别与接线方式

① 电能计量装置的类别

运行中的电能计量装置按其所计量电能量的多少和计量对象的重要程度分为五类。

Ⅰ类电能计量装置：月平均用电量 500 万 kWh 及以上或变压器容量为 10000kVA 及以上的高压计费用户、200MW 及以上发电机、发电企业上网电量、电网经营企业之间的电量交换点、省级电网经营企业与其供电企业的供电关口计量点的电能计量装置。

Ⅱ类电能计量装置：月平均用电量 100 万 kWh 及以上或变压器容量为 2000kVA 及以上的高压计费用户、100MW 及以上发电机、供电企业之间的电量交换点的电能计量装置。

Ⅲ类电能计量装置：月平均用电量 10 万 kWh 及以上或变压器容量为 315kVA 及以上的计费用户、100MW 以下发电机、发电企业厂（站）用电量、供电企业内部用于承包考核的计量点、考核有功电量平衡的 110kV 及以上的送电线路的电能计量装置。

Ⅳ类电能计量装置：负荷容量为 315kVA 以下的计费用户、发供电企业内部经济技术指标分析、考核用的电能计量装置。

Ⅴ类电能计量装置：单相供电的电力用户计费用的电能计量装置。

显然从Ⅴ类至Ⅰ类，贸易电量的多少及重要性递增，那么所配置的电能表、互感器设备的准确度等级也递增，应符合表 7-5 所列值。

五类电能计量装置所配设备的准确度等级　　　　表 7-5

电能计量装置类别	准确度等级			
	电压互感器	电流互感器	有功电能表	无功电能表
Ⅰ	0.2	0.2s 或 0.2*	0.2s 或 0.5s	2.0
Ⅱ	0.2	0.2s 或 0.2*	0.5s 或 0.5	2.0
Ⅲ	0.5	0.5s	1.0	2.0
Ⅳ	0.5	0.5s	2.0	3.0
Ⅴ	—	0.5s	2.0	—

注：0.2* 级电流互感器仅在发电机出口电能计量装置中配用。

其中"0.2s"或"0.5s"中的"s"，表示这种电能表或互感器要求在极低负荷下的灵敏度比一般同等级的表计要高。

② 电能计量装置的配置原则

35kV 电压等级的中性点绝缘系统，可采用 Yyn 接线方式的电压互感器及三元件电流互感器将信号接入有三组电能采样元件的有功、无功电能表进行计量。35kV、10kV 电压等级的配电网，均是中性点绝缘系统，中性点无任何接地线，电能计量装置若安装在用户变压器的一次高压侧，称为高压计量方式，俗称"高供高计"，一般通过 Vv 接线方式的电压互感器及两元件电流互感器接入三相三线有功、无功电能表，这种表内只有两组电能采样元件；10kV 供电，用户变压器容量小于 315kVA 时，可采用低压计量方式，俗称"高供低计"，电能计量装置安装在用户变压器的二次低压侧，低压侧中性点有接地线，必须采用三台电流互感器接入三相四线有功、无功电能表进行计量，这种表内有三组电能采样元件，同时每次抄表加计变压器的电能损耗。

单相供电电流超过 40A 时宜采用三相四线制供电，以平衡各相负荷，增强安全保障。三相低压供电最大负荷电流在 50A 以上时宜采用电流互感器接入电能表。

贸易结算用的电能计量装置原则上应设置在供用电设施产权分界处。

具有正反向送电功能的计量点，如有供、受电量能力的地方电网、有自备发电设备的用户、省际电网间的关口变电站等均应装设能计量正反向有功电能及四象限无功电能的电能表。

有两路及两路以上供电线路或供电电源的重要用户，每一路均应分别安装电能计量装置。

不同用户应分别安装电能计量装置。同一用户有不同电价类别的用电设备时，对每一类别必须分别安装电能计量装置，不得混计。

第8章 变配电所的运行管理

保证变配电所运行安全的规章制度有工作票制度、操作票制度、交接班制度、巡回检查制度和设备定期试验轮换制度。

8.1 变配电所值班制度

目前变配电所以三班轮换的值班制度为主,自动化程度高的变配电所一般采用无人值班制。轮班制全天分为早、中、晚三班,值班人员五组轮流值班,包括节假日。轮班制度人力耗用较多,对于变配电所的安全运行有益处。一些小型的变配电所也采用无人值班制,由维修电工或变配电所值班人员定时巡视检查。

8.1.1 运行管理工作的要点

变配电所运行管理工作的要点是电气设备安全运行与经济运行。

(1)安全运行

电气设备若发生重大事故,不仅会导致人身和设备受到损害,而且会直接影响到生产安全,甚至造成经济损失。因此,必须牢固树立"安全第一"的思想。

为确保安全运行,必须经常对员工进行安全生产教育,使其认识到安全生产的重要意义与忽视安全生产的危害,加强其责任感和工作责任心;同时必须建立和健全变配电所各项规章制度,加强对变配电所运行、检修人员的技术培训,不断提高其技术水平和分析、处理事故的能力,能够做到及时、正确地处理事故,排除隐患;加强对电气设备的巡视检查和维护,提高电气设备完好率,提高安全生产水平。

(2)经济运行

加强技术管理,提高技术水平,采用经济运行方式,合理分配负荷,优化运行,提高电气设备检修质量,缩短检修时间,消除设备缺陷,提高设备运转率和完好率,做到经济运行。

8.1.2 交接班制度

变配电所电气值班人员上下班必须履行交接手续,按规定内容、规定要求交接清楚后,双方共同签字;未履行交接手续,交班人员不准离岗。

禁止在事故处理或倒闸操作中交接班。交接班时如发生事故,不但要暂停交接班,而且仍由交班人员负责处理,接班人员只能在交班值班长领导下协助处理;交班前30min,一般要求停止正常操作。

交接班内容包括:本所运行方式;保护和自动装置运行及变化情况;异常运行和设备缺陷、事故处理情况;倒闸操作及未完成的操作指令;设备检修、试验情况,安全措施的布置,地线组数、编号及位置和使用中的工作情况;仪器、工具、材料、备件和消防器材完备情况；与运行有关的其他事项，等等。

8.1.3 值班人员的职责

（1）服从电力系统或变配电所值班调度员的操作命令（除严重威胁设备和人员安全者外），不得不听指挥而拒绝执行命令。

（2）定期巡视设备，掌握生产运行状况，做好运行记录。运行记录填写要做到字迹清楚、数据准确、详细、真实。

（3）执行调度命令，正确、迅速地组织倒闸操作和事故处理，并监护执行倒闸操作，做好操作记录。

（4）监视及调节运行设备，及时分析仪表变化、发现和汇报设备缺陷。

（5）做好设备巡视、日常维护工作。

（6）遇有设备事故、缺陷及异常运行等情况，及时向有关调度、值班长汇报并进行处理，同时做好相关记录。

8.2 倒闸操作

电气设备由一种状态转换到另一种状态，或改变电气一次系统运行方式所进行的一系列操作，称为倒闸操作。倒闸操作的主要内容有：拉开或合上某些断路器或隔离开关，拉开或合上接地隔离开关（拆除或挂上接地线），取下或装上某些控制、合闸及电压互感器的熔断器，改变继电保护装置定值，改变变压器、消弧线圈组分接头及检查设备绝缘等。

倒闸操作是一项复杂而重要的工作，运行操作人员要树立"安全第一"的思想，按规范执行每一个操作。

8.2.1 电气设备运行状态

（1）运行状态：指电力系统或变配电所相应的断路器、隔离开关（不包括接地刀闸）等电气设备与电源接通，处在运行中的状态。

（2）热备用状态：电气设备的断路器及相关的接地开关断开、断路器两侧相应隔离开关处于合上位置；即只要将断路器合闸，设备即投入运行的状态。

冷备用状态：泛指电气设备处于完好状态、断路器两侧相应隔离开关处于断开位置；但随时通过倒闸操作可以投入运行。

（3）检修状态：电气设备的断路器和隔离开关（不包括接地刀闸）均处于断开位置，并按要求已布置好安全措施。

8.2.2 倒闸操作安全技术

（1）倒闸操作的要求

1）倒闸操作要根据上级或调度的指令执行。

2）倒闸操作应至少由两人同时进行，其中对设备较为熟悉的人作为监护人，另一人为操作人。

3）倒闸操作必须有合格的操作票，操作时严格按照操作票顺序执行。

4）事故处理可不用操作票，但应按上级或调度的操作指令正确执行；且事故影响范围应尽量减小。

5）在交接班、系统出现异常、事故及恶劣天气情况下要尽量避免操作。

（2）倒闸操作注意事项

1）倒闸操作时，不允许将设备的电气和机械防误操作闭锁装置解除；特殊情况下如需解除，必须经值班负责人同意。

2）操作时必须使用必要的、合格的绝缘安全用具和防护安全用具。

3）雷电时禁止倒闸操作；高峰负荷时避免倒闸操作。

4）装、卸高压熔断器时，应戴护目镜和绝缘手套，必要时使用绝缘夹钳，并站在绝缘垫或绝缘台上作业。

5）装设接地线（或合接地刀闸）前，应先验电，后装设接地线（或合接地刀闸）。

6）电气设备停电后，即使是事故停电，在未拉开有关隔离开关和做好安全措施前，不得触及设备或进入遮栏，以防突然来电。

8.2.3　操作票

操作票是指在电力系统或变配电所中进行电气操作的书面依据，包括调度指令票和变配电操作票。凡改变电力系统或变配电所运行方式的倒闸操作及其他较复杂的操作项目，均必须填写操作票，这就是操作票制度。操作票制度是防止误操作的重要措施。

大多数操作事故是由于操作票制度执行不到位，或填写操作票不正确造成的。为保证倒闸操作的正确性，必须正确填写操作票，并在监护下操作，即严格执行操作票制度。操作票填写应做到操作顺序合理、字迹清楚、无漏项，同时根据设备的安装位置等情况，合理规划操作路线，避免往返。

（1）操作票的填写及要求

每张操作票只准填写一个操作任务。操作票应用钢笔或圆珠笔填写，字迹工整，票面应清楚整洁。如有错字、漏字需要修改时，必须保证清晰，在修改的地方要有修改人签章；每页修改字数不宜太多，如超过三个字以上最好重新填写。操作任务栏中应填写设备的双重名称，即填写设备的名称及编号。操作票要按编号顺序使用，应填写操作日期、操作开始时间和结束时间，盖"已执行"和"作废"图章。操作项目填写完毕、操作票下方仍有空格时，应盖上"以下空白"字样的图章。操作票的格式应统一按照有关规定的格式执行，参见表8-1。

（2）操作票操作项目的内容

1）应拉、合的断路器及隔离开关。

2）检查断路器及隔离开关的实际位置。

3）装拆临时接地线，并注明接地线的编号。

4）设备检修后、合闸送电前，检查送电范围内的接地隔离开关是否确已拉开，接地线是否确已拆除。

5）装上或取下控制回路或电压互感器的熔断器。

6）切换保护回路压板。

7）检查负荷分配。

8）测试电气设备或线路是否确无电压。

电气倒闸操作票　　　　　　　　　　　　　　　　　　　　　　表 8-1

单位				编号					
发令人		受令人		发令时间	年　　月　　日　　时　　分				
操作开始时间：　年　月　日　时　　分				操作结束时间：　年　月　日　时　　分					
（　）监护操作　　　　　　（　）单人操作									
操作任务：									
顺序	操作项目								√
备注：									
操作人：　　　　　　　　监护人：　　　　　　　　值班负责人：									

（3）操作票使用的技术术语

1）断路器、隔离开关和熔断器的拉合操作用"拉开"、"合上"。

2）检查断路器、隔离开关的实际位置用"确在开位"、"确在合位"。

3）拆装接地线用"拆除接地线"、"装设接地线"；并要详细说明拆、装接地线的具体位置及接地线的编组号。

4）检查接地线拆除用"确已拆除"。

5）装上或取下控制回路或电压互感器的熔断器用"装上"、"取下"。

6）继电保护回路压板切换用"启用"、"停用"。

7）检查负荷分配用"负荷指示正确"。

8）验电用"三相验电，验明确无电压"。

（4）可不填写操作票的操作

1）事故处理。为迅速断开故障点，防止故障范围扩大，及时恢复供电，在应急处理事故时可不填写操作票。

2）拉合断路器的单一操作。

3）拉开接地刀闸或拆除全厂（所）仅有的一组接地线。

上述三种情况要记入操作记录簿内。

（5）倒闸操作程序

电气设备倒闸操作的程序一般包括如下几个步骤：

1）下达操作命令时，发令人发令应准确、清晰；受令人接受操作命令时，一定要听清、听准，复诵无误并作记录。

2）操作人员接受操作命令后，应对照一次系统模拟图和实际运行方式，认真填写操作票。

3）操作票填写好后，应经过三级审查，即：填写人自审、监护人复审、值班负责人审查批准。

4）正式操作前，要先进行模拟操作，由监护人和操作人在一次系统模拟图上进行操作预演；按操作票顺序，唱票复诵进行模拟操作，以核对操作票的正确性。

5）严格执行操作监护制度，确实做到操作"四个对照"；倒闸操作时，监护人应认真监护，对于每一项操作，都要做到对照设备位置、设备名称、设备编号、设备拉合方向等。

6）操作过程中，如若发生异常或事故，应按电气应急操作规程进行处理，防止误操作扩大事故。

7）完成操作票的全部操作后，监护人向发令人汇报，发令人认可后，操作人在操作票上盖"已执行"图章；监护人将操作任务、起始和结束时间计入操作记录本中。

8.2.4　工作票

工作票是印有电气工作固定格式的书页，用于将需要检修、试验的设备填写在该书页上进行电气工作的书面联系。工作票制度是指在电气设备上进行任何电气作业，应填用工作票或按命令执行，并根据工作票布置安全措施和办理开工、终结手续。

8.2.5　工作票的使用范围

（1）工作票的种类

工作票有第一种工作票和第二种工作票两种。第一种工作票和第二种工作票的格式和内容见表 8-2 和表 8-3。

电气第一种工作票　　　　　　　　　　　　　　　　表 8-2

单　位		编　号	
工作负责人（监护人）：			班组：
工作班人员（不包括工作负责人）： 共　　人			
工作的变、配电站名称及设备双重名称：			
工作任务	工作地点及设备双重名称		工作内容
计划工作时间：　自　年　月　日　时　分 　　　　　　　　至　年　月　日　时　分			

安全措施 （必要时可附 页绘图说明）	应拉开断路器、隔离开关	已执行
	应装设接地线、应合上接地刀闸（注明确实地点、名称及接地线编号）	已执行
	应装设遮栏、应挂上标示牌及防止二次回路误碰等措施	已执行

	工作地点保留带电部分或注意事项 （由工作票签发人填写）	补充工作地点保留带电部分和安全措施 （由工作许可人填写）

工作票签发人签名： 签发日期： 年 月 日 时 分

收到工作票时间： 年 月 日 时 分
运行值班人员签名： 工作负责人签名：

确认本工作票上述各项内容：
　许可开始工作时间： 年 月 日 时 分
　工作许可人签名： 工作负责人签名：

确认工作负责人布置的工作任务和安全措施：
　工作班人员签名：

工作负责人变动情况：
　原工作负责人 离去，变更 为工作负责人
　工作票签发人： 日期： 年 月 日 时 分

工作人员变动情况（变动人员姓名、日期及时间）：
　　　　　　　　　　　　　　工作负责人签名：

续表

工作票延期：								
有效期延长到：					年 月 日 时 分			
工作负责人签名：				日期：	年 月 日 时 分			
工作许可人签名：				日期：	年 月 日 时 分			

每日开工和收工时间（使用一天的工作票不必填写）	收工时间				工作负责人	工作许可人	开工时间				工作负责人	工作许可人
	月	日	时	分			月	日	时	分		

工作终结：
全部工作于 　　年 月 日 时 　　分结束，设备及安全措施已恢复至开工前状态，工作人员已全部撤离，材料工具已清理完毕，工作已终结。
工作负责人签名： 　　　　　　　　　　　　　工作许可人签名：

工作票终结：
临时遮栏、标示牌已拆除，常设遮栏已恢复。未拆除或未拉开的接地线编号等共　　　组、接地刀闸（小车）共　　　副（台），已汇报调度值班员。
工作许可人签名： 　　　　　　　　　　　　日期： 年 月 日 时 分

备注：
（1）指定专责监护人 　　　　　　负责监护
（地点及具体工作）
（2）其他事项：

已执行栏目及接地线编号由工作许可人填写

电气第二种工作票 表 8-3

单　位		编　号	
工作负责人（监护人）：			班组：
工作班人员（不包括工作负责人）：			
			共　　人
工作的变、配电站名称及设备双重名称：			

	工作地点或地段	工作内容
工作任务		

计划工作时间：	自 年 月 日 时 分
	至 年 月 日 时 分

工作条件（停电或不停电，或邻近及保留带电设备名称）：
注意事项（安全措施）： 　　工作票签发人签名：　　　　　　　　　　　签发日期：　年　月　日　时　分
补充安全措施（工作许可人填写）：
确认本工作票上述各项内容： 工作负责人签名：　　　　　　　　　工作许可人签名： 许可工作时间：　　　年　月　日　时　分
确认工作负责人布置的工作任务和安全措施： 工作班人员签名：
工作票延期： 有效期延长到：　　　　　　　　　　　　　　年　月　日　时　分 工作负责人签名：　　　　　　　　　　　日期：　年　月　日　时　分 工作许可人签名：　　　　　　　　　　　日期：　年　月　日　时　分
工作票终结： 　　全部工作于　　　年　月　日　时　　分结束，工作人员已全部撤离，材料工具已清理完毕。 工作负责人签名：　　　　　　　　　　　日期：　年　月　日　时　分 工作许可人签名：　　　　　　　　　　　日期：　年　月　日　时　分
备注：

（2）执行工作票制度的方式

执行工作票制度的方式有以下两种：

1）填用第一种工作票或第二种工作票；

2）执行口头或电话命令。

（3）工作票的使用范围

1）第一种工作票的使用范围有：

① 在高压电气设备（包括线路）上工作，需要全部停电或部分停电者；

② 在高压电气设备室内的二次接线和照明回路上工作，需要将高压电气设备停电或做安全措施者。

2）第二种工作票的使用范围有：

① 带电作业和在带电设备外壳（包括线路）上的工作；

② 在控制盘、低压配电盘、配电箱、低压电源干线上的工作；

③ 二次接线回路上的工作，无需将高压电气设备停电的；

④ 转动中的发电机、同期调相机的励磁回路或高压电动机转子电阻回路上的工作；

⑤ 非当班值班人员用绝缘棒和电压互感器定相或用钳形电流表测量高压回路的电流。

其他无需填写工作票的工作，可以通过口头或电话命令的方式向相关人员进行任务布置；口头或电话命令，必须清楚正确，值班人员应将发令人、负责人及工作任务详细记入操作记录簿中，并向发令人复诵核对一遍。

8.2.6　工作票的程序

在填写工作票时，必须一式两份，一份必须保存在工作地点，由工作负责人收执，另一份由值班人员收执，按值移交。值班人员应将工作票号码、工作任务、许可工作时间及完工时间记入操作记录簿中。在无人值班的设备上工作时，第二份工作票由工作许可人收执。

第一种工作票应在工作前一日交给值班人员。临时工作可在工作开始以前直接交给值班人员。第二种工作票应在进行工作的当天预先交给值班人员。

若变配电所距离工区较远或因故更换新工作票不能在工作前一日将工作票送到，工作票签发人可根据自己填好的工作票用电话全文传达给变配电所值班人员，传达必须清楚，值班人员应根据传达做好记录，并复诵核对。若电话联系有困难，也可在进行工作的当天预先将工作票交给值班人员。

两种工作票的有效时间，以批准的检修期为限。第一种工作票至预定时间，工作尚未完成，应办理延期手续，延期手续应由工作负责人向值班负责人申请办理。工作票有破损不能继续使用时，应补填新的工作票。

需要变更工作班中的成员时，须经工作负责人同意。需要变更工作负责人时，应由工作票签发人将变动情况记录在工作票上。若扩大工作任务，必须由工作负责人通过工作许可人，并在工作票上增添工作项目。若须变更或增设安全措施，必须填用新的工作票，并重新办理工作许可手续。

工作负责人在同一时间内，只能接受一项工作任务、接受一张工作票。

8.2.7　工作票的填写和规定

（1）工作票的填写

工作票由签发人填写，也可以由工作负责人填写；工作票要用钢笔或圆珠笔填写，一式两份。填写内容应正确清楚，不得随意涂改；如有个别错、漏字需要修改时，应将两份工作票做相同修改，改动字迹应清楚。填写工作票时，应根据系统的运行方式，对照电气一次系统图，填写工作地点、工作内容、安全措施和注意事项。

工作票上所列的工作地点，以一个电气连接部分为限，一张工作票只能填写一个工作任务。

若一个电气连接部分或一个配电装置全部停电，则所有不同地点的工作，可以发给一张工作票，但要详细填明主要工作内容。几个班同时进行工作时，工作票可以发给一个总的负责人，在工作班成员栏内只填明各班的负责人，不必填写全部工作人员的名单。如施工设备属于同一电压、位于同一楼层、同时停送电，且不会触及带电导体时，则允许在几个电气连接部分共用一张工作票，开工前工作票内的全部安全措施应一次做完。在几个电气连接部分上依次进行不停电的同一类型工作，可以发给一张第二种工作票。

事故抢修工作可不用工作票，但应记入操作记录簿内，在开始工作前必须按照规定做好安全措施，并应指定专人负责监护。

（2）工作票的规定

工作票应由工作票签发人签发。工作票签发人应由变配电所、车间熟悉作业人员技术水平、熟悉设备情况、熟悉《电业安全工作规程》的生产领导、技术人员或经主管生产的领导批准的人员担任。工作票签发人员名单应书面公布。

工作负责人和工作许可人（值班人员）应由车间或主管生产的领导书面批准。工作票签发人不得兼任该项工作的工作负责人，工作许可人不得签发工作票。

8.3 巡视检查制度

8.3.1 巡视检查制度的一般规定

值班人员应按运行规程的规定，定时、定点按指定路线对运行和备用设备（包括附属设备）及周围环境进行巡视检查。巡视检查种类分为定期巡视、特殊性巡视、夜间巡视、故障性巡视和监察性巡视。

（1）巡视检查应遵守如下安全规定：

1）巡视高压电气设备时，不得进行其他工作，不得移开或越过遮栏。

2）雷雨天气，需要巡视室外高压电气设备时，应穿绝缘靴，并不得靠近避雷器和避雷针。

3）高压电气设备发生接地时，室内不得接近故障点 4m 以内，室外不得接近故障点 8m 以内；确有需要，则进入上述范围的人员必须穿绝缘靴，接触设备的外壳和架构时，应戴绝缘手套。

4）巡视配电装置，进出高压电气设备室时，必须随手将门关好。

（2）遇有下列情况由值班长决定增加巡视次数：

1）过负荷或负荷有显著增加时；

2）新装、长期停运或检修后的设备投入运行时；

3）设备缺陷有发展、运行中有可疑现象时；

4）遇有大风、雷雨、浓雾、冰冻、大雪等天气变化时；

5）根据领导指示增加的巡视等。

巡视后向值班长汇报，并将发现的缺陷记入设备缺陷记录簿，重大设备缺陷应立即向领导汇报。值班长每班至少全面巡视一次，变配电所所长、专职工程师（技术员）每周应分别进行一次监察性巡视，每月至少进行一次夜间巡视。

巡视中遇有严重威胁人身和设备安全情况时，应按事故处理规定进行处理，并同时向领导汇报。

8.3.2 高、低压电气设备室的巡视

（1）检查高、低压电气设备室内有无异声、异味，温、湿度指示及变化。

（2）检查高、低压电气设备室内封堵处是否完好，有无进入小动物的痕迹。

（3）检查操作工具、安全工器具及安全警示牌是否完好，并按规定位置摆放。

（4）检查室内照明、消防等设施是否完好。

（5）检查室内有无渗水、漏雨现象。

8.3.3　变压器的巡视

变压器巡视检查主要包括：外部检查、冷却和变压器室、监视测量仪表和保护装置、电气部分以及其他要求的部分。有人值班站每日巡视检查一次，每周至少进行一次夜间巡视；无人值班站每月至少巡视检查一次。

（1）在下列情况下应对变压器进行特殊性巡视检查，并增加巡视检查次数：

1）新设备或经过检修、改造的变压器在投运 72h 内；

2）有严重缺陷时；

3）气象突变（如大风、大雾、大雪、冰雹、寒潮等）时；

4）雷雨季节，特别是雷雨后；

5）高温季节、高峰负载期间。

（2）变压器日常巡视检查一般包括表 8-4 所示内容。

变压器日常巡视检查内容　　　　　　　　　　　　　　表 8-4

序号	变压器日常巡视检查内容
1	变压器的油温和温度计应正常，储油柜的油位应与温度相对应，各部位无渗油、漏油
2	套管油位应正常，套管外部无破损裂纹、无严重油污、无放电痕迹及其他异常现象；套管渗漏油时，应及时处理，防止内部受潮损坏
3	变压器声响均匀、正常
4	各冷却器手感温度应相近，风扇、油泵、水泵运转正常；油流继电器工作正常；特别注意变压器、冷却器、潜油泵负压区出现的渗漏油
5	水冷却器的油压应大于水压（制造厂另有规定者除外）
6	吸湿器完好，吸附剂干燥
7	引线接头、电缆、母线应无发热迹象
8	压力释放器、安全气道及防爆膜应完好无损
9	有载分接开关的分接位置及电源指示应正常
10	有载分接开关的在线滤油装置工作位置及电源指示应正常
11	气体继电器内应无气体（一般情况）
12	各控制箱和二次端子箱、机构箱应关严，无受潮，温控装置工作正常
13	干式变压器的外部表面应无积污
14	变压器室的门、窗、照明应完好，房屋不漏水，温度正常
15	现场规程中根据变压器的结构特点补充检查的其他项目

（3）应对变压器作定期检查（检查周期由现场规程规定），并增加表 8-5 内容。

变压器定期检查内容　　　　　　　　　　　　　　表 8-5

序号	变压器定期检查内容
1	各部位的接地应完好；并定期测量铁芯和夹件的接地电流
2	强油循环冷却的变压器应作冷却装置的自动切换试验

序号	变压器定期检查内容
3	外壳及箱沿应无异常发热
4	水冷却器从旋塞放水检查应无油迹
5	有载调压装置的动作情况应正常
6	各种标志应齐全明显
7	各种保护装置应齐全、良好
8	各种温度计应在检定周期内，超温信号应正确可靠
9	消防设施应齐全完好
10	室（洞）内变压器通风设备应完好
11	储油池和排油设施应保持良好状态
12	变压器及散热装置无任何渗漏油
13	电容式套管末屏有无异常声响或其他接地不良现象
14	变压器红外测温

8.3.4 断路器的巡视

（1）分、合闸位置的机械、电气指示是否一致，与实际运行位置是否相符。

（2）断路器各部分有无异常现象和异味。

（3）接点、接头处有无过热变色现象。

（4）套管、瓷柱有无裂纹、损伤、放电和脏污现象。

（5）油断路器油色、油位是否正常，有无渗漏油痕迹。

（6）SF6断路器的气体压力是否正常。

8.3.5 电容器组的巡视

（1）三相电流是否平衡，各相相差应不大于10%。

（2）放电指示灯是否良好、指示正确。

（3）有无放电声，外壳有无鼓肚、渗漏油现象。

（4）瓷套管是否有裂痕、闪络痕迹，瓷釉有无脱落，接头是否发热。

（5）外壳接地是否良好、完整。

（6）通风装置是否良好，室温是否大于40℃。

8.3.6 配电线路（特指电缆）的巡视

（1）电力电缆头是否清洁完好，有无放电发热现象。

（2）电缆外皮及铠装有无腐蚀、鼠咬现象。

（3）油浸纸绝缘电力电缆及终端头有无渗漏油现象。

（4）电缆沟有无积水或杂物，盖板是否完整，支架是否牢固、有无锈蚀。

（5）电缆沟进出建筑物处有无渗漏水现象。

8.4 设备定期试验和轮换制度

为保证设备的完好性和备用设备完好地处在备用状态，应对运行中的设备和备用设备进行定期试验和切换使用。

设备的定期试验包括设备的预防性试验以及继电保护和安全自动装置的定期检验。应根据相关规程和设备运行状态制定试验周期、试验项目和试验标准。

对运行影响较大的切换试验，应安排好切换时机，做好事故预测和安全对策，并将试验切换结果及时记入专用的记录本中。

8.5 常用测试测量操作

8.5.1 绝缘电阻的测试方法

绝缘材料的绝缘程度用绝缘电阻的数值来表示。当受热或受潮时，绝缘材料便老化，其绝缘电阻便降低，从而造成电气设备漏电或短路事故的发生。为了避免事故发生，需要经常测试电气设备的绝缘电阻，以判断其绝缘程度是否符合要求。测试绝缘电阻的常用仪表叫绝缘电阻表，它的计量单位是"兆欧"（MΩ），因此又称兆欧表（俗称摇表）。

（1）绝缘电阻表的构成和选用

其外形如图 8-1 所示，它由一个手摇发电机和一个磁电式比率表两大部分构成，对外有接线柱（L：线路端，E：接地端，G：屏蔽端）。

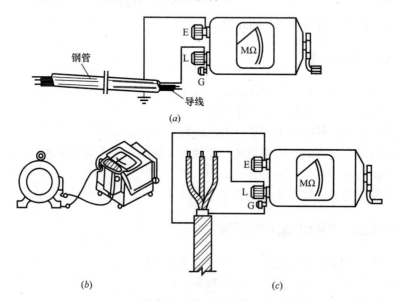

图 8-1 绝缘电阻表的接线

（a）测试线路对地绝缘电阻的接线图；（b）测试电动机绝缘电阻的接线图；

（c）测试电缆线芯和外壳的绝缘电阻的接线图

常用绝缘电阻表的额定电压为 500V、1000V、2500V 等几种，兆欧表的电压等级应高于被测物的绝缘电压等级，所以测试额定电压在 500V 以下的设备或线路的绝缘电阻时，可选用 500V 或 1000V 兆欧表；测试额定电压在 500V 以上的设备或线路的绝缘电阻时，应选用 1000V 或 2500V 兆欧表；测试绝缘子时，应选用 2500V 兆欧表。

（2）绝缘电阻表的使用方法和注意事项

1）使用前应做开路和短路试验，检查指针的"0"与"∞"位置是否正确。检查方法是，先使"L"、"E"两端子处于断开状态，摇动手柄至额定转速后，指针应指在"∞"位置上；然后再将"L"、"E"两端子短路，轻摇手柄，指针应指在"0"位置上。

2）线路接好后，可按顺时针方向转动摇把，摇动的速度由慢而快，当转速达到额定转速（一般为 120r/min）后保持匀速，待指针稳定后（一般为 1min）读取并记录数值。

3）禁止摇测带电设备，测试绝缘电阻时应先切断电源并对设备进行放电，以保证测试人员的人身安全和测量准确。

4）严禁在有人工作的设备上进行测试。

5）测试完成后应对被测设备进行放电，在摇把没有停止转动前不可用手去触及被测设备或绝缘电阻表的接线柱，以防触电。

6）摇测用的导线应选用绝缘良好的多股软线，其端部应有绝缘套，两根引线不能绞在一起。

（3）绝缘电阻表测试绝缘电阻的接线和方法

1）测试线路对地绝缘电阻的接线如图 8-1（a）所示，将接线柱 E 可靠接地，L 接线端与被测线路相连。

2）测试电动机绝缘电阻的接线如图 8-1（b）所示，将接线柱 E 与机壳连接（即接地），L 接线端接电机的某一相绕组，测出的电阻值就是某一相的对地绝缘电阻。

3）测试电缆的线芯和外壳的绝缘电阻时，如图 8-1（c）所示，将接线柱 E 与电缆连接，接线柱 L 与线芯连接，同时将接线柱 G 与电缆壳和线芯之间的绝缘层相连。

8.5.2 变压器的相位核定

初次投入运行的变压器、在大修中一次接线改动过的变压器以及需要并列运行的变压器，在投入运行前应做核对相位工作（简称核相）。变压器核对相位的目的是检查将要投入运行的变压器高低压侧的相位与实际运行所需相位是否相同；当相位不同时，严禁投入运行。常用的核对相位的方法有以下两种：

（1）用核相杆核相

对于 10kV 及以下电压等级的变压器，采用核相杆（即在电压等级相符、试验合格、试验有效期限内的两个绝缘杆之间接装一只电压表）或专用核相杆，在一次高压系统上直接核相。

电压表的两端分别接在高压开关柜的两台变压器出线柜内下隔离开关（或高压断路器的出线侧）相对应的一级，如电压表指示值为零或近似为零，即表明对应相为同相位，否则相位不同；相位不同时，应调换其中一台变压器出线柜三相母线的相对位置，直至对应相的相位相同时方可投入或并列运行。这种用静电电压表在一次线上核对相位的方法，是直接在带电的高压电气设备上进行工作的，因此必须遵守安全规定，以保证作业人员的人身安全。

（2）用电压互感器核相

对于 35kV 及以上电压等级的变压器，用电压互感器核相。该方法是将待投入或并列变压器的电压互感器二次侧的电压与正常运行的变压器或系统的电压互感器的二次侧相比较。

在核相前，首先核对电压互感器的相位，其联结组标号应相同；核相时，可利用一只量程大于 100V 的交流电压表测量两端母线电压互感器二次侧的对应相的电压，如果均为零，说明同相；如果测量的结果为线电压值，则说明该两端母线或变压器对应端相位不同，需要调整母线的相应位置，并重测合格后，方可投入或并列运行。

8.5.3　互感器的极性测定

电流互感器、单相电压互感器的一、二次侧都有两个引出端子，任意一侧的引出端子接错，都可使二次侧电流或电压的相位变化 180°。为防止继电保护误动作、电能表反转或计量不准确，互感器在交接和大修时都要进行极性测定。

电流互感器极性测定最常用的方法是直流法，如图 8-2 所示。电池 E 正极接在一次绕组的 L1 端，负极接在一次绕组的 L2 端；直流电流表 PA 的正极接在二次绕组的 K1 端，负极接在二次绕组的 K2 端；试验时，将刀闸开关 S 瞬间投入、切除，观察电压表的指针偏转方向，如果投入瞬间指针向正方向摆动，则说明电池正极所接端子 L1 与电流表正极所接端子 K1 是同极性。由于使用电压较低，仪表偏转方向可能不明显，因此可将刀闸开关多投入、切除几次，防止误判断。电压互感器极性测定方法类似。

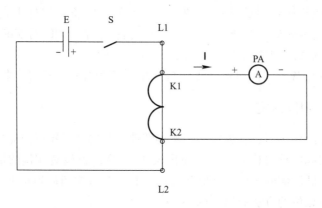

图 8-2　直流法原理图

第9章　变配电所的设备维护管理

9.1　变配电所设备维护制度

设备维护是设备保养和设备计划检修的结合，是为防止设备性能劣化或降低设备故障的概率，按事先制定的计划或相应技术条件的规定而采取的技术管理措施。设备维护应贯彻"预防为主、计划检修和状态检修"相结合的方针。

设备管理部门应制定本所的设备维护制度，包括以下几方面的内容：

（1）应根据设备技术文件、相关标准规范制定本所电气设备维护的操作规程和安全规程。

（2）应针对不同的设备、运行周期和状态，制定各类设备的维护计划，并按计划执行；设备维护计划和内容不能照搬现行规程，应根据历年的试验数据与出厂数据比对分析，综合判断并合理调整；应加强并合理利用在线监测手段，对设备运行状况做出科学诊断。

（3）应建立设备维护档案、台账，积累维护资料，不断完善设备维护的水平，提高维护质量。

（4）电气设备的维护工作应由具有变配电工作经验的人员担任，并经过培训和考核合格后持证上岗。

9.2　变压器的维护

9.2.1　油浸式变压器的维护

（1）例行检查与维护

指对变压器本体及组件、部件进行的周期性污秽清扫、螺栓紧固、防腐处理、易损件更换等。

不停电检查周期、项目及要求见表9-1。

不停电检查周期、项目及要求　　　　　　　　　　　　　　　　表9-1

序号	检查部位	检查周期	检查项目	要求
1	变压器本体	必要时	温度	1. 顶层油温度计、绕组温度计的外观完整，表盘密封良好，温度指示正常； 2. 测量油箱表面温度，无异常现象
			油位	1. 油位计外观完整，密封良好； 2. 对照油温与油位的标准曲线检查油位指示正常

续表

序号	检查部位	检查周期	检查项目	要求
1	变压器本体	必要时	渗漏油	1. 法兰、阀门、冷却装置、油箱、油管路等密封连接处，应密封良好，无渗漏痕迹； 2. 油箱、升高座等焊接部位质量良好，无渗漏油现象
			异声和振动	运行中的振动和噪声应无明显变化，无外部连接松动及内部结构松动引起的振动和噪声；无放电声响
			铁芯接地	铁芯、夹件外引接地应良好，接地电流宜在 100mA 以下
2	冷却装置	必要时	运行状况	1. 风冷却器风扇和油泵的运行情况正常，无异常声音和振动；水冷却器压差继电器和压力表的指示正常； 2. 油流指示正确，无抖动现象
			渗漏油	冷却装置及阀门、油泵、管路等无渗漏
			散热情况	散热情况良好，无堵塞、气流不畅等情况
3	套管	必要时	瓷套情况	1. 瓷套表面应无裂纹、破损、脏污及电晕放电等现象； 2. 采用红外测温装置等手段对套管，特别是装硅橡胶增爬裙或涂防污涂料的套管，重点检查有无异常
			渗漏油	1. 各部密封处应无渗漏； 2. 电容式套管应注意电容屏末端接地套管的密封情况
			过热	1. 用红外测温装置检测套管内部及顶部接头连接部位温度情况； 2. 接地套管及套管电流互感器接线端子是否过热
			油位	油位指示正常
4	吸湿器	必要时	干燥度	1. 干燥剂颜色正常； 2. 油盒的油位正常
			呼吸	1. 呼吸正常，并随着油温的变化油盒中有气泡产生； 2. 如发现呼吸不正常，应防止压力突然释放
5	无励磁分接开关	必要时	位置	1. 挡位指示器清晰、指示正确； 2. 机械操作装置应无锈蚀
			渗漏油	密封良好，无渗油
6	有载分接开关	必要时	电源	1. 电压应在规定的偏差范围之内； 2. 指示灯显示正常
			油位	储油柜油位正常
			渗漏油	开关密封部位无渗漏油现象
			操作机构	1. 操作齿轮机构无渗漏油现象； 2. 分接开关连接、齿轮箱、开关操作箱内部等无异常
			油流控制继电器（气体继电器）	1. 应密封良好； 2. 无集聚气体
7	开关在线滤油装置	必要时	运行情况	1. 在滤油时，压力、噪声和振动等无异常情况； 2. 连接部分紧固
			渗漏油	滤油机及管路无渗漏油现象
8	压力释放阀	必要时	渗漏油	应密封良好，无喷油现象
			防雨罩	安装牢固
			导向装置	固定良好，方向正确，导向喷口方向正确

续表

序号	检查部位	检查周期	检查项目	要求
9	气体继电器	必要时	渗漏油	应密封良好
			气体	无集聚气体
			防雨罩	安装牢固
10	端子箱和控制箱	必要时	密封性	密封良好，无雨水进入、潮气凝露
			接触	接线端子应无松动和锈蚀、接触良好无发热痕迹
			完整性	1. 电气元件完整； 2. 接地良好
11	在线监测装置	必要时	运行情况	1. 无渗漏油； 2. 工作正常

停电检查周期、项目及要求见表 9-2。

停电检查周期、项目及要求   表 9-2

序号	检查部位	检查周期	检查项目	要求
1	冷却装置	1～3 年或必要时	振动	开启冷却装置，检查是否有不正常的振动和异常声音
			清洁	1. 检查冷却器管和支架的脏污、锈蚀情况，如散热效果不良，应每年至少进行 1 次冷却器管束的冲洗； 2. 必要时对支架、外壳等进行防腐（漆化）处理
			绝缘绕组	采用 500V 或 1000V 绝缘电阻表测量电气部件的绝缘电阻，其值应不低于 1MΩ
			阀门	检查阀门是否正确开启
			负压检查	逐台关闭冷却器电源一定时间（30min 左右）后，冷却器负压区应无渗漏现象。若存在渗漏现象应及时处理，并消除负压现象
2	水冷却器	1～3 年或必要时	运行状况	1. 压差继电器和压力表的指示是否正常； 2. 冷却水中应无油花； 3. 运行压力应符合制造厂的规定
3	电容型套管	1～3 年或必要时	瓷件	1. 瓷件应无放电、裂纹、破损、脏污等现象，法兰无锈蚀； 2. 必要时校核套管外绝缘爬距，应满足污秽等级的要求
			密封及油位	套管本体与箱体连接密封应良好，油位正常
			导电连接部位	1. 应无松动； 2. 接线端子等连接部位表面应无氧化或过热现象
			末屏接地	末屏应无放电、过热痕迹，接地良好
4	充油套管	1～3 年或必要时	瓷件	1. 瓷件应无放电、裂纹、破损、脏污等现象，法兰无锈蚀； 2. 必要时校核套管外绝缘爬距，应满足污秽等级的要求
			密封及油位	套管本体与箱体连接密封应良好，油位正常
			导电连接部位	1. 应无松动； 2. 接线端子等连接部位表面应无氧化或过热现象
5	无励磁分接开关	1～3 年或必要时	操作机构	1. 限位及操作正常； 2. 转动灵活，无卡涩现象； 3. 密封良好； 4. 螺栓紧固； 5. 分接位置显示应正确一致

续表

序号	检查部位	检查周期	检查项目	要求
6	有载分接开关	1~3 年或必要时	操作机构	1. 两个循环操作各部件的全部动作顺序及限位动作应符合技术要求； 2. 各分接位置显示应正确一致
			绝缘测试	采用 500V 或 1000V 绝缘电阻表测量辅助回路绝缘电阻，其值应大于 1MΩ
7	其他	1~3 年或必要时	气体继电器	1. 密封良好，无渗漏现象； 2. 轻、重瓦斯动作可靠，回路传动正确无误； 3. 观察窗清洁，刻度清晰
			压力释放阀	1. 无喷油、渗漏油现象； 2. 回路传动正确； 3. 动作指示杆应保持灵活
			压力式温度计、热电阻温度计	1. 温度计内应无潮气凝露，并与顶层油温基本相同； 2. 比较压力式温度计和热电阻温度计的指示，差值应在 5℃ 之内； 3. 检查温度计接点整定值是否正确，二次回路传动正确
			绕组温度计	1. 温度计内应无潮气凝露； 2. 检查温度计接点整定值是否正确
			油位计	1. 表内应无潮气凝露； 2. 浮球和指针的动作是否同步； 3. 应无假油位现象
			二次回路	1. 采用 500V 或 1000V 绝缘电阻表测量继电器、油温指示器、油位计、压力释放阀二次回路的绝缘电阻，其值应大于 1MΩ； 2. 接线盒、控制箱等防雨、防尘是否良好，接线端子有无松动和锈蚀现象

（2）变压器大修

变压器大修指在停电状态下对变压器本体排油、吊罩（吊芯）或进入油箱内部进行检修及对主要组件、部件进行更换。

变压器大修周期一般应在 10 年以上。运行中的变压器承受出口短路后，经综合诊断分析，可考虑大修。箱沿焊接的变压器或制造厂另有规定者，若经过试验与检查并结合运行情况，判定有内部故障或本体严重渗漏油时，可进行大修。运行中的变压器，当发现异常状况或经试验判明有内部故障时，应进行大修。设计或制造中存在共性缺陷的变压器可进行有针对性的大修。

大修项目如下：

1）绕组、引线装置的检修。

2）铁芯、铁芯紧固件、压钉、压板及接地片的检修。

3）油箱、磁（电）屏蔽及升高座的解体检修；套管检修。

4）冷却系统的解体检修，包括冷却器、油泵、油流继电器、水泵、压差继电器、风扇、阀门及管道等。

5）安全保护装置的检修及校验，包括压力释放装置、气体继电器、速动油压继电器、控流阀等。

6）油保护装置的解体检修，包括储油柜、吸湿器、净油器等。

7）测温装置的校验，包括压力式温度计、电阻温度计（绕组温度计）、棒形温度计等。

8）操作控制箱的检修和试验。

9）无励磁分接开关或有载分接开关的检修。

10）全部阀门和放气塞的检修。

11）全部密封胶垫的更换。

12）必要时对器身绝缘进行干燥处理。

13）变压器油的处理。

14）清扫油箱并喷涂油漆。

15）检查接地系统。

16）大修的试验和试运行。

（3）变压器小修

变压器小修是指在停电状态下对变压器箱体及组件、部件进行的检修。变压器小修一般每年一次。

小修项目如下：

1）处理已发现的缺陷。

2）放出储油柜积污器中的污油。

3）检修油位计，包括调整油位。

4）检修冷却油泵、风扇，必要时清洗冷却器管束。

5）检修安全保护装置。

6）检修油保护装置（净油器、吸湿器）。

7）检修测温装置。

8）检修调压装置、测量装置及控制箱，并进行调试。

9）检修全部阀门和放气塞，检查全部密封状态，处理渗漏油。

10）清扫套管和检查导电接头（包括套管将军帽）。

11）检查接地系统。

12）清扫油箱和附件，必要时进行补漆。

13）按有关规程规定进行测量和试验。

9.2.2 干式变压器的维护

（1）清洁变压器本体。检查线圈、铁芯、封线、分接端子及各部位的紧固件，有无损伤、变形、变色、松动、过热痕迹及腐蚀现象；若有异常，应查明原因。

（2）吹扫线圈表面、线圈内部、线圈与铁芯之间的灰尘和异物。用扳手锁紧线圈垫块上的顶紧螺栓。

（3）吹扫铁芯、夹件表面和各缝隙。对夹件螺栓、拉板螺栓、车架连接螺栓进行复紧。

（4）检查温控仪及测温装置有无异常、三相温度显示是否正常、温度数值和实际是否相符、整定值是否符合要求，若有异常应及时检修或更换。

（5）用清洁的压缩空气对底吹风机及柜体滤网（如有）进行清理；检查冷却风机是否每台运转正常，且其转向是否与标识一致，补充或更换风机轴承润滑脂。

（6）应保持变压器室内良好通风；如有柜体，应保持其内的良好通风。

（7）无载调压开关，按其使用说明书的规定进行检查、保养。

（8）变压器的试验测试内容和数值应符合现行行业标准的规定。

（9）干式变压器及其外壳、风机及温控仪必须可靠接地。接地装置应紧固可靠，无锈蚀，多股导线应无断股，接地电阻不应超过 4Ω。

9.3　高压配电装置的维护

9.3.1　真空断路器的维护

（1）断路器本体及操作机构

1）断路器的升降器、手车完好，推、拉动作灵活、轻便，无卡阻和碰撞现象；动、静触头中心线一致，接触紧密。

2）缓冲器固定牢固，动作灵活，无卡阻回跳现象，缓冲作用良好，分闸簧特性符合产品技术要求。

3）操作和传动机构的各部件应完好、无变形，各部位销子、螺栓等紧固件不得松动和短缺，焊缝不得开裂，各部位无锈蚀。

4）检查设备表面是否有污秽、受潮、腐蚀和放电情况。用软布干燥、清洁表面的轻微污渍。

5）断路器操作次数达到厂家规定次数后应对操作机构进行功能测试，视测试情况更换相应模块或器件。

（2）高压带电部分

1）检查断路器一次触头，对接触面进行适当清洁。

2）检查灭弧室的真空度，如真空度不合格，则必须更换，并调整触头行程，达到产品技术要求。

3）检查主回路对地、不同相之间的绝缘电阻以及每相导电回路的接触电阻是否满足产品技术要求或标准规定。

（3）控制组件

1）紧固合闸回路的直流接触器（若有）、合闸回路、控制回路的端子和接插件。

2）维护与调整真空断路器的辅助开关、控制继电器及闭锁电磁铁等元器件。

9.3.2　SF6 断路器的维护

（1）断路器外观及接地检查、清扫并紧固螺栓。

（2）检查 SF6 气体压力，压力低时应补充到额定值。

（3）检查维护液压机构的管路、接头和动力单元，应确认无渗漏。

（4）检查维护密度继电器动作压力值应符合规定。

（5）检查并调整储压器预压力值符合规定。

（6）检查并调整油泵启动、停止压力值符合规定。

（7）检查并调整分闸、合闸闭锁压力值符合规定。

9.3.3 高压熔断器、隔离开关及负荷开关的维护

（1）熔断器支架的夹力应正常，接触部位无氧化过热现象。

（2）绝缘子表面应无破损、裂纹和闪烙痕迹，绝缘子的铁瓷结合处应牢固，否则必须更换。

（3）隔离开关、负荷开关触头间的接触应紧密，无过热、氧化变色、烧痕或麻点、熔化等现象。接触面平整、清洁，接触电阻不大于其产品技术标准的规定，否则应修整。

（4）负荷开关灭弧装置应完整，无烧伤现象，清除罩内炭质。

（5）隔离开关、负荷开关合闸时，三相同期性良好，分闸时刀片与固定触头间垂直距离及刀片转动角度符合其产品技术标准。操作机构应无卡涩、呆滞现象。

（6）检查主回路对地、不同相之间的绝缘电阻是否满足技术要求或标准规定。

9.3.4 高压开关柜的维护

（1）配电柜本体

1）清除配电柜各部位、各部件的积尘、污垢。

2）紧固构架及各部位连接螺栓。

3）修复锈蚀部位，补充或重新刷油漆。

4）各部位瓷绝缘应完好，无爬闪痕迹，瓷铁胶合处无松动。各导电部分连接点应紧密，否则应紧固。

5）断路器室绝缘隔板和上下活门的外观及动作应正常。

（2）柜内母排

1）母排表面应光洁平整，无裂损、变形和扭曲等现象，否则应拆下进行校正，有腐蚀氧化层应处理。

2）检查与紧固所有的连接螺栓。运行时母排温度不得超过 60℃，否则应进行相关检查和处理。

3）检查支持绝缘子、套管，应清洁、无裂纹及闪烙痕迹，否则须更换。

（3）微机综合继电保护装置

1）清扫继电保护装置各元件外壳及内部的灰尘。

2）微机综合继电保护装置应显示正常、清晰，插口接触可靠；检验开关量输入输出回路，检测保护功能、通信口与上位机数据交换应正常。

3）各种信号指示、光字牌、保护压板、音响信号运行正常。

4）继电保护装置的预防性试验参照现行行业标准《电力设备预防性试验规程》DL/T 596—1996 的规定执行。

（4）二次回路

1）清扫除尘，各种元件的标志不应有脱落；各控制、转换开关动作灵活、可靠，接触良好，损伤失灵者应更换；汇流母线涂色鲜明，标志清楚。

2）二次线路接线应完好，绝缘无老化，测量绝缘电阻应符合要求（不应小于 $1M\Omega$）。

3）指示仪表无损伤，指针动作正常，指示正确；数字仪表显示正确。

4）盘柜上带有操作模拟装置时，应检查与现场电气设备的运行状态是否对应。

5) 检查断路器及隔离开关的辅助触点，应无烧毛及氧化。

6) 清除二次线路端子与接头的表面氧化层，并紧固牢靠，不得有松动。

9.3.5　高压电压、电流互感器的维护

(1) 紧固所有连接螺栓，应无松动；互感器二次侧接地应牢靠。

(2) 互感器与母排连接处不应有氧化、过热现象，否则应清除氧化层，并涂抹凡士林或导电膏。

(3) 检查与清扫电压互感器熔断器支架，如支架夹紧压力不够，则应修理或调换。

(4) 环氧树脂绝缘电压、电流互感器，应无放电、烧伤痕迹，铁芯紧密，无变形、锈蚀现象。

(5) 电压互感器一、二次熔丝或断路器规格符合要求。

(6) 采用 2500V 兆欧表进行绝缘电阻的测量，其值与初始值及历次测量数据相比，不应有显著变化，如有显著变化应查找原因。

9.3.6　过电压保护装置的维护

(1) 在每年雷雨季节前，FS 型阀型避雷器应进行如下检查：

1) 进行外观检查，检查其瓷套有无裂纹及密封状况，如有裂纹或密封不严应及时进行更换。避雷器基座绝缘应良好。整体进行清洁，紧固连接螺栓。

2) 应使用 2500V 兆欧表测量其绝缘电阻，检查其内部元件是否受潮。其绝缘电阻不应低于 2500MΩ。

3) 按《电力设备预防性试验规程》DL/T 596—1996 进行相关试验。

(2) 在每年雷雨季节前，金属氧化锌避雷器应进行如下检查：

1) 外观无异状，接地线完好；整体进行清洁，紧固连接螺栓。

2) 采用 2500V 及以上兆欧表进行绝缘电阻的测量，其绝缘电阻不应低于 1000MΩ。

3) 按《电力设备预防性试验规程》DL/T 596—1996 进行相关试验。

9.4　低压配电装置的维护

9.4.1　低压开关柜的维护

(1) 清除柜体各部位、各部件的积尘、污垢。

(2) 紧固构架及各部位连接螺栓。

(3) 修复锈蚀部位，补充或重新刷油漆。

(4) 各部位瓷绝缘应完好，无爬闪痕迹，瓷铁胶合处无松动。各导电部分连接点应紧密，否则应紧固。

(5) 断路器室绝缘隔板和上下活门的外观及动作应正常。

(6) 检查低压电流互感器、电压互感器，外观无异状，铁芯无异状，线圈无损伤。

(7) 控制及转换开关动作灵活可靠，接触良好。

(8) 信号灯和光字牌无损伤，指示明显正确，附件齐全完好。

（9）指示仪表无损伤，指针动作正常或数值显示正常。

9.4.2 低压断路器、交流接触器的维护

（1）主触头压力弹簧无过热现象，动、静触头接触良好，触头有烧伤应磨光，磨损厚度超过 1mm 应更换；三相应同时闭合，每相接触电阻不应大于 $500\mu\Omega$，三相之差不应超过 $\pm10\%$。

（2）电动分、合闸动作灵活可靠，电磁铁吸合无异音、错位现象，吸合线圈绝缘和接头无损伤；清除消弧室的积尘、炭质及金属细末；清洁电磁铁工作极面。

（3）检查辅助触点动作是否灵活，触点行程应符合规定值，检查触点有无松动脱落。紧固一次回路连接螺栓或端子，电流整定值与负荷相匹配。

（4）以 500V 兆欧表检查断路器、交流接触器各相对地之间的绝缘电阻，在周围介质温度为 20℃时，绝缘电阻值应大于 20MΩ，否则应进行干燥处理。

（5）低压断路器的机械合闸、分闸情况应无异常。

（6）装有电源连锁的低压电器，必须做传动试验，动作应正确、可靠。

9.4.3 直流系统的维护

（1）对充电模块输出电压和电流精度、整定参数、指示仪表进行校对。

（2）检查各功能模块工作是否正常；检查确认充电模块及监控装置各设置参数是否正确；检查运行噪声有无异常，各保护信号是否正常，绝缘状态是否良好。

（3）对充电模块、监控装置、馈线回路等器件的接线端子进行紧固。

（4）对新安装或大修后的阀控蓄电池组，应进行核对性放电试验，以后每隔两年进行一次核对性放电试验，运行六年以后的阀控蓄电池组，应每年进行一次核对性放电试验。当蓄电池容量低于厂家技术要求时，应进行处理或更新。

（5）测试蓄电池的绝缘电阻，应不小于 0.5MΩ。

9.5 电容器组的维护

（1）检查并清扫电容器外壳、瓷套管以及支架，并紧固各连接端子。

（2）检查通风装置是否完好并清扫风道。

（3）检查电容器外壳有无异常变形、渗漏等情况，运行中有无异响、异味及振动。

（4）检查电容器套管及支持绝缘子有无裂纹和放电痕迹。

（5）检查电容器及其电气连接部位是否有异常温升。

（6）检查熔断器是否正常、保护装置动作情况是否正常。

（7）检查接地、放电回路是否完好。

9.6 配电线路的维护

（1）架空线路的维护

1）清扫绝缘子，提高绝缘水平。

2）扶正杆塔、紧固各部件螺栓。

3）加固杆塔和拉线基础，金属基础进行防腐处理。

4）检查并修复导线和避雷线缺陷。

5）做好线路保护区清障工作。

（2）电力电缆线路的维护

1）检查并清洁电缆头瓷套管，应无尘土、污物、裂纹、破损和放电痕迹。

2）检查并紧固电缆头接地线连接处，使之接触良好、牢固。

3）电缆头应无异状，电缆引线接头不应发热、锈蚀，否则应进行相应处理。

（3）穿墙套管的维护

1）清扫穿墙套管表面，其表面瓷釉应完好，紧固螺栓。

2）检查导流接续面是否接续良好，紧固螺栓。

3）套管密封应完好，内部无杂物、积水。

4）检查套管均压线，紧固螺栓。

9.7 微机综合保护装置后台软硬件的维护

（1）硬件维护

1）检查外供电源和 UPS（不间断电源）是否正常并紧固各接头。

2）检查接地装置和防雷装置是否完好并紧固各接头。

3）清扫机箱、散热风扇和过滤网并紧固各硬件。

4）检查系统配套装置包括鼠标、键盘、显示器、报警音响和打印机是否正常。

5）检查测试后台监视信号与现场开关、仪表状态是否相符；遥信、遥测、遥控和遥调功能是否正常。

6）按需求升级硬件系统。

（2）软件维护

1）备份系统配置文件、事件记录和报表数据。

2）检测整理硬盘，查杀病毒并清理无用数据和软件。

3）检查系统安全策略，定期更换操作系统和监控软件的管理员密码。

4）按需求升级软件系统。

第10章 变配电系统故障处理

10.1 变配电系统的故障分析和处理

在故障发生前，电气设备往往有各种征兆，如声响、温度、振动、异味及冒烟等现象。为了提高设备完好率，保证生产平稳运行，减少因设备故障造成的人身伤亡和直接或间接经济损失，避免造成不良社会影响，运行人员需要对常见的故障现象及时处理。因此需要掌握必要的故障处理知识，完整地记录故障现象，同时也为维修人员更快地解决故障提供必要的第一手资料；也掌握基本的故障处理常识，提高运行维护水平，及时发现故障的征兆，从而减少故障的发生。

（1）故障处理的过程

故障处理时，维修人员对现场进行观察、询问、检查及必要的测试，通过综合分析、推理判断，从而对设备故障做出合乎实际的结论；也是透过故障现象去探究其本质，从感性认识提高到理性认识，又从理论认识再回到维修实际中的反复认识过程。故障处理大致分为以下几个过程：

1）资料收集

正确的诊断来源于周密的调查研究，这个调查过程就是通过对现场状况的询问、观察、调查及必要的测试，收集现场资料的过程（包括历次维修记录、对设备档案资料的了解和研究）。正确的故障处理基于真实资料。因此，必须保证资料的真实性和完整性，防止主观臆断和片面性。

2）综合分析

调查收集的资料往往比较凌乱，缺乏系统性。要反映故障的原因及发生、发展规律，就必须对调查资料进行归纳整理，去粗取精，去伪存真，抓住主要问题加以综合、分析和推论，排除那些数据不足的表面现象，抓住符合实际的症状，做出初步判断。

3）初步诊断

初步诊断是对已确定的故障部位进行分析，若同时发生多种故障，应分清主次，按时间顺序，逐项解决。

4）在维修实践中验证诊断

初步诊断后，要确定其是否正确，必须在维修实践中和其他有关检查中验证，最后确定诊断。由于维修人员的主观性和片面性，或由于客观条件所限，或由于故障本身的内在问题还没有充分表现出来，初步诊断可能还不够完善，甚至还有错误。在初步维修后，还需要注意故障的变化及其波及面的演变。若出现新的情况或与初步诊断不符，要及时做出补充或更正，使诊断更符合客观实际。

（2）故障诊断方法

1）人的感官检查

① 口问。处理前应了解电气设备故障前的工作情况和故障后的症状；故障发生的频率；有哪些征兆（如声响、火花、振动、气味等）；有无误操作；有无外界不良作用（如外力撞击、雨水侵入）；故障前有维修工作，是否改动过线路等。

② 眼看。查看故障设备的外观征兆，如继电器动作、熔断器熔断指示、报警记录等，线路是否有松脱、触头接触情况、元器件外观等。通过查看仪表（电流、电压等）运行记录，判断设备运行情况。

③ 耳听。电机、变压器等电气元器件正常运行声音与故障声音有明显的差异。旁听它们的声音，可以判断故障性质，找到故障部位。如：利用听音棒在电机轴承端外壳试听时，听到阵阵"咕噜咕噜"声，说明轴承中钢珠损坏；有"咝咝"声，说明轴承内润滑油不足。

④ 鼻闻。电气设备受热或烧焦绝缘材料所产生的刺鼻气味，与正常运行时产生的气味明显不同。巡视时闻到焦臭味，说明有元器件受热故障了。

⑤ 手摸。当变压器和电磁线圈发生故障后温度会明显上升，用手触摸外壳可做出初步判断。部分设备接线、螺栓松动等，能感受到振动异常。

2）用测试仪器测量和进行电气试验

人的感官可以作为初步判断，为准确检查出故障点，需利用有关仪器，进一步准确测量。如借助万用表、示波器等；同时定期对电气设备进行电气试验，判断设备运行状态。

10.2　变压器故障及处理

变压器是接受电能输送、改变电压的主要电气设备，是供水企业的主要用电设备，为了保证变压器的安全可靠运行，及时发现故障、排除故障，杜绝事故发生，是保证变配电系统安全可靠运行的重要技术措施。

（1）变压器本体声音异常情况检查与处理措施

变压器的一次侧绕组接通对称三相交流电时，变压器的一次侧绕组将有空载电流 I_0 通过，空载电流 I_0（又称励磁电流）通过在一次绕组的铁芯（磁路）中产生磁通，使变压器铁芯振荡发出轻微的连续不断的"嗡嗡"声。变压器一次电流值越大，铁芯中产生的磁通密度越大，铁芯振荡程度越大，声音越大。

正常运行中变压器发出的"嗡嗡"声是连续均匀的，声音清晰、有规律，如果产生的声音不均匀或有特殊的响声，应视为异常现象，运行人员应根据变压器的声音来判断变压器的运行状态，借以判断变压器是否正常运行，若已发现异常声响，应及时采取适当措施，防止发生事故。判断声音是否正常，可借助于"听音棒"等工具进行。变压器本体声音异常情况的检查方法与处理措施见表 10-1。

变压器本体声音异常情况的检查方法与处理措施　　　　表 10-1

序号	异常现象	可能的异常原因	检查方法或部位	判断与处理措施
1	连续的高频率尖锐声	过励磁	运行电压	运行电压高于分接位置所在的分接电压
		谐波电流	谐波分析	存在超过标准允许的谐波电流

续表

序号	异常现象	可能的异常原因	检查方法或部位	判断与处理措施
1	连续的高频率尖锐声	直流电流	直流偏磁	中性点电流明显增大，存在直流分量
		系统异常	中性点电流	电网发生单相接地或电磁共振，中性点电流明显增大
2	异常增大且有明显的杂音	铁芯结构件松动	听声音来源	夹件或铁芯的压紧装置松动、硅钢片振动增大，或个别紧固件松动
		连接部位的机械振动	听声音来源	连接部位松动或不匹配
		直流电流	直流偏磁	中性点电流明显增大，存在直流分量
3	"吱吱"或"噼啪"声	接触不良引起的放电	套管连接部位	套管与母线连接部位及压环部位接触不良
			油箱法兰连接螺栓	油箱上的螺栓松动或金属件接触不良
4	"嘶嘶"声	套管表面或导体棱角电晕放电	红外测温、紫外测光	1. 套管表面脏污、釉质脱落或有裂纹；2. 受浓雾等恶劣天气影响
5	"哺咯"的沸腾声	局部过热或充氮灭火装置氮气充入本体	温度和油位	油位、油温或局部油箱壁温度异常升高，表明变压器内部存在局部过热现象
			气体继电器内气体	分析气体组分以区分故障原因
			听声音来源	倾听声音的来源，或用红外检测局部过热的部位，根据变压器的结构，判定具体部位
6	"哇哇"声	过载	负载电流	过载或冲击负载产生的间歇性杂音
			中性点电流	三相不均匀载，中性点电流异常增大

（2）冷却器声音异常情况检查与处理措施

冷却器声音异常情况的检查方法与处理措施见表 10-2。

冷却器声音异常情况的检查方法与处理措施　　　　　　　　表 10-2

序号	异常现象	可能的异常原因	检查方法或部位	判断与处理措施
1	油泵均匀的周期性"咯咯"金属摩擦声	电动机定子与转子间的摩擦或有杂质	听其声音测量振动	更换油泵
		叶片与外壳间的摩擦		
2	油泵无规则的非周期性金属摩擦声	轴承破裂	听其声音测量振动	更换轴承或油泵
3	油路管道内的"哄哄"声	进油处的阀门未开启或开启不足	听其声音测量振动	开启阀门
		存在负压	检查负压	消除负压

（3）绝缘受潮异常情况检查与处理措施

由于进水受潮，出现了油中含水量超出注意值、绝缘电阻下降、泄漏电流增大、变压器本体介质损耗因素增大、油耐压下降等现象，绝缘受潮异常情况检查与处理措施见表 10-3。

绝缘受潮异常情况检查与处理措施　　　　　　　　表 10-3

序号	检查方法或部位	判断与处理措施
1	含水量测定、油中溶解气体分析	1. 油中含水量超标；2. H_2 连续增长较快

续表

序号	检查方法或部位	判断与处理措施
2	冷却器检查	1. 逐台停运冷却器（阀门开启），观察冷却器负压区是否存在渗漏； 2. 在冷却器的进油放气塞处测量油泵运行时的压力是否存在负压
3	气样分析	若气体继电器内有连续不断的气泡，应取样分析，如无故障气体成分，则表明变压器可能在负压区有渗漏现象
4	油中含气量分析	油中含气量有增长趋势，可能存在渗漏现象
5	各连接部位的渗漏检查	有渗漏时应处理
6	吸湿器	检查吸湿器的密封情况，变色硅胶颜色和油杯油量是否正常
7	储油柜	检查储油柜与胶囊之间的接口密封情况，胶囊是否完全撑开，与储油柜之间应无气体
8	胶囊或隔膜	胶囊或隔膜是否有水迹和破损及老化龟裂现象，如有应及时处理或更换
9	整体密封性检查	在保证压力释放阀或防爆膜不动作的情况下，在储油柜的最高油位上施加 0.035MPa 的压力 12h，观察变压器所有接口是否渗漏
10	套管检查	通过正压或负压法检查套管密封情况，如有渗漏现象应及时更换套管顶部连接部位的密封胶垫
11	内部检查	1. 检查油箱底部是否有水迹。若有，应查明原因并予以消除； 2. 检查绝缘件表面是否有起泡现象。如有表明绝缘已进水受潮，可进一步取绝缘纸样进行含水量测试，进行燃烧试验，燃烧时有轻微"噼噼叭"的声音，即表明绝缘受潮，则应进行干燥处理； 3. 检查放电痕迹。绝缘件因进水受潮引起的放电，则放电痕迹有明显水流迹象，且局部受损严重，油中会产生 H_2、CH_4 和 C_2H_2 气体。在进行器身干燥处理前，应对受损的绝缘件予以更换

（4）过热异常情况检查与处理措施

变压器运行时产生的铁损和铜损转化为热量，热量以辐射、传导等方式向四周介质扩散。当发热与散热达到平衡状态时，各部分的温度趋于稳定。运行中铁损基本不变，铜损随负荷变化。变压器顶层油温表指示的是变压器顶层的油温，温升是指顶层油温与周围空气温度的差值。运行中要以监视顶层油温为准，温升是参考数字。

《电力变压器　第 2 部分：液浸式变压器的温升》GB 1094.2—2013 规定："在额定容量连续运行，且外部冷却介质年平均温度为 20℃时的稳态条件下，变压器顶层绝缘液体不超过 60K，绕组平均温升不超过 65K"。如变压器绝缘耐热等级为 A 时，绕组绝缘极限温度为 105℃，环境温度为 20℃时，绕组温度应不超过 65℃。

当出现总羟超出注意值，并持续增长；油中溶解气体分析提示过热；温升超标等过热异常情况时，过热异常情况检查与处理措施见表 10-4。

过热异常情况检查与处理措施

表 10-4

序号	故障原因	检查方法或部位	判断与处理措施
1	铁芯、夹件多点接地	运行中测量铁芯接地电流	运行中接地电流大于 300MA 时，应加装限流电阻进行限流，将接地电流控制在 100MA 以下，并适时安排停电处理
		油中溶解气体分析	通常热点温度较高，C_2H_6、C_2H_4 增长较快

续表

序号	故障原因	检查方法或部位		判断与处理措施
1	铁芯、夹件多点接地	兆欧表及万用表测绝缘电阻		1. 若具有绝缘电阻较低（如几十千欧）的非金属短接特征，可在变压器带油状态下采用电容放电方法进行处理，放电电压应控制在 6～10kV 之间； 2. 若具有绝缘电阻接近为零（如万用表测量几千欧内）的金属性直接短接特征，必要时应吊罩（芯）检查处理，并注意区别铁芯对夹件或铁芯对油箱的绝缘降低问题
		接地点定位	万用表定位法	用 3～4 只万用表串接起来，其连接点分别在高低压侧夹件上左右上下移动，如某两个连接点间的电阻在不断变小，表明测量点在接近接地点
			敲打法	用手锤敲打夹件，观察接地电阻的变化情况，如在敲打过程中有较大的变化，则接地点就在附近
			放电法	用试验变压器在接地极上施加不高于 6kV 的电压，如有放电声音，查找放电位置
			红外定位法	用直流电焊机在接地回路中注入一定的直流电流，然后用红外热成像仪查找过热点
2	铁芯局部短路	油中溶解气体分析		通常热点温度较高，H_2、C_2H_6、C_2H_4 增长较快。严重时会产生 C_2H_2
		过励磁试验（1.1倍）		1.1 倍的过励磁会加剧它的过热，油色谱中特征气体组分会有明显的增长，则表明铁芯内部存在多点接地或短路缺陷现象，应进一步吊罩（芯）或进油箱检查
		低电压励磁试验		严重的局部短路可通过低于额定电压的励磁试验，以确定其危害性或位置
		用绝缘电阻表及万用表检测短接性质及位置		1. 目测铁芯表面有无过热变色、片间短路现象，或用万用表逐级检查，重点检查级间和片间有无短路现象。若有片间短路，可松开夹件，每二三片之间用干燥绝缘纸进行隔离； 2. 对于分级接地的铁芯，如存在级间短路，应尽量将其断开。或短路点无法消除，可在短路级间四角均匀短接（如在短路的两级间均匀打入长 60～80mm 的不锈钢螺杆或钉）或串电阻
3	导电回路接触不良	油中溶解气体分析		观察 C_2H_6、C_2H_4 和 CH_4 增长速度，若增长速度较快，则表明接触不良已严重，应及时检修
		红外测温		检查套管连接部位是否有高温过热现象
		改变分接开关位置		可改变分接开关位置，通过油色谱的跟踪，判断分接开关是否接触不良
		油中糠醛测试		可确定是否存在固体绝缘部位局部过热，若测定的值有明显变化，则表明固体绝缘存在局部过热，加速了绝缘老化
		直流电阻测量		若直流电阻值有明显的变化，则表明导电回路存在接触不良或缺陷
		吊罩（芯）或进油箱检查		1. 分接开关连接引线、触头接触面有无过热性变色和烧损情况； 2. 引线的连接和焊接部位的接触面有无过热性变色和烧损情况； 3. 检查引线是否存在断股和分流现象，防止分流产生过热； 4. 套管内接头的连接应无过热性变色和松动情况

续表

序号	故障原因	检查方法或部位	判断与处理措施
4	导线股间短路	油中溶解气体分析	该故障特征是低温过热，油中特征气体增长较快
		过电流试验（1.1 倍）	1.1 倍的过电流会加剧它的过热，油色谱会有明显的增长
		解体检查	打开围屏，检查绕组和引线表面绝缘有无变色、过热现象
		分相低电压下的短路试验	在接近额定电流下比较短路损耗，区别故障相
5	油道堵塞	油中溶解气体分析	该故障特征是低温过热逐渐向中温至高温过热演变，且油中 CO、CO_2 含量增长较快
		油中糠醛测试	可确定是否存在固体绝缘部位局部过热。若测定的值有明显变化，则表明固体绝缘存在局部过热，加速了绝缘老化
		过电流试验（1.1 倍）	1.1 倍的过电流会加剧它的过热，油色谱会有明显的增长，应进一步进油箱或吊罩（芯）检查
		净油器检查	检查净油器的滤网有无破损，硅胶有无进入器身。硅胶进入绕组内会引起油道堵塞，导致过热，如发生应及时清理
		目测	解开围屏，检查绕组和引线表面有无变色、过热现象并进行处理
		油面温度	油面温度过高，而且可能出现变压器两侧油温差较大
6	悬浮电位、接触不良	油中溶解气体分析	该故障特征是伴有少量 H_2、C_2H_2 产生和总烃稳步增长趋势
		目测	逐一检查连接端子接触是否良好，有无变色和过热现象，重点检查无励磁分接开关的操作杆 U 型拨叉、磁屏蔽、电屏蔽、钢压钉等有无变色和过热现象
7	结构件或电、磁屏蔽等形成短路环	油中溶解气体分析	该故障具有高温过热特征，总烃增长较快
		绝缘电阻测试	绝缘电阻不稳定，并有较大的偏差，表明铁芯柱内的结构件或电、磁屏蔽等形成了短路环
		励磁试验	在较低的电压下励磁，励磁电流也较大
		目测	1. 逐一检查结构件或电、磁屏蔽等有无短路、变色、过热现象； 2. 逐一检查结构件或电、磁屏蔽等接地是否良好
8	油泵轴承磨损或线圈损坏	油泵运行检查	1. 声音、振动是否正常； 2. 工作电流是否平衡、正常； 3. 温度有无明显变化； 4. 逐台停运油泵，观察油色谱的变化
		绕组直流电阻测试	三相直流电阻是否平衡
		绕组绝缘电阻测试	采用 500V 或 1000V 绝缘电阻表测量对地绝缘电阻，其值应大于 1MΩ
9	漏磁回路的异物和用错金属材料	过电流试验（1.1 倍）	若绕组内部或漏磁回路附件存在金属性异物或用错金属材料，1.1 倍的过电流会加剧它的过热
		目测	1. 检查可见部位是否有异物； 2. 检查磁屏蔽等金属结构是否存在移位和固定不牢靠现象； 3. 检查金属结构件表面有无过热性的变色现象。在较强漏磁区域内，如绕组端部使用了有磁材料，则会引起过热，也可用磁性材料做鉴别检查

续表

序号	故障原因	检查方法或部位	判断与处理措施
10	有载分接开关绝缘筒渗漏	油中溶解气体分析	属高温过热，并具有高能量放电特征
		油位变化	有载分接开关储油柜中的油位异常变化，有载分接开关绝缘可能存在渗漏现象
		压力试验	在本体储油柜吸湿器上施加 0.035MPa 的压力，观察分接开关储油柜的油位变化情况，如发生变化，则表明已渗漏

（5）放电性异常情况检查与处理措施

油中出现放电性异常 H_2 或 C_2H_2 含量升高的检查与处理措施见表10-5。

放电性异常情况检查与处理措施　　　　　　　表 10-5

序号	故障原因	检查方法或部位	判断与处理措施
1	油泵内部放电	油中溶解气体分析	1. 属高能量局部放电，这时产生的主要气体是 H_2 和 C_2H_2； 2. 若伴有局部过热特征，则是摩擦引起的高温
		油泵运行检查	油泵内部存在局部放电，可能是定子绕组的绝缘不良引起放电
		绕组绝缘电阻测试	采用 500V 或 1000V 绝缘电阻表测量对地绝缘电阻，其值应大于 1MΩ
		解体检查	1. 定子绕组绝缘状态，铁芯、绕组无放电痕迹； 2. 轴承磨损情况，或转子和定子之间是否有金属异物引起的高温摩擦
2	悬浮杂质放电	油中含气量测试	属低能量局部放电，时有时无，这时产生的主要气体是 H_2 和 CH_4
		油颗粒度测试	油颗粒度较大或较多，并含有金属成分
3	悬浮电位放电	油中溶解气体分析	具有低能量放电特征
		目测	1. 所有等电位的连接是否良好； 2. 逐一检查结构件或电、磁屏蔽等有无短路、变色、过热现象
		局部放电量测试	可结合局放定位进行局部放电量测试，以查明放电部位及可能产生的原因
4	油流带电	油中溶解气体分析	具有低能量放电特征
		油中带电度测试	测量油中带电度，如超出规定值，内部可能存在油流带电、放电现象
		泄漏电流或静电感应电压测量	开启油泵，测量中性点的静电感应电压或泄漏电流，如长时间不稳定或稳定值超出规定值，则表明可能发生了油流带电现象
5	有载分接开关绝缘筒渗漏	油中溶解气体分析	属高能量放电，并有局部过热特征
6	导电回路接触不良及其分流	油中金属微量测试	若铜含量较高，表明导电回路存在放电现象
		油中溶解气体分析	属低能量火花放电，并有局部过热特征，这时伴随少量 C_2H_2 产生

续表

序号	故障原因	检查方法或部位	判断与处理措施
7	不稳定的铁芯多点接地	油中溶解气体分析	属低能量火花放电，并有局部过热特征，这时伴随少量 H_2 和 C_2H_2 产生
		运行中测量铁芯接地电流	接地电流时大时小，可采取加限流电阻方法限制，或适时按上述方法停电处理
8	金属尖端放电	油中溶解气体分析	油色谱中特征气体增长
		油中金属微量测试	1. 若铁含量较高，表明铁芯或结构件放电；2. 若铜含量较高，表明绕组或引线放电
		局部放电量测试	可结合局放定位进行局部放电量测试，以查明放电部位及可能产生的原因
		目测	重点检查铁芯和金属尖角有无放电痕迹
9	气泡放电	油中溶解气体分析	属低能量局部放电，产生的主要气体是 H_2 和 CH_4
		目测	检查气体继电器内的气体，取气样分析，如主要是氧和氮，表明是气泡放电
		油中含气量测试	1. 如油中含气量过大，并有增长的趋势，应重点检查胶囊、油箱、油泵和在线油色谱装置等是否有渗漏；2. 油中含气量接近饱和值时，环境温度或负荷变化较大后，会在油中产生气泡
		残气检查	1. 检查各放气塞是否有剩余气体放出；2. 在储油柜上进行抽微真空，检查其气体继电器内是否有气泡通过
10	绕组或引线绝缘击穿	油中溶解气体分析	1. 具有高能量电弧放电特征，主要气体是 H_2 和 C_2H_2；2. 涉及固体绝缘材料，会产生 CO 和 CO_2 气体
		绝缘电阻测试	如内部存在对地树枝状的放电，绝缘电阻会有下降的可能，故检测绝缘电阻，可判断放电的程度
		局部放电量测试	可结合局放定位进行局部放电量测试，以查明放电部位及可能产生的原因
		油中金属微量测试	若铜含量较高，表明绕组已烧损
		目测	1. 观测气体继电器内的气体，并取气样进行色谱分析，这时主要气体是 H_2 和 C_2H_2；2. 结合吊罩（芯）或进油箱内部，重点检查绝缘件表面和分接开关触头间有无放电痕迹，如有应查明原因，并予以更换处理
11	油箱磁屏蔽接地不良	油中溶解气体分析	以 C_2H_2 为主，且通常伴有 C_2H_4、CH_4 等
		目测	磁屏蔽松动或有放电形成的游离碳
		测量绝缘电阻	打开所有磁屏蔽接地点，对磁屏蔽进行绝缘电阻测量

（6）放电绕组变形异常情况检查与处理措施

当绕组出现变形异常，如电抗或阻抗变化明显、频响特性异常、绕组之间或对地电容量变化明显情况时，其故障主要可能由运输中受到冲击、短路电流冲击造成，放电绕组变形异常情况检查与处理措施见表 10-6。

放电绕组变形异常情况检查与处理措施 表 10-6

序号	检查方法或部位	判断与处理措施
1	低电压阻抗测试	测试结果与历史值、出厂值或铭牌值作比较,如有较大幅度的变化,表明绕组有变形的迹象
2	频响特性试验	测试结果与历史值作比较,若有明显的变化,则说明绕组有变形的迹象
3	各绕组介质损耗因数和电容量测试	测试结果与历史值作比较,若有明显的变化,则说明绕组有变形的迹象
4	短路损耗测试	如测试结果的杂散损耗比出厂值有明显的增长,表明绕组有变形的迹象
5	油中溶解气体色谱分析	测试结果异常,表明绕组已有烧损现象
6	绕组检查	1. 外观检查(包括内绕组)。检查垫块是否整齐,有无移位、跌落现象;检查压板是否有移位、开裂、损坏现象;检查绝缘纸筒是否有窜动、移位的痕迹,如有表明绕组有松动或变形的现象,必须予以重新紧固处理并进行有关试验; 2. 用手锤敲打压板检查相应位置的垫块,听其声音判断垫块的坚实度; 3. 检查绝缘油及各部位有无炭粒、炭化的绝缘材料碎片和金属粒子,若有表明变压器已烧毁,应更换处理; 4. 在适当的位置可以用内窥镜对内绕组进行检查

(7)油位异常情况检查与处理措施

变压器储油柜的油位表,一般标有−30℃、＋20℃、＋40℃三条线,它是指变压器使用地点在最低环境温度和最高环境温度时对应的油面,并注明其温度。根据这三个标志可以判断是否需要加油或放油。运行中变压器温度的变化会使油体积变化,从而引起油位的上下位移,油位异常情况检查与处理措施见表 10-7。

油位异常情况检查与处理措施 表 10-7

序号	故障类型	故障现象	故障原因
1	假油位	如变压器温度变化正常,但变压器油标管内的油位变化不正常或不随温度变化而变化	1. 油标管堵塞; 2. 油枕呼吸器堵塞; 3. 防爆管通气孔堵塞; 4. 变压器油枕内存有一定数量的空气
2	油面过低	变压器油面低于一定限度时,会造成轻瓦斯动作;严重时,变压器内部绕组暴露,绝缘性能下降,造成绝缘散热不良引起损坏事故	1. 变压器端盖及瓷套管处油胶垫老化变形,存在渗漏油现象; 2. 变压器油多次取样后未及时补油; 3. 气温过低且油量不足,或油枕容量偏小
3	变压器喷油	变压器内部油压力过高造成喷油	1. 变压器出口线路短路,而一次保护未动作造成变压器绕组电流过大温度过高,油迅速膨胀,变压器内部压力增大; 2. 变压器内部绕组放电短路,产生电弧和很大的电动力使变压器油严重过热而分解出气体,使变压器内部压力升高; 3. 变压器出气孔堵塞,影响变压器呼吸作用,当绕组电流升高时,油温升高而膨胀,造成喷油

10.3　高压配电装置故障及处理

10.3.1　真空断路器

（1）原理

VD4 中压真空断路器的灭弧室被整体浇注在环氧树脂中（见图 10-1），灭弧室将开关的主触头永久密封在真空环境中，构成开断灭弧单元，真空断路器不需要灭弧和绝缘的介质，灭弧室中不存在可被电离的物质，在任何情况下，当触头分离时，触头间的电弧通道仅仅由触头材料的金属蒸气构成，电弧只能由外部能量维持，当主回路电流在自然过零点时刻消失，电弧即不能维持。在此刻，急速下降的载流密度和快速凝聚的真空金属蒸气，使触头之间迅速恢复了绝缘。真空灭弧室因此恢复了绝缘能力以及耐受系统瞬态恢复电压的能力，最终将电弧熄灭。即使在很小的开距下，真空也有很高的绝缘强度，因此只要在电流过零点的数毫秒之前将真空灭弧室的触头分开，即能保证成功开断。

（2）结构

操作机构和极柱固定在一个金属壳体上，此金属壳体也是固定式断路器的安装壳体，如图 10-2 所示。这种紧凑的结构保证了断路器的坚固和机械可靠性。操作机构属弹簧储能式，标准配置机械防跳装置，可装配各种闭锁机构以防止错误操作。

图 10-1　真空断路器外形与真空灭弧室
1—出线杆 1；2—扭转保护环；3—波纹管；4—端盖；
5—屏蔽罩；6—陶瓷绝缘外壳；7—屏蔽罩；8—触头；
9—出线杆 2；10—端盖

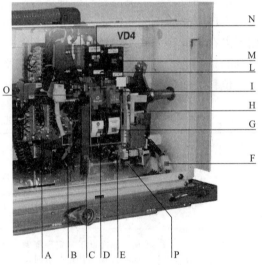

图 10-2　VD4 中压真空断路器操作机构结构
A—分合闸辅助开关；B—储能电机；C—内置的储能杆；
D—断路器分合闸机械指示；E—计数器；F—电气附件
的插头—插座连接；G—储能状态指示；H—脱扣器；
I—合闸按钮；L—分闸按钮；M—合闸闭锁电磁铁；
N—第二分闸脱扣器；O—电气分闸信号滑动触点；
P—弹簧储能/未储能信号触点

（3）真空断路器常见故障与处理

真空断路器常见故障与处理见表 10-8。

真空断路器常见故障与处理　　　　　　　　　表 10-8

序号	故障现象		故障原因	处理方法
1	不能储能	电动不能储能，手动可以储能	储能限位开关 S1 损坏	更换储能限位开关 S1
			储能电机烧坏	检查原因，更换电机
			控制回路接线松动	卡紧松动的接线
2	拒合	电动合闸拒合，合闸脱扣器不动作	手车未到位	核对位置指示器的指示，将手车准确就位
			控制回路接线松动	卡紧松动的接线
			合闸脱扣器 Y3 损坏	检查原因，更换合闸脱扣器 Y3
			合闸闭锁电磁铁 Y1 损坏（Y1 未接通，无法合闸）	检查原因，更换合闸闭锁电磁铁 Y1
			辅助开关 S3 损坏	检查原因，更换辅助开关 S3
			整流桥 V0 损坏	更换整流桥 V0
		电动合闸拒合，合闸脱扣器动作无力，手动合闸成功	合闸电压过低	检测回路接通时合闸脱扣器两端的电压是否低于额定值的 65%，如有异常，应排除电源或回路内的故障
3	拒分	电动分闸拒分，分闸脱扣器不动作	分闸脱扣器 Y2 损坏	检查原因，更换分闸脱扣器 Y2
			整流桥 V0 损坏	更换整流桥 V0
			辅助开关 S4 损坏	检查原因，更换辅助开关 S4
			控制回路接线松动	卡紧松动的接线
		电动分闸拒分，分闸脱扣器动作无力，手动分闸成功	分闸电压过低	检测回路接通时分闸脱扣器两端的电压是否低于额定值的 65%，如有异常，应排除电源或回路内的故障

10.3.2　SF6 断路器

SF6 断路器结构原理如图 10-3 所示，其常见故障与处理见表 10-9。

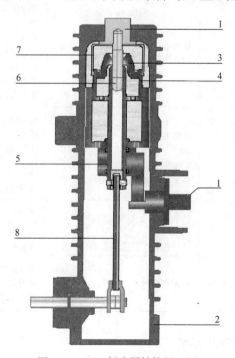

图 10-3　SF6 断路器结构原理图

1—电极引出线端头；2—绝缘套筒；3—喷嘴；4—动弧触头；5—动主触头；6—静弧触头；7—静主触头；8—绝缘拉杆

SF6 断路器常见故障与处理 表 10-9

序号	故障现象		故障原因	处理方法
1	不能储能	电动不能储能，手动可以储能	储能限位开关 S33M/1 损坏	未储能状态下，检查二次插头内 25 号—35 插针回路电阻，如有异常，卸下操作面板后检查储能限位开关 S33M/1 有引线的触点应接通，否则应予以更换
2			储能电机烧坏	检查 35 号插针—开关 S33M/1 触点的电机回路电阻，如有异常应检查原因并予以更换。拔出连接导线，将储能连杆拨向左侧，卸下三颗 M8 螺栓就可取出电机
3	拒合	电动合闸拒合，合闸脱扣器不动作	手车未到位	核对位置指示器的指示，将手车准确就位
4			辅助触点 Q/4 损坏	按原理图检测元件，如有异常应予以更换，松开支架板，取下传动杆，卸下三颗 M8 螺栓就可取出辅助触点 Q 组件
5			控制回路接线松动	卡紧松动的接线
6			合闸脱扣器 YC 损坏	排除序号 3～5 的原因后，验证合闸脱扣器和合闸闭锁电磁铁是否损坏，如有异常应分别予以更换。分、合闸脱扣器与合闸闭锁电磁铁装在同一块支架板上，卸下三颗 M8 螺栓取出支架板就可更换上述元件（注意：恢复接线时，极性不要插错）
7			合闸闭锁电磁铁 YL1 损坏（注：YL1 未接通，无法合闸）	排除序号 3～5 的原因后，验证合闸脱扣器和合闸闭锁电磁铁是否损坏，如有异常应分别予以更换。分、合闸脱扣器与合闸闭锁电磁铁装在同一块支架板上，卸下三颗 M8 螺栓取出支架板就可更换上述元件（注意：恢复接线时，极性不要插错）
8		电动合闸拒合，合闸脱扣器动作无力，手动合闸成功	合闸电压过低	检测回路接通时合闸脱扣器两端的电压是否低于额定值的 65%。如有异常，应排除电源或回路内的故障
9	拒分	电动分闸拒分，分闸脱扣器不动作	分闸脱扣器 YO1 损坏	检查分闸脱扣器 YO1 两端的电阻，如有异常应予以更换，操作方法同序号 6
10			辅助触点 Q/1、Q/13 损坏	按原理图检测元件，如有异常应予以更换，操作方法同序号 4
11			二次控制回路接线松动	卡紧松动的接线
12		电动分闸拒分，分闸脱扣器动作无力，手动分闸成功	分闸电压过低	检测回路接通时分闸脱扣器两端的电压是否低于额定值的 65%。如有异常，应排除电源或回路内的故障

10.3.3 户内高压交流负荷开关

户内高压交流负荷开关常见故障与处理见表 10-10。

户内高压交流负荷开关常见故障与处理 表 10-10

序号	故障现象	故障原因	处理方法
1	熔断器熔体熔断	系统出现很大的短路电流	查明原因排除故障后，更换符合要求的熔体
		过负荷	降低线路负荷
		熔体选择过小	更换符合要求的熔体
2	分、合闸速度达不到要求	分闸速度小于要求	调整开端弹簧来实现
		合闸速度小于要求	调整管内垫片来实现

10.3.4 户内高压隔离开关

户内高压隔离开关常见故障与处理见表 10-11。

户内高压隔离开关常见故障与处理 表 10-11

序号	故障现象	故障原因	处理方法
1	不能分闸	户外隔离开关受到风雪灰尘影响，操作机构冻结	轻轻摇晃机构几次，使冻结的冰冻松开，即可进行操作
		支持绝缘子和操作机构变形移位	根据变形移位情况找出故障点，进行维修。若故障点在隔离开关接触部位，不得强行拉闸
2	不能合闸	轴销脱落、楔栓推出和铸铁断裂，造成刀杆与操作机构脱节	整修和更换损坏部件。不能停电时，可用绝缘棒操作
		传动机构松动，动静触头不在一条直线上	旋转动静触头与固定底座上螺栓，调整固定座位置，使动静触头刀片正好插入刀口；调整连杆和调节螺栓长度，使动静触头之间的距离符合要求，保证动静触头同期性基本一致
3	接触部分过热	动静触头接触面过小	应拧紧松开的螺栓，调整螺杆长度，使动触头刀片插入静触头的深度不小于刀片宽度的 90%
		接触面氧化	使用细砂纸打磨触头表面，消除接触面氧化层，并涂抹导电膏
		拉合开关时引起的电弧烧伤动静触头的接触面	调整动静触头，必要时更换刀片
4	机械性故障	卡阻、弯曲变形等	应重新调整传动机构
		锈蚀	清除铁锈，涂上防锈漆
		阻力大、操作困难	加强保养和润滑
		机械磨损	更换磨损零部件

10.3.5 高压配电柜

高压配电柜常见故障与处理见表 10-12。

高压配电柜常见故障与处理 表 10-12

序号	故障现象	故障原因	处理方法
1	断路器不能合闸	断路器手车未到确定位置	确认断路器手车是否完全处于试验位置或工作位置。此为正常连锁，不是故障
		二次控制回路接线松动	用螺丝刀将松动的接头接好

续表

序号	故障现象	故障原因	处理方法
1	断路器不能合闸	合闸电压过低	检测合闸线圈两端电压是否过低，并恢复电源电压
		闭锁线圈或合闸线圈断线、烧坏	更换闭锁线圈或合闸线圈。检测合闸线圈两端电压是否过高，机械回路是否有故障
2	断路器不能分闸	二次控制回路接线松动	用螺丝刀将松动的接头接好
		分闸电压过低	检测分闸线圈两端电压是否过低，并恢复电源电压
		分闸线圈断线、烧坏	更换分闸线圈。检测分闸线圈两端电压是否过高，并恢复电源电压
3	断路器手车在试验位置时摇不进	由于连锁机构的原因，断路器在合闸状态时，无法移动。只有在断路器处于分闸状态时，断路器手车才能从试验/隔离位置移动到工作位置	确认断路器是否处于分闸状态后，再行操作。此为正常连锁，不是故障
		由于连锁机构的原因，接地开关合闸时，断路器手车无法移动	确认接地开关是否分闸。此为正常连锁，不是故障
		若接地开关确实已分闸，但仍无法摇进，请检查接地开关操作孔处的操作舌片是否回复至地刀分闸时应处的位置	若操作舌片未回复，请调整地刀操作机构
		断路器室内活门工作不正常	检查提门机构有无变形情况，断路器室内活门动作是否正常。现场无法处理时，请与生产厂家用户服务部联系
4	断路器手车在工作位置时摇不出	由于连锁机构的原因，断路器在合闸状态时，无法移动。只有在断路器处于分闸状态时，断路器手车才能从工作位置移动到试验/隔离位置。若断路器处于分闸位置时，断路器手车仍摇不出，一般情况是底盘机构卡死	确认断路器是否处于分闸状态后，再行操作。此为正常连锁，不是故障。请与生产厂家用户服务部联系
5	接地开关无法操作合闸	因电缆侧带电，操作舌片按不下（连锁要求）	请分析带电原因。此为正常连锁，不是故障
		接地开关闭锁电磁铁不动作，操作舌片按不下	检查闭锁电源是否正常，闭锁电磁铁是否得电，若电源正常而闭锁电磁铁不得电，则更换闭锁电磁铁
		应五防要求，地刀与柜体电缆室门之间有连锁。若电缆室门未关好，地刀无法操作合闸	应确认电缆室门是否关好。此为正常连锁，不是故障
		确认是机构故障或其他原因	请与生产厂家用户服务部联系
6	元器件损坏		确认已损坏后，与生产厂家用户服务部联系解决

10.4 低压配电装置故障及处理

低压配电柜常见故障与处理见表10-13。

低压配电柜常见故障与处理　　　　　　表 10-13

序号	故障现象	故障原因	处理方法
1	断路器不能合闸	断路器手车未到确定位置	确认断路器手车是否完全处于试验位置或工作位置。此为正常连锁，不是故障
		二次控制回路接线松动	用螺丝刀将松动的接头接好
		合闸电压过低	检测合闸线圈两端电压是否过低，并恢复电源电压
		闭锁线圈或合闸线圈断线、烧坏	更换闭锁线圈或合闸线圈。检测合闸线圈两端电压是否过高，机械回路是否有故障
2	断路器不能分闸	二次控制回路接线松动	用螺丝刀将松动的接头接好
		分闸电压过低	检测分闸线圈两端电压是否过低，并恢复电源电压
		分闸线圈断线、烧坏	更换分闸线圈。检测分闸线圈两端电压是否过高，并恢复电源电压

10.5 电容器故障及处理

（1）处理电容器故障时的基本要求

1）处理电容器故障时，必须有专人监护。

2）要确认故障电容器已停电，并确保不要突然来电。必须严格执行有关的技术措施和组织措施。

3）必须对电容器做反复、充分对地及极间的人工放电，保证无残余电荷。

4）即使已经对电容器进行彻底放电，操作时也应戴绝缘手套。

5）注意人体各部位要始终保持对周围带电体的距离，不得小于安全距离。

6）处理故障时，首先拉开电容器组的断路器及上下级隔离开关。如采用熔断器保护，还应取下其熔丝管。此时，电容器放电电阻虽然已自行放电，但仍会有部分残余电荷，所以，必须再进行人工放电。放电时，应先将接地端与接地网固定好，再用接线棒多次对电容器放电，直至无火花和放电声为止。

7）电容器如果是内部断线、熔丝熔断或引线接触不良，其两极间还可能有残余电荷，这样在自动放电或人工放电时，它的残余电荷是不会被放掉的。因此，运行或检修人员在接触电容器前，还要戴好绝缘手套，用短路线短路故障电容器的两极，使其放电。另外，对串联接线的电容器也应单独进行放电。

（2）电容器异常情况检查与处理措施

电容器异常情况检查与处理措施见表 10-14。

电容器异常情况检查与处理措施　　　　　　表 10-14

序号	故障现象	故障原因	处理方法
1	瓷套破裂、外壳损伤	运输及安装时不小心，有碰撞等现象	运输时应妥善包装，直立放置、搬放小心，防止碰撞，瓷套破裂应更换，外壳损伤渗漏油时应补焊
2	验收试验时击穿	1. 产品有缺陷或损坏； 2. 试验电压过高或持续时间过长； 3. 测量电压方法错误	1. 更换产品，损坏时修复； 2. 按规定的数值和试验方法验收； 3. 按验收规范进行

续表

序号	故障现象	故障原因	处理方法
3	渗漏油	1. 搬运时提拿瓷套，使法兰焊接处产生裂缝； 2. 接线时紧固螺钉用力过大，造成瓷套焊接处损伤； 3. 产品质量缺陷； 4. 日光暴晒，温度变化剧烈； 5. 漆层剥落、外壳锈蚀	1. 严禁提拿瓷套搬运，已渗漏油的用铅锡焊料补焊，应防止过热，以免瓷套上银层脱落； 2. 接线时防止用力过猛； 3. 严格控制瓷套金属涂敷及焊接工艺、外壳焊接及成品试漏工艺； 4. 采取有效措施，尽量防止暴晒； 5. 选用质量好的油漆，使用中应及时补漆
4	外壳膨胀	1. 介质内产生局部放电，使介质分解出气体； 2. 部分元器件击穿或极对壳击穿使介质析出气体	运行中应对电容器进行外观检查，发现外壳膨胀时应及时采取措施，膨胀严重的应立即停止使用
5	爆炸	电容器内部发生极间或极对壳击穿又无适当保护时，与它并联的电容器组对它放电，能量极大，引起爆炸	低压并联电容器用局部熔丝保护，一般可避免爆炸，高压并联电容器每台应采用快速熔断器保护或用继电器保护
6	温度过高	1. 环境温度过高，电容器布置太密； 2. 高次谐波电流影响； 3. 频繁切合，电容器反复过电压和涌流作用； 4. 介质老化	1. 改善通风条件，增大电容器间的间隙； 2. 加装串联电抗器； 3. 采取有效措施，限制操作过电压和涌流； 4. 停止使用

10.6　配电线路故障及处理

传送电能的线路有架空裸导线（一般称为架空导线）和电缆两种。架空导线具有结构简单、制造方便、造价便宜、施工容易和便于检修等优点。而电缆线路一般埋于土壤或敷设于室内、沟道、隧道中，不用杆塔，占用地面和空间少；受气候条件和周围环境条件影响小，供电可靠；安全性高；宜于在城市中向工业地区供电；不需在路面架设杆塔和导线，使市容整齐美观；运行简单方便；维护费用低。一般架空导线用于室外输电线路，而电缆常用于工矿企业内部的供电。

10.6.1　电缆

（1）电缆故障处理的一般要求

1）电缆线路发生故障时，根据线路跳闸、故障测距和故障寻址器动作等信息，对故障点位置进行初步判断，并组织人员进行故障巡视，重点巡视电缆通道、电缆终端、电缆接头及与其他设备的连接处，确定有无明显故障点。

2）如未发现明显故障点，应对所涉及的各段电缆使用兆欧表或耐压仪器进一步进行故障点查找。

3）故障电缆段查出后，应将其与其他带电设备隔离，并做好满足故障点测寻及处理的安全措施。

4）锯断故障电缆前应与电缆走向图进行核对，必要时使用专用仪器进行确认，在保证电缆导体可靠接地后，方可工作。

5）故障电缆修复前应检查电缆受潮情况，如有进水或受潮，必须采取去潮措施或切除受潮线段。在确认电缆未受潮、分段电缆绝缘合格后，方可进行故障部位修复。

6）故障修复应按照电力电缆及附件安装工艺要求进行，确保修复质量。

7）故障电缆修复后，应参照规定进行试验，并进行相位核对，经验收合格后，方可恢复运行。

8）电缆故障处理完毕，应进行故障分析，查明故障原因，制定防范措施，完成故障分析报告。

（2）电缆线路常见故障分类

电缆线路常见故障分类见表10-15。

电缆线路常见故障分类 表 10-15

序号	故障类型	故障现象
1	绝缘故障	1. 电缆的绝缘水平低，出现漏电现象； 2. 线芯相间或对地绝缘电阻达不到要求； 3. 线芯之间或对地泄漏电流过大
2	接地故障	1. 完全接地，即电缆某项芯线接地，用兆欧表测量芯线与大地之间绝缘电阻为零； 2. 低电阻接地，指线芯对地绝缘电阻低于 $500k\Omega$； 3. 高电阻接地，指线芯对地绝缘电阻高于 $500k\Omega$，甚至达 $1M\Omega$ 以上

（3）电缆线路常见故障原因

电缆线路常见故障原因见表10-16。

电缆线路常见故障原因 表 10-16

序号	故障原因	故障说明
1	机械损伤	受到直接外力作用，引起保护层疲劳损坏、弯曲过度
2	绝缘受潮	主要是中间接头、终端头密封不良，导致潮气侵入
3	绝缘老化	内部气隙在电场作用下产生游离使绝缘下降；过热也会引起绝缘层老化变质，造成绝缘下降
4	护层损坏	护层因电解腐蚀或化学腐蚀损坏
5	过电压	雷击或其他过电压使电缆击穿
6	过热	过载或散热不良，使电缆过热击穿

10.6.2 架空线路

架空线路常见故障与处理见表10-17。

架空线路常见故障与处理 表 10-17

序号	故障现象	故障原因	处理方法
1	雷电故障	线路遭受直击雷和感应雷	1. 改善地网形式，降低杆塔的接地电阻； 2. 当降低接地电阻有困难时，应适当提高该段杆塔的绝缘水平； 3. 采用双避雷线； 4. 杆塔的设计应尽量减小地线对导线的保护角； 5. 提高继电保护的可靠性、提高重合闸成功率； 6. 线路走廊的选择如有可能，应避免通过大地导电率较低的地段

序号	故障现象	故障原因	处理方法
2	鸟害故障	在线路的上方筑巢，或筑巢杂物被风吹散飘下，把部分绝缘子短接，造成电气距离不足而闪络放电接地，使线路跳闸	1. 警鸟措施； 2. 在常筑鸟巢的横担绝缘子悬挂处安装障碍物； 3. 增加巡视次数，当发现有危及安全的现象时应及时处理清拆
3	污闪故障	空气湿度大或气温低时，容易在绝缘子表面凝露，使污层湿润，电解质得以溶解，产生离子导电，使表面绝缘电阻降低、泄漏电流增大而发生污闪	1. 绝缘子积污加重时，须在雾季前进行清抹或调整爬距； 2. 定期做好零值、低值绝缘子的检测，及时更换低值绝缘子
4	锈蚀	线路金属部件发生化学反应而生锈	1. 采用重力式拉线基础，且重力式拉线基础的拉环应适当高于地面 0.3～0.5m； 2. 在拉线棒的地上 0.2m 至地下 0.8m 段采用隔离涂层，加强耐腐蚀的措施，如涂防腐油漆、沥青包裹、水泥包封； 3. 适当加大拉线棒及地网直径，地网采用热镀锌等办法
5	振动	在架空输电线路中，导线和避雷线常常由于风力的作用而产生垂直振动	1. 装防振锤、护线条和阻尼线； 2. 严把施工关，紧固线路与金具

第11章 变配电所验收规范简介与预防性试验

11.1 变配电所验收规范简介

11.1.1 高压电器施工验收要求

（1）SF6断路器施工验收要求

1）SF6断路器应固定牢靠，外表应清洁完整；动作性能应符合产品技术文件的要求。

2）螺栓紧固力矩应达到产品技术文件的要求。

3）电气连接应可靠且接触良好。

4）SF6断路器与操作机构联动应正常，无卡阻现象；分、合闸指示应正确；辅助开关动作应正确、可靠。

5）密度继电器的报警、闭锁值应符合产品技术文件的要求，电气回路传动应正确。

6）SF6气体压力、泄漏率和含水量应符合现行国家标准及产品技术文件的规定。

7）瓷套应完整无损，表面应清洁。

8）所有柜、箱防雨防潮性能应良好，本体电缆防护应良好。

9）接地应良好、标识清楚。

10）交接试验应合格。

11）设备引下线连接应可靠且不应使设备接线端子承受超过允许的应力。

12）油漆应完整，相色标志应正确。

13）提交相应的技术文件，包含设计变更证明文件，制造厂商提供的产品说明书、装箱单、试验记录、合格证明文件及安装图纸，检验及质量验收资料，试验报告，备品、备件、专用工具及测量仪器清单等。

（2）真空断路器和高压开关柜施工验收要求

1）真空断路器应固定牢靠，外表应清洁完整。

2）电气连接应可靠且接触良好。

3）真空断路器与操作机构联动应正常，无卡阻现象；分、合闸指示应正确；辅助开关动作应准确、可靠。

4）并联电阻的电阻值、电容器的电容值，应符合产品技术文件的要求。

5）绝缘部件、瓷件应完好无损。

6）高压开关柜应具备防止电气误操作的"五防"功能。

7）手车或抽屉式高压开关柜在推入或拉出时应灵活，机械闭锁应可靠。

8）高压开关柜所安装的带电显示装置应显示、动作正确。

9）交接试验应合格。

10）油漆应完整，相色标志应正确，接地应良好、标识清楚。

11）提交相应的技术文件。

（3）隔离开关、负荷开关及高压熔断器施工验收要求

1）操作机构、传动装置、辅助开关及闭锁装置应安装牢固、动作灵活可靠、位置指示正确。

2）合闸时三相不同期值，应符合产品技术文件的要求。

3）相间距离及分闸时触头打开角度和距离，应符合产品技术文件的要求。

4）触头接触应紧密良好，接触尺寸应符合产品技术文件的要求。

5）隔离开关分、合闸限位应正确。

6）垂直连杆应无扭曲变形。

7）螺栓紧固力矩应达到产品技术文件和相关标准的要求。

8）合闸直流电阻测试应符合产品技术文件的要求。

9）交接试验应合格。

10）油漆应完整，相色标志应正确，接地应良好、标识清楚。

11）提交相应的技术文件。

（4）避雷器施工验收要求

1）现场制作件应符合设计要求。

2）避雷器密封应良好，外表应完整无缺损。

3）避雷器应安装牢固，其垂直度应符合产品技术文件的要求，均压环应水平。

4）放电计数器和在线监测仪密封应良好，绝缘垫及接地应良好、牢固。

5）中性点放电间隙应固定牢固，间隙距离应符合设计要求，接地应可靠。

6）油漆应完整，相色标志应正确。

7）交接试验应合格。

8）产品有压力检测要求时，压力检测应合格。

9）提交相应的技术文件。

（5）电容器施工验收要求

1）电容器组的布置与接线应正确，电容器组的保护回路应完整，检验一次接线同具有极性的二次保护回路关系正确。

2）三相电容量偏差值应符合设计要求。

3）外壳应无凹凸或渗油现象，引出线端子连接应牢固，垫圈、螺母应齐全。

4）熔断器的安装应排列整齐、倾斜角度符合设计要求、指示器正确；熔体的额定电流应符合设计要求。

5）放电线圈瓷套应无损伤、相色正确、接线牢固美观；放电回路应完整，接地刀闸操作应灵活。

6）电容器支架应无明显变形。

7）电容器外壳及支架的接地应可靠、防腐完好。

8）支持瓷瓶外表清洁，完好无破损。

9）串联补偿装置平台稳定性应良好，斜拉绝缘子的预拉力应合格，平台上设备连接应正确、可靠。

10）交接试验应合格。

11）电容器室内的通风装置应良好。

12）提交相应的技术文件。

11.1.2　低压电器施工验收要求

（1）电器的型号、规格应符合设计要求。

（2）电器的外观应完好，绝缘器件无裂纹，安装方式应符合产品技术文件的要求。

（3）电器应安装牢固、平正，符合设计及产品技术文件的要求。

（4）电器金属外壳、金属安装支架接地应可靠。

（5）电器的接线端子连接应正确、牢固，拧紧力矩值应符合产品技术文件的要求；连接线排列应整齐、美观。

（6）绝缘电阻值应符合产品技术文件的要求。

（7）活动部件动作应灵活、可靠，连锁传动装置动作应正确。

（8）标志应齐全完好、字迹清晰。

（9）提交相应的技术文件。

（10）通电试运行时操作动作应灵活、可靠，电磁器件应无异常响声，接线端子和易接近部件的温升值应符合要求。

11.1.3　变压器、电抗器施工验收要求

（1）变压器、电抗器在试运行前，应进行全面检查，确认其符合运行条件时，方可投入试运行。检查项目应包含以下内容和要求：

1）本体、冷却装置及所有附件应无缺陷，且不渗油。

2）设备上应无遗留杂物。

3）事故排油设施应完好，消防设施应齐全。

4）本体与附件上的所有阀门位置应正确。

5）变压器本体应两点接地。中性点接地引出后，应有两根接地引线与主接地网的不同干线连接，其规格应满足设计要求。

6）铁芯和夹件的接地引出套管、套管的末屏接地应符合产品技术文件的要求；电流互感器备用二次线圈端子应短接接地；套管顶部结构的接触及密封应符合产品技术文件的要求。

7）储油柜和充油套管的油位应正常。

8）分接头的位置应符合运行要求，且指示位置应正确。

9）变压器的相位及绕组的接线组别应符合并列运行要求。

10）测温装置指示应正确，整定值应符合要求。

11）冷却装置试运行应正常，联动正确：强迫油循环的变压器、电抗器应启动全部冷却装置，循环 4h 以上，并应排完残留空气。

12）变压器、电抗器的全部电气试验应合格；保护装置整定值应符合规定；操作及联动试验应正确。

13）局部放电测量前、后本体绝缘油色谱试验比对结果应合格。

（2）变压器、电抗器试运行时应按下列规定项目进行检查：

1）中性点接地系统的变压器，在进行冲击合闸时，其中性点必须接地。

2）变压器、电抗器第一次投入时，可全电压冲击合闸。冲击合闸时，变压器宜由高压侧投入；对发电机变压器组结线的变压器，当发电机与变压器间无操作断开点时，可不作全电压冲击合闸，只作零起升压。

3）变压器、电抗器应进行 5 次空载全电压冲击合闸，应无异常情况；第一次受电后持续时间不应少于 10min；全电压冲击合闸时，其励磁涌流不应引起保护装置动作。

4）变压器并列前，应核对相位。

5）带电后，检查本体及附件所有焊缝和连接面，不应有渗油现象。

6）提交相应的技术文件。

11.1.4　互感器施工验收要求

（1）互感器外观应完整无损缺。

（2）互感器应无渗油现象，油位、气压、密度应符合产品技术文件的要求。

（3）保护间隙的距离应符合设计要求。

（4）油漆应完整，相色应正确。

（5）接地应可靠。

（6）提交相应的技术文件。

11.1.5　电缆施工验收要求

（1）电缆型号、规格应符合规定；排列整齐，无机械损伤；标示牌应装设齐全、正确、清晰。

（2）电缆的固定、弯曲半径、有关距离和单芯电力电缆的金属护层的接线、相序排列等应符合要求。

（3）电缆终端、电缆接头应固定牢靠；电缆接线端子与所接设备端子应接触良好；互联接地箱和交叉互联箱的连接点应接触良好。

（4）电缆线路所有应接地的接点应与接地极接触良好；接地电阻值应符合设计要求。

（5）电缆终端的相色应正确，电缆支架等的金属部件防腐层应完好。电缆管口应封堵密实。

（6）电缆沟内应无杂物，盖板应齐全；隧道内应无杂物，照明、通风、排水等设施应符合设计要求。

（7）直埋电缆路径标志，应与实际路径相符。路径标志应清晰、牢固。

（8）防火措施应符合设计要求，且施工质量合格。

（9）提交相应的技术文件。

11.2　电气设备的预防性试验

11.2.1　预防性试验要求

预防性试验是电力设备运行和维护工作中的一个重要环节，是保证电力系统或变配电所安全运行的有效手段之一。预防性试验是为了发现运行中设备的隐患，预防发生事故或设备损坏，对设备进行的检查、试验和监测，也包括取油样或气样进行的试验。

在线监测是指在不影响设备运行的条件下，对设备状况连续或定时进行的监测，通常是自动进行的。带电测量是指对在运行电压下的设备，采用专用仪器，由人员参与进行的测量。

电力设备在设计和制造过程中不免存在一些质量问题；在运输和安装过程中有可能发生损伤而留有潜伏性缺陷；在长期的运行过程中受到发热、机械振动、化学腐蚀作用以及其他因素的影响，导致绝缘劣化。而电力系统大部分的停电事故是由于设备绝缘缺陷引起的，因此通过电气试验掌握设备绝缘状况，在故障发展的初期就能及时准确地发现并处理缺陷是必要的。

试验结果应与该设备历次试验结果相比较，与同类设备试验结果相比较，参照相关的试验结果，根据变化规律和趋势，进行全面分析后做出判断。

110kV 以下的电力设备，应按照《电力设备预防性试验规程》DL/T 596—1996 进行耐压试验。耐压试验时，应尽量将连在一起的各种设备分离开来单独试验（制造厂装配的成套设备不受此限制），但同一试验电压的设备可以连在一起进行试验。

在进行与温度和湿度有关的各种试验（如测量直流电阻、绝缘电阻、介质损失角、泄漏电流等）时，应同时测量被试品的温度和周围环境的温度及湿度。绝缘试验应在良好天气时进行，被试品温度不应低于+5℃，且空气相对湿度一般不高于80%。

11.2.2 预防性试验基本方法

（1）预防性试验按对被试绝缘的破坏的危险性一般可以分为以下两类：

1）非破坏性试验

是指在较低电压下（低于或接近额定电压），用不损伤设备绝缘的办法来判断绝缘缺陷的试验，主要有绝缘电阻、介质损耗因数和泄漏电流试验等。

2）破坏性试验

是指在高于工作电压的情况下考验设备绝缘耐受能力的试验，因此也叫做耐压试验，包括交流耐压试验和直流耐压试验。耐压试验的优点是易于发现设备的集中性缺陷，考验设备的绝缘水平。但是由于试验电压较高，试验中有可能对绝缘造成一定的损伤。

在试验过程中，为防止出现不应有的击穿事件，破坏性试验应当在非破坏性试验合格之后进行。

（2）测量绝缘电阻

绝缘电阻是指在绝缘结构的两个电极之间施加的直流电压值与流经该对电极的泄漏电流值之比。测量绝缘电阻是一种简便又常用的试验方法，可以检测出绝缘是否有贯通的集中性缺陷、整体受潮和贯通性受潮。采用兆欧表进行测量时，需等到指示稳定时方可读数，一般读取 1min 时的测量值。

对于较大容量的电力设备，需要测量吸收比，即在同一次试验中 1min 时的绝缘电阻值与 15s 时的绝缘电阻值之比。大容量、高电压的变压器、发电机等设备由于吸收电流衰减较慢，采用吸收比判断绝缘困难时可采用极化指数作为衡量指标，即在同一次试验中，10min 时的绝缘电阻值与 1min 时的缘电阻值之比。

（3）测量泄漏电流

测量泄漏电流与测量绝缘电阻的原理相同，利用直流升压装置产生一个可以调节的试验直流高压，施加于被测试设备主绝缘上，通过测试泄漏电流检测设备绝缘是否良好。不同的是，测量泄漏电流时采用的试验电压比兆欧表额定电压高并且可以随意调节，便于发现设备的绝缘缺陷。

当直流电压施加于设备时，其充电电流随时间延长逐渐衰减，漏电电流保持不变，一定时间后微安表显示的电流等于或近似于漏电电流。可以通过电流与试验电压关系曲线或者电流与加压时间关系曲线来判断绝缘缺陷。

（4）耐压试验

直流耐压试验与泄漏电流测量的原理、接线和方法完全相同，不同点是直流耐压试验电压更高、持续时间更长，因此更能发现绝缘中不易暴露的局部缺陷。

直流耐压试验与交流耐压试验相比由于流过的是泄漏电流而非容性电流，不需要较大的试验变压器，因此试验设备较轻便。另外，直流耐压试验时介质损失小，不发热，对绝缘的损伤小。同时由于交、直流电压沿绝缘的分布不同，直流耐压试验更能发现某些交流耐压试验不能发现的缺陷。例如在电缆的直流耐压试验中，电压按绝缘电阻分布，当电缆中有局部缺陷时大部分电压降落在与缺陷串联的部分上，因此更容易发现局部缺陷。但是交流耐压试验对绝缘的作用更接近于实际运行的状况，因此两种试验不能互相替代。

（5）测量介质损耗因数

在电压作用下电介质（绝缘材料）所产生的一切损耗称为介质损失或介质损耗。介质损耗很大时，就会使介质温度升高而老化，甚至导致热击穿。

绝缘物在交流电压作用下，可以把介质看成为一个电阻和电容并联组成的等值电路，如图 11-1（a）所示。其电流和电压的等值相量关系如图 11-1（b）所示。

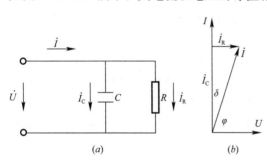

图 11-1　并联等值电路和相量图
（a）等值电路图；（b）相量图

电流与电压之间的夹角为 φ，φ 的余角为 δ，称为介质损失角，δ 的正切为介质损耗因数，记作 $\tan\delta$。

$$\tan\delta = \frac{I_r}{I_C} = \frac{U/R}{U_\omega C} = \frac{1}{\omega CR} \quad (11\text{-}1)$$

$$P = \frac{U^2}{R} = U^2 \omega C \tan\delta \quad (11\text{-}2)$$

由公式（11-2）可见，当电介质一定、电压和频率不变时，介质损耗 P 与 $\tan\delta$ 成正比，因此可以用 $\tan\delta$ 表征介质损耗的大小。介质损耗因数 $\tan\delta$ 是反映绝缘损耗的特征参数，它可以很灵敏地发现电气设备绝缘整体受潮、劣化变质以及小体积设备贯通和未贯通的局部缺陷。

介质损耗因数的测量方法有很多种，从原理上来分，可分为平衡测量法和角差测量法两类。传统的测量方法为平衡测量法，即高压西林电桥法。套管、电力变压器、互感器、电容器等做此项试验。电机、电缆等绝缘，因为缺陷的集中性及体积较大，通常不做此项试验。

11.2.3 开关设备试验项目及要求

（1）SF6 断路器和 GIS 试验项目及要求见表 11-1。

SF6 断路器和 GIS 试验项目及要求 　　　　表 11-1

序号	项目	要求	说明
1	断路器和 GIS 内 SF6 气体的湿度以及气体的其他检测项目	符合规范要求	
2	辅助回路和控制回路交流耐压试验	绝缘电阻不应低于 2MΩ	采用 500V 或 1000V 兆欧表
3	合闸电阻值和合闸电阻的投入时间	1. 除制造厂另有规定外，电阻值变化允许范围不得大于±5%； 2. 合闸电阻的有效接入时间按制造厂规定校核	罐式断路器的合闸电阻布置在罐体内部，只有解体大修时才能测定
4	分、合闸电磁铁的动作电压	1. 操作机构分、合闸电磁铁或合闸接触器端子上的最低动作电压应在操作电压额定值的 30%～65%； 2. 在使用电磁机构时，合闸电磁铁线圈通流时的端电压为操作电压额定值的 80%（关合电流峰值等于及大于 50kA 时为 85%）时应可靠动作； 3. 进口设备按制造厂规定	
5	导电回路电阻	1. 敞开式断路器的测量值不大于制造厂规定值的 120%； 2. 对 GIS 中的断路器按制造厂规定	用直流压降法测量，电流不小于 100A
6	SF6 气体密度监视器（包括整定值）检验	按制造厂规定	
7	压力表校验（或调整），机构操作压力（气压、液压）整定值校验，机械安全阀校验	按制造厂规定	对气动机构应校验各级气压的整定值（减压阀及机械安全阀）
8	液（气）压操作机构的泄漏试验	按制造厂规定	应在分、合闸位置分别试验

（2）真空断路器试验项目及要求见表 11-2。

真空断路器试验项目及要求 　　　　表 11-2

序号	项目	要求	说明
1	绝缘电阻	1. 整体绝缘电阻参照制造厂规定或自行规定； 2. 断口和用有机物制成的提升杆的绝缘电阻不应低于下表数值（单位为 MΩ）：	

试验类别	额定电压（kV）	
	<24	24～40.5
交接和大修后	1000	2500
运行中	300	1000

续表

序号	项目	要求	说明
2	交流耐压试验	断路器在分、合闸状态下分别进行；相间、相对地及断口的耐压值相同	
3	辅助回路和控制回路交流耐压试验	试验电压为交流 2kV	
4	导电回路电阻	1. 大修后应符合制造厂规定； 2. 预防性试验一般不大于 1.2 倍出厂值	用直流压降法测量，电流不小于 100A
5	辅助回路和控制回路绝缘电阻	绝缘电阻不应低于 2MΩ	采用 500V 或 1000V 兆欧表

（3）隔离开关试验项目及要求见表 11-3。

隔离开关试验项目及要求 表 11-3

序号	项目	要求			说明
1	有机材料支持绝缘子及提升杆的绝缘电阻	1. 用兆欧表测量胶合元件分层电阻； 2. 有机材料传动提升杆的绝缘电阻不应低于下表数值（单位为 MΩ）：			采用 2500V 兆欧表
		试验类别	额定电压（kV）		
			<24	24~40.5	
		交接和大修后	1000	2500	
		运行中	300	1000	
2	交流耐压试验	试验电压值按《电力设备预防性试验规程》DL/T 596—1996 规定			在交流耐压试验前、后应测量绝缘电阻；耐压后的电阻值不得降低
3	辅助回路和控制回路交流耐压试验	试验电压为交流 2kV			
4	导电回路电阻	预防性试验一般不大于 1.5 倍出厂值			用直流压降法测量，电流不小于 100A
5	辅助回路和控制回路绝缘电阻	绝缘电阻不应低于 2MΩ			采用 1000V 兆欧表
6	操作机构的动作情况	1. 手动操作机构操作时灵活、无卡涩； 2. 闭锁装置应可靠			

（4）镉镍蓄电池直流屏试验项目及要求见表 11-4。

镉镍蓄电池直流屏试验项目及要求 表 11-4

序号	项目	要求	说明
1	电池组容量测试	按《电力用直流电源设备》DL/T 459—2017 规定	
2	蓄电池放电终止电压测试	按《电力用直流电源设备》DL/T 459—2017 规定	
3	各项保护检查	各项功能均应正常	检查项目有：闪光系统、绝缘监察系统、电压监视系统、光字牌、声响

11.2.4 电力变压器、互感器试验项目及要求

（1）油浸式电力变压器试验项目及要求见表 11-5。

油浸式电力变压器试验项目及要求   表 11-5

序号	项目	要求	说明
1	绕组直流电阻	1. 1.6MVA 以上的变压器，各相绕组电阻相互间的差别不应大于三相平均值的 2%，无中性点引出的绕组，线间差别不应大于三相平均值的 1%； 2. 1.6MVA 及以下的变压器，相间差别一般不大于三相平均值的 4%，线间差别一般不大于三相平均值的 2%； 3. 与以前相同部位测得值比较，其变化不应大于 2%	1. 如电阻相间差在出厂时超过规定，制造厂已说明了这种偏差的原因，按要求中第 3 项执行； 2. 不同温度下的电阻值按下式换算： $$R_2 = R_1\left(\frac{T+t_2}{T+t_1}\right)$$ 式中 R_1、R_2 分别为在温度 t_1、t_2 时的电阻值；T 为计算用常数，铜导线取 235，铝导线取 225； 3. 无励磁调压变压器应在使用的分接锁定后测量
2	绕组绝缘电阻、吸收比或（和）极化指数	1. 绝缘电阻换算至同一温度下，与前一次测试结果相比应无明显变化； 2. 吸收比（10～30℃范围）不低于 1.3 或极化指数不低于 1.5	1. 采用 2500V 或 5000V 兆欧表； 2. 测量前被测试绕组应充分放电； 3. 测量温度以顶层油温为准，尽量使每次测量温度相近； 4. 尽量在油温低于 50℃时测量，不同温度下的绝缘电阻值一般可按下式换算： $$R_2 = R_1 \times 1.5^{(t_1-t_2)/10}$$ 式中 R_1、R_2 分别为温度 t_1、t_2 时的绝缘电阻值； 5. 吸收比和极化指数不进行温度换算
3	交流耐压试验	试验电压值按《电力设备预防性试验规程》DL/T 596—1996 规定	全绝缘变压器可只进行外施工频耐压试验
4	绝缘油试验	1. 外观透明、无杂质或悬浮物； 2. 击穿电压 　15kV 以下　≥25kV 　15～35kV　≥30kV	按《绝缘油 击穿电压测定法》GB/T 507—2002 和《电力设备预防性试验规程》DL/T 596—1996 方法进行试验
5	铁芯（有外引接地线的）绝缘电阻	1. 与以前测试结果相比无显著差别； 2. 运行中铁芯接地电流一般不大于 0.1A	1. 采用 2500V 兆欧表（对运行年久的变压器可用 1000V 兆欧表） 2. 夹件引出接地的可单独对夹件进行测量
6	绕组泄漏电流	试验电压一般如下： | 绕组额定电压（kV）	3	6～10	20～35
直流试验电压（kV）	5	10	20		读取 1min 时的泄漏电流值
7	绕组所有分接的电压比	1. 各相应接头的电压比与铭牌值相比，不应有显著差别，且符合规律； 2. 电压比小于 3 的变压器电压比允许偏差为 ±1%	
8	校核三相变压器的组别	必须与变压器铭牌和顶盖上的端子标志相一致	

227

序号	项目	要求	说明
9	空载电流和空载损耗	与前一次试验值相比，无明显变化	试验电源可用三相或单相；试验电压可用额定电压或较低电压值
10	测温装置及其二次回路试验	1. 密封良好，指示正确，测温电阻值应和出厂值相符； 2. 绝缘电阻一般不低于1MΩ	测量绝缘电阻采用2500V兆欧表
11	全电压下空载合闸	全部更换绕组，空载合闸5次，每次间隔5min	由变压器高压或中压侧加压

（2）干式变压器试验项目及要求见表 11-6。

干式变压器试验项目及要求　　　　表 11-6

序号	项目	要求	说明
1	绕组直流电阻	1. 相间差别一般不大于三相平均值的 4%，线间差别一般不大于三相平均值的 2%； 2. 与以前相同部位测得值比较，其变化不应大于2%	不同温度下的电阻值按下式换算： $$R_2 = R_1\left(\frac{T+t_2}{T+t_1}\right)$$ 式中 R_1、R_2 分别为在温度 t_1、t_2 时的电阻值；T 为计算用常数，铜导线取 235
2	绕组绝缘电阻	绝缘电阻换算至同一温度下，与前一次测试结果相比应无明显变化	采用2500V 或 5000V 兆欧表
3	交流耐压试验	干式变压器全部更换绕组时，按出厂试验电压值；部分更换绕组和定期试验时，按出厂试验电压值的 0.85 倍	
4	绕组所有分接的电压比	1. 各相应接头的电压比与铭牌值相比，不应有显著差别，且符合规律； 2. 电压比小于 3 的变压器电压比允许偏差为 ±1%	
5	校核三相变压器的组别	必须与变压器铭牌和顶盖上的端子标志相一致	
6	测温装置及其二次回路试验	1. 密封良好，指示正确，测温电阻值应和出厂值相符； 2. 绝缘电阻一般不低于1MΩ	测量绝缘电阻采用2500V 兆欧表
7	全电压下空载合闸	全部更换绕组，空载合闸 5 次，每次间隔5min	由变压器高压或中压侧加压

（3）电压互感器试验项目及要求见表 11-7。

电压互感器试验项目及要求　　　　表 11-7

序号	项目	要求	说明
1	绝缘电阻	绝缘电阻值不宜低于1000MΩ	测量绝缘电阻采用2500V 兆欧表
2	交流耐压试验	1. 一次绕组按出厂试验电压的 85% 进行； 2. 二次绕组之间及其对箱体（接地）的工频耐压试验电压为 2kV	

11.2.5　电缆线路试验项目及要求

（1）对电缆的主绝缘做直流耐压试验或测量绝缘电阻时，应分别在每一相上进行。对一相进行试验或测量时，其他两相导体、金属屏蔽或金属套和铠装层一起接地。

（2）对金属屏蔽或金属套一端接地，另一端装有护层过电压保护器的单芯电缆主绝缘做直流耐压试验时，必须将护层过电压保护器短接，使这一端的电缆金属屏蔽或金属套临时接地。

（3）对额定电压为 0.6kV/1kV 的电缆线路可用 1000V 或 2500V 兆欧表测量导体对地绝缘电阻代替直流耐压试验。

（4）橡塑绝缘电力电缆线路试验项目及要求见表 11-8。

橡塑绝缘电力电缆线路试验项目及要求　　　　　　　　　表 11-8

序号	项目	要求	说明
1	主绝缘电阻	耐压试验前、后绝缘电阻无明显变化	测量绝缘电阻采用 2500V 兆欧表，6kV/6kV 及以上电缆也可采用 5000V 兆欧表
2	外护套及内衬绝缘电阻	绝缘电阻不应低于 0.5MΩ/km	测量绝缘电阻采用 500V 兆欧表
3	主绝缘交流耐压试验	1. 优先采用 20～300Hz 交流耐压试验；2. 额定电压 U_0/U 为 18kV/30kV 及以下电缆，不具备条件时允许用 $3U_0$ 的 0.1Hz 电压施加 15min 或直流耐压试验及泄漏电流测量代替	
4	主绝缘直流耐压试验	1. 试验电压值按规范要求，加压时间 5min，不击穿；2. 耐压 5min 时的泄漏电流不应大于耐压 1min 时的泄漏电流	新作终端或接头后

11.2.6　电容器试验项目及要求

高压并联电容器、串联电容器和交流滤波电容器试验项目及要求见表 11-9。

高压并联电容器、串联电容器和交流滤波电容器试验项目及要求　　　　表 11-9

序号	项目	要求	说明
1	极对壳绝缘电阻	不低于 2000MΩ	1. 串联电容器采用 1000V 兆欧表，其他采用 2500V 兆欧表；2. 单套管电容器不测
2	电容值	1. 电容值偏差不超出额定值的 －5%～＋10% 范围；2. 电容值不应小于出厂值的 95%	用电桥法或电流电压法测量
3	并联电阻值测量	电阻值与出厂值的偏差应在 ±10% 范围内	用自放电法测量
4	渗漏油检查	漏油时停止使用	观察法

第三篇　安全生产知识

第12章　过电压、防雷和接地

12.1　过电压

电力系统或变配电所过电压，是指在电力线路或电气设备上出现的超过正常的工作电压对该系统正常运行或其中设备的绝缘具有危害的异常电压。过电压按其产生的原因，可分为内部过电压和雷电过电压两大类。

12.1.1　内部过电压

内部过电压是指由于电力系统或变配电所本身的开关操作、负荷剧变或发生故障等原因，使系统的工作状态突然改变，从而在系统内部出现电磁能量转换、振荡而引起的过电压。

内部过电压主要有操作过电压和谐振过电压这两种形式。

（1）操作过电压

操作过电压是指电力系统或变配电所中由于操作或事故，使设备运行状态发生改变（例如停、送电时分、合闸操作），而引起相关设备电容、电感上的电场、磁场能量相互转换，这种电场、磁场能量的相互转换可能引起振荡，从而产生过电压。如果电路中的电阻较大，能起到较好的阻尼作用，则振荡时能量消耗较快，电流电压迅速衰减进入稳态，过电压较快消失。

在电力系统或变配电所运行操作时，较容易发生操作过电压的常见操作项目有：切、合高电压空载长线路，切、合空载变压器，切、合电容器，开断高压电动机等。

高电压空载长线路可以看作是电感电容串联电路。因为高压线路都有电感，而且有对地电容，构成电感、电容谐振电路。在利用开关设备分断高电压空载长线路时，电流波形瞬时值经过零点时，开关触头间电弧熄灭，但由于线路存在电容的缘故，这个电压不会立即消失，经过交流电半个周期后，电源电压的瞬时值变化到极性相反的最大值，设为$-U_m$；在开关触头间作用的电位差为：$U_m-(-U_m)=2U_m$，等于电源电压幅值的 2 倍，有可能使触头间电弧重燃，间隙再次击穿；开关触头间间隙再次击穿后，电源电压对线路又一次充电，由于线路上已有残存电压，电源电压再次对其作用，从而形成振荡，出现过电压。如此反复，会出现很高的过电压数值。由此可见，断路器灭弧能力不够强，在开断时触头间发生电弧重燃容易引起操作过电压。

高电压空载长线路在合闸时也可能会出现过电压。这是由于在合闸时，电源电压对由线路电感、电容构成的振荡回路充电，在达到稳态之前，要经历一个高频振荡过程，从而引起过电压。

（2）谐振过电压

谐振过电压是由于系统中的电路参数（R、L、C）在不利的组合下发生谐振或由于故障而出现断续性接地电弧所引起的过电压，也包括电力变压器铁芯饱和而引起的铁磁谐振过电压。

如果串联电路中包括有电感、电容，当电感电抗和电容电抗数值都很大，而且彼此绝对值相等或十分接近时，其综合阻抗会十分微小，这时即使在不太高的电源电压下也会出现极大的电流。这个极大的电流在电感、电容上产生很高的电压降。这就是串联谐振过电压。

当谐振过电压发生在铁磁电感与电容组成的电路中时，称为铁磁谐振电路，有可能出现过电压事故。

由于这种过电压持续时间较长，而且由于频率低，电压互感器的铁芯严重饱和，因此常会导致电压互感器损坏和阀型避雷器爆炸。为了防止发生分频谐振过电压事故，对于 10kV 供电的用户变电所要求电压互感器组采用 V/V 接线，这样在系统发生单相接地，可避免因电压互感器铁芯饱和而引起铁磁谐振过电压。

运行经验证明，内部过电压一般不会超过系统正常运行时相对地（即单相）额定电压的 3～4 倍。

12.1.2　雷电过电压

雷电过电压又称大气过电压，也称外部过电压，它是由于电力系统或变配电所中的线路、设备或建（构）筑物遭受来自大气中的雷击或雷电感应而引起的过电压。雷电过电压产生的雷电冲击波，其电压幅值可高达 1 亿 V，其电流幅值可高达几十万安，因此对供电系统的危害极大，必须加以防护。

雷电过电压有三种基本形式：

（1）直接雷击

它是雷电直接击中电气线路、设备或建（构）筑物，其过电压引起的强大的雷电流通过这些物体放电入地，从而产生破坏性极大的热效应和机械效应，相伴的还有电磁脉冲和闪络放电。这种雷电过电压称为直击雷。

（2）间接雷击

它是雷电没有直接击中电力系统中的任何部分，而是由雷电对线路、设备或其他物体的静电感应或电磁感应所产生的过电压。这种雷电过电压也称为感应雷，或称为雷电感应。

（3）雷电过电压除上述两种雷击形式外，还有一种是由于架空线路或金属管道遭受直接雷击或间接雷击而引起的过电压波，沿着架空线路或金属管道侵入变配电所或其他建筑物。这种雷电过电压形式，称为高电位侵入或雷电波侵入。据我国几个大城市统计，供电系统中由于雷电波侵入而造成的雷害事故，占雷害事故总数的 50%～70%，比例很大，因此对雷电波侵入的防护应予以足够的重视。

12.2　防雷

主要包括接闪器和避雷器。

（1）接闪器

接闪器就是专门用来接受直接雷击（雷闪）的金属物体。接闪的金属杆，称为避雷针；接闪的金属线，称为避雷线，亦称为架空地线；接闪的金属带，称为避雷带；接闪的金属网，称为避雷网。

1）避雷针

避雷针的功能实质上是引雷作用，它把雷电流引入地下，从而保护了线路、设备和建筑物等。它能对雷电场产生一个附加电场，这个附加电场是由于雷云对避雷针产生静电感应引起的，它使雷电场畸变，从而将雷云放电的通道，由原来可能向被保护物体发展的方向，吸引到避雷针本身，然后经与避雷针相连的引下线和接地装置，将雷电流泄放到大地中去，使被保护物体免受雷击。

避雷针通常安装在电杆（支柱）或构架、建筑物上，它的下端要经引下线与接地装置相连。其一般采用镀锌圆钢（针长 1m 以下时直径不小于 12mm、针长 1~2m 时直径不小于 16mm）或镀锌钢管（针长 1m 以下时内径不小于 20mm、针长 1~2m 时内径不小于 25mm）制成。

避雷针的保护范围，以它能够防护直击雷的空间来表示。

现行国家标准《建筑物防雷设计规范》GB 50057—2010 则规定采用 IEC 推荐的"滚球法"来确定。

所谓"滚球法"，就是选择一个半径为 h_r（滚球半径）的球体，按需要防护直击雷的部位滚动，如果球体只接触到避雷针（线）或避雷针（线）与地面，而不触及需要保护的部位，则该部位就在避雷针（线）的保护范围之内。滚球半径 h_r 按建筑物的防雷类别不同而取不同值，如表 12-1 所示。

按建筑物防雷类别确定滚球半径和避雷网格尺寸 表 12-1

建筑物防雷类别	滚球半径 h_r(m)	避雷网格尺寸（m）
第一类防雷建筑物	30	≤5×5 或≤6×4
第二类防雷建筑物	45	≤10×10 或≤12×8
第三类防雷建筑物	60	≤20×20 或≤24×16

单支避雷针的保护范围，按《建筑物防雷设计规范》GB 50057—2010 的规定，应按下列方法确定（参见图 12-1）：

① 当避雷针高度 $h \leqslant h_r$ 时

在距地面 h_r 处作一平行于地面的平行线。

以避雷针的针尖为圆心，h_r 为半径，作弧线交于平行线的 A、B 两点。

以 A、B 为圆心，h_r 为半径作弧线，该弧线与针尖相交并与地面相切。从此弧线起到地面上的整个锥形空间，就是避雷针的保护范围。

避雷针在被保护物高度 h_r 的 xx'，平面上的保护半径，按下式计算：

$$r_x = \sqrt{h(2h_r - h)} - \sqrt{h_x(2h_r - h_x)} \tag{12-1}$$

式中 h_r——滚球半径，按表 12-1 确定。

避雷针在地面上的保护半径，按下式计算：

$$r_0 = \sqrt{h(2h_r - h)} \tag{12-2}$$

② 当避雷针高度 $h \geqslant h_r$ 时

在避雷针上取高度为 h_r 的一点代替单支避雷针的针尖作圆心，其余的做法与上述 $h \leqslant h_r$ 时的做法相同。

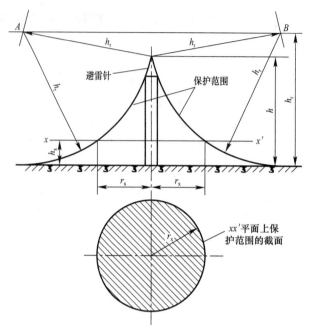

图 12-1　单支避雷针的保护范围

关于两支及多支避雷针的保护范围，可参见《建筑物防雷设计规范》GB 50057—2010或有关设计手册，此处略。

2）避雷线

避雷线的功能和原理，与避雷针基本相同。

避雷线一般采用截面不小于 35mm² 的镀锌钢绞线，架设在架空线路的上方，以保护架空线路或其他物体（包括建筑物）免遭直接雷击。由于避雷线既要架空，又要接地，因此又称为架空地线。

单根避雷线的保护范围，按《建筑物防雷设计规范》GB 50057—2010 的规定：当避雷线的高度 $h \geqslant 2h_r$ 时，无保护范围；当避雷线的高度 $h \leqslant 2h_r$ 时，应按下列方法确定（参见图 12-2）。但要注意，确定架空避雷线的高度时，应计及弧垂的影响。在无法确定弧垂的情况下，等高支柱间的挡距小于 120m 时，其避雷线中点的弧垂宜取 2m；挡距为 120~150m 时，弧垂宜取 3m。

在距地面 h_r 处作一平行于地面的平行线。

以避雷线为圆心，h_r 为半径，作弧线交于平行线的 A、B 两点。

以 A、B 为圆心，h_r 为半径作弧线，该两弧线相交或相切，并与地面相切。从该弧线起到地面止的空间，就是避雷线的保护范围。

当 $2h_r > h > h_r$ 时，保护范围最高点的高度 h_0 按下式计算：

$$h_0 = 2h_r - h$$

避雷线在高度 h_0 的平面 xx'，上的保护宽度 b_x 按下式计算：

$$b_x = \sqrt{h(2h_r - h)} - \sqrt{h_x(2h_r - h_x)} \tag{12-3}$$

关于两根等高避雷线的保护范围，可参见《建筑物防雷设计规范》GB 50057—2010或有关设计手册，此处略。

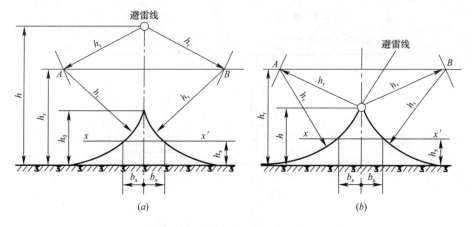

图 12-2 单根避雷线的保护范围

(a) 当 $2h_r > h > h_r$ 时；(b) 当 $h \leqslant h_r$ 时

3）避雷带和避雷网

避雷带和避雷网主要用来保护建筑物特别是高层建筑物，使之免遭直接雷击和雷电感应。

避雷带和避雷网宜采用圆钢或扁钢，优先采用圆钢。圆钢直径应不小于 8mm；扁钢截面积应不小于 48mm²，其厚度应不小于 4mm。当烟囱上采用避雷环时，其圆钢直径应不小于 12mm；扁钢截面积应不小于 100mm²，其厚度应不小于 4mm。

以上接闪器均应经引下线与接地装置连接。引下线宜采用圆钢或扁钢，优先采用圆钢，其尺寸要求与避雷带、避雷网采用的相同。引下线应沿建筑物外墙明敷，并经最短路径接地；建筑艺术要求较高者可暗敷，但其圆钢直径应不小于 10mm，扁钢截面积应不小于 80mm²。

（2）避雷器

避雷器（包括电涌保护器）是用来防止雷电过电压波沿线路侵入变配电所或其他建筑物内，以免危及被保护设备的绝缘，或用来防止雷电电磁脉冲对电子信息系统的电磁干扰。

避雷器应与被保护设备并联，且安装在被保护设备的电源侧，如图 12-3 所示。当线路上出现危及设备绝缘的雷电过电压时，避雷器的火花间隙就被击穿，或由高阻抗变为低阻抗，使雷电过电压通过接地引下线对大地放电，从而保护了设备的绝缘，或消除了雷电电磁干扰。

避雷器的类型，有阀式避雷器、排气式避雷器、保护间隙、金属氧化物避雷器和电涌保护器等。

1）阀式避雷器

阀式避雷器（文字符号为 FV），又称为阀型避雷器，主要由火花间隙和阀片组成，装在密封的瓷套管内。火花间隙用铜片冲制而成。每对间隙用厚 0.5～1mm 的云母垫圈隔开，如图 12-4 (a) 所示。正常情况下，火花间隙能阻断工频电流通过，但在雷电过电压作用下，火花间隙被击穿放电。阀片是用陶料粘固起来的电工用金刚砂（碳化硅）颗粒制

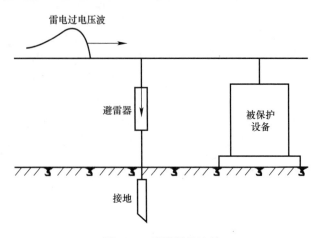

图 12-3　避雷器的连接

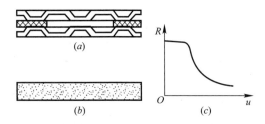

图 12-4　阀式避雷器的组成部件及其特性曲线

(a) 火花间隙；(b) 阀片；(c) 阀片电阻特性曲线

成的，如图 12-4 (b) 所示。这种阀片具有非线性电阻特性。正常电压时，阀片电阻很大，而过电压时，阀片电阻则变得很小，如图 12-4 (c) 所示。因此阀式避雷器在线路上出现雷电过电压时，其火花间隙被击穿，阀片电阻变得很小，能使雷电流顺畅地向大地泄放。当雷电过电压消失、线路上恢复工频电压时，阀片电阻又变得很大，使火花间隙的电弧熄灭、绝缘恢复而切断工频续流，从而恢复线路的正常运行。

阀式避雷器中火花间隙和阀片的多少，与其工作电压高低成正比。高压阀式避雷器串联很多火花间隙，目的是将长弧分割成多段短弧，以加速电弧的熄灭。但阀片的限流作用是加速电弧熄灭的主要因素。

图 12-5 (a) 和 (b) 分别是 FS4-10 型高压阀式避雷器和 FS-0.38 型低压阀式避雷器的结构图。

普通阀式避雷器除上述 FS 型外，还有一种 FZ 型。FZ 型阀式避雷器内的火花间隙旁边并联有一串电阻。这些电阻主要起均压作用，使与之并联的火花间隙上的电压分布比较均匀。火花间隙未并联电阻时，由于各火花间隙对地和对高压端都存在着不同的杂散电容，从而造成各火花间隙的电压分布不均匀，这就使得某些电压较高的火花间隙容易击穿重燃，导致其他火花间隙也相继重燃而难以熄灭，使工频放电电压降低。火花间隙并联电阻后，相当于增加了一条分流支路。在工频电压作用下，通过并联电阻的电导电流远大于通过火花间隙的电容电流。这时火花间隙上的电压分布主要取决于并联电阻的电压分布。由于各火花间隙的并联电阻是相等的，因此各火花间隙上的电压分布也相应地比较均匀，从而大大改善了阀式避雷器的保护特性。

FS 型阀式避雷器主要用于中小型变配电所，FZ 型阀式避雷器则用于发电厂和大型变配电站。

阀式避雷器除上述两种普通型外，还有一种磁吹型，即 FC 型磁吹阀式避雷器，其内部附加有磁吹装置来加速火花间隙中电弧的熄灭，从而进一步改善其保护性能，降低残压。它专用来保护重要的而绝缘又比较薄弱的旋转电机等。

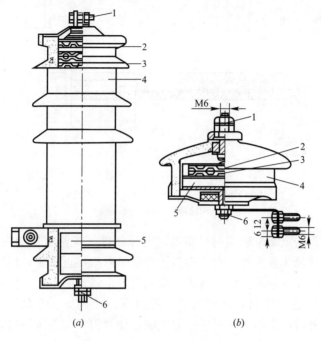

图 12-5　高低压普通阀式避雷器

(*a*) FS4-10 型；(*b*) FS-0.38 型

1—上接线端子；2—火花间隙；3—云母垫圈；4—瓷套管；5—阀片；6—下接线端子

阀式避雷器型号如图 12-6 所示。

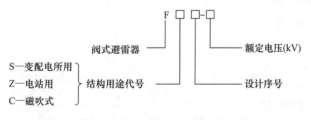

图 12-6　阀式避雷器型号

避雷器型号中的额定电压（kV），过去是用避雷器适应的电力系统额定电压来表示的，例如 FZ-6 型，表示该型避雷器适应于额定电压为 6kV 的系统上工作。但现在生产的避雷器，其额定电压多按其灭弧电压值（指避雷器在雷电过电压作用下放电终止时的最高电压）来表示。例如上述 FZ-6 型，由于其灭弧电压为 7.6kV，因此其型号现在多表示为 FZ-7.6 型。同样，原 FZ-10 型，现在多表示为 FZ-12.7 型；原 FZ-35 型，现在多表示为 FZ-41 型，等等。

2）排气式避雷器

排气式避雷器（文字符号为 FE），通称管型避雷器，由产气管、内部间隙和外部间隙三部分组成，如图 12-7 所示。产气管由纤维、有机玻璃或塑料制成。内部间隙装在产气管内，一个电极为棒形，另一个电极为环形。

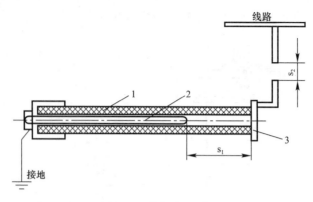

图 12-7　排气式避雷器

1—产气管；2—内部棒形电极；3—环形电极

s_1—内部间隙；s_2—外部间隙

当线路上遭到雷击或雷电感应时，雷电过电压使排气式避雷器的内、外部间隙击穿，强大的雷电流通过接地装置入地。由于避雷器放电时内阻接近于零，所以其残压极小，工频续流极大。雷电流和工频续流使产气管内部间隙发生强烈的电弧，使管内壁材料烧灼产生大量灭弧气体，由管口喷出，强烈吹弧，使电弧迅速熄灭，全部灭弧时间最多 0.01s（半个周期）。这时外部间隙的空气迅速恢复绝缘，使避雷器与系统隔离，恢复系统的正常运行。

为了保证避雷器可靠地工作，在选择排气式（管型）避雷器时，其开断电流的上限，应不小于安装处短路电流的最大有效值（计入非周期分量）；而其开断电流的下限，应不大于安装处短路电流可能的最小值（不计非周期分量）。在排气式（管型）避雷器的全型号中就表示出了开断电流的上、下限。

排气式避雷器型号如图 12-8 所示。

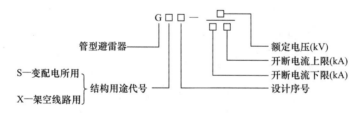

图 12-8　排气式避雷器型号

排气式避雷器具有简单经济、残压很小的优点，但它动作时有电弧和气体从管中喷出，因此它只能用在室外架空场所，主要用在架空线路上。此外，它动作时工频续流很大，相当于相间短路，往往要引起线路开关跳闸，因此对于装有排气式避雷器的线路，宜装设一次自动重合闸装置（ARD），以便排气式避雷器动作引起开关跳闸后能自动重合闸，迅速恢复供电。

3）角型避雷器

保护间隙（文字符号为 FG）又称角型避雷器，其结构如图 12-9 所示。它简单经济，维护方便，但保护性能差，灭弧能力小，容易造成接地或短路故障，使线路停电。因此对于装有保护间隙的线路，一般也宜装设自动重合闸装置，以提高供电可靠性。

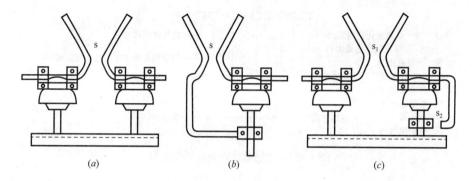

图 12-9 保护间隙

（a）双支持绝缘子单间隙；（b）单支持绝缘子单间隙；（c）双支持绝缘子双间隙

s—保护间隙；s_1—主间隙；s_2—辅助间隙

保护间隙的安装，是一个电极接线路，另一个电极接地。但为了防止间隙被外物（如鼠、鸟、树枝等）偶然短接而造成接地或短路故障，没有辅助间隙的保护间隙必须在其公共接地引下线中间串入一个辅助间隙，如图 12-10 所示。这样即使主间隙被外物短接，也不致造成接地或短路故障。保护间隙只用于室外不重要的架空线路上。

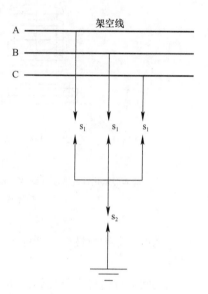

图 12-10 三相线路上
保护间隙的连接

s_1—主间隙；s_2—辅助间隙

4）金属氧化物避雷器

金属氧化物避雷器（metal-oxide arrester，文字符号为 FMO）按有无火花间隙分为两种类型，最常见的一种是无火花间隙只有压敏电阻片的避雷器。压敏电阻片是由氧化锌或氧化铋等金属氧化物烧结而成的多晶半导体陶瓷元件，具有理想的阀电阻特性。在正常工频电压下，它呈现极大的电阻，能迅速有效地阻断工频续流，因此无须火花间隙来熄灭由工频续流引起的电弧。而在雷电过电压作用下，其电阻又变得很小，能很好地泄放雷电流。

另一种是有火花间隙且有金属氧化物电阻片的避雷器，其结构与前面讲的普通阀式避雷器类似，只是普通阀式避雷器采用的是碳化硅电阻片，而有火花间隙的金属氧化物避雷器采用的是性能更优异的金属氧化物电阻片，具有比普通阀式避雷器更优异的保护性能，且运行更加安全可靠，所以它是普通阀式避雷器的更新换代产品。

金属氧化物避雷器全型号如图 12-11 所示。

注意：其额定电压现在也多用其灭弧电压值来表示。

氧化锌避雷器是金属氧化物避雷器中的主流产品，下面介绍几种常见的氧化锌避雷器。

氧化锌避雷器主要有普通型（基本型）氧化锌避雷器、有机外套氧化锌避雷器、整体式合成绝缘氧化锌避雷器、压敏电阻氧化锌避雷器等类型，如图 12-12 所示。

① 有机外套氧化锌避雷器

分无间隙和有间隙两种。

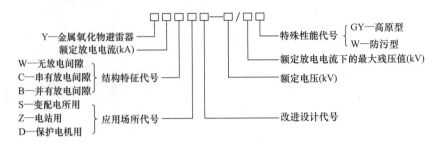

图 12-11　金属氧化物避雷器全型号

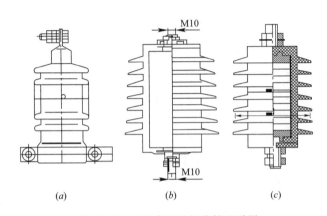

图 12-12　几种常见的氧化锌避雷器

(*a*) 基本型氧化锌避雷器（Y5W-10/27）的外形图；(*b*) 有机外套氧化锌避雷器（HY5WS2）的外形图；
(*c*) 整体式合成绝缘氧化锌避雷器（ZHY5W）的外形图

优点：保护特性好、通流能力强、体积小、质量轻、不易破损、密封性好、耐污能力强等。

无间隙有机外套氧化锌避雷器广泛应用于变压器、电机、开关、母线等电气设备的防雷保护。

有间隙有机外套氧化锌避雷器主要用于 6～10kV 中性点非直接接地配电系统中的变压器、电缆头等交流配电设备的防雷保护。

② 整体式合成绝缘氧化锌避雷器

特点：是整体模压式无间隙避雷器，使用少量的硅橡胶作为合成绝缘材料，采用整体模压成型技术。具有防爆防污、耐磨抗震能力强，体积小，质量轻等优点，还可以采用悬挂绝缘子的方式，省去了绝缘子。

应用：主要用于 3～10kV 电力系统中电气设备的防雷保护。

③ MYD 系列压敏电阻氧化锌避雷器

特点：是一种新型半导体陶瓷产品，通流容量大、非线性系数高、残压低、漏电流小、无续流、响应时间快。

应用：用于几伏到几万伏交直流电压的电气设备的防雷、操作过电压保护，对各种过电压具有良好的抑制作用。

④ 氧化锌避雷器的全型号如图 12-13 所示。

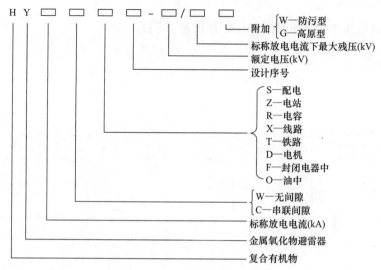

图 12-13　氧化锌避雷器的全型号

12.3　接地

接地是将电力系统或变配电所中变压器或发电机的中性点以及防雷设备或电气设备的非带电部分与接地体相连接。其中接地体可以分为人工接地体和自然接地体。自然接地体指兼作接地体使用的直接与大地接触的各种金属构件、金属井管、钢筋混凝土建筑物的基础、金属管道和设备等。

12.3.1　接地的分类

接地装置是为满足电力系统和电气装置及非电气设备设施和建筑物的工作特性，安全防护而设置的。其大致可以分为以下几种：

（1）功能性接地

在电气装置中，为运行需要所设的接地（如中性点直接接地或经其他装置接地等）称为功能性接地。功能性接地还可以分为：

1）交流中性点接地。将电气设备的中点或 TN 系统中的中性点接地。

2）工作接地。利用大地作导体，在正常情况下有电流通过的接地。

3）逻辑接地。将电子设备的金属板作为逻辑信号的参考点而进行的接地。

4）屏蔽接地。将电缆屏蔽层或金属外皮接地达到磁适应性要求的接地。

（2）保护性接地

电气装置的金属外壳、配电装置的构架和线路杆塔等，由于绝缘损坏有可能带电，为防止其危及人身和设备的安全而设的接地称为保护性接地。保护性接地有保护性接 PE 和保护性接 PEN 两种。

（3）防雷接地

为雷电保护装置（避雷针、避雷线和避雷器等）向大地泄放雷电电流而设的接地。

（4）静电接地

为防止静电对易燃油、天然气储罐和管道等的危险作用而设的接地。

12.3.2 电力系统中性点的接地运行方式及其特点

（1）IT 系统

这种系统多用于企业高压系统或低压中性点不直接接地（经阻抗线圈或不接地）的三相三线制系统中。如图 12-14 所示。

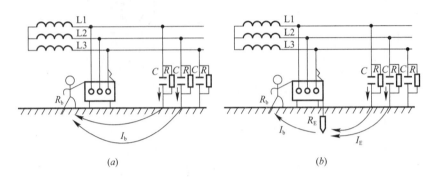

图 12-14 IT 系统

（a）无保护接地时电流通路；（b）有保护接地时电流通路

其中 R 为电网对地绝缘电阻，C 为电网分布电容，这种系统当发生一相接地故障时，可继续运行 1～2h。如长时间运行，由于非故障相的对地电压上升为相电压，会破坏绝缘，使故障进一步扩大。

如图 12-14（a）所示，在设备的外壳不接地时，如果发生电气设备绝缘损坏，当外壳带电时，发生人体触及，这时流过人体的电流回路为：分布电容和绝缘电阻→大地→人体→带电外壳到接地相。其电流为：

$$I_b = \frac{3U}{|3R_b + Z|} \tag{12-4}$$

式中 U——电源相电压；

Z——电网对地复阻抗；

R_b——人体电阻。

加在人体上的电压 U_b 接近设备对地电压 U_d，即：

$$U_b \approx U_d = I_b \cdot R_b = \frac{3UR_b}{|3R_b + Z|}$$

由此可见，加在人体上的电压与流过人体的电流和接地线路的复阻抗关系很大（可视为人体电阻和复阻抗之间的分压），对于 U 较低的线路来说，I_b、U_b 较小，一般不致发生危险。如低压线路绝缘电阻降到人体电阻的 3 倍时，其分布电容可以忽略，对地电压可达 $U_b \approx U_d = \frac{3UR_b}{3R_b + 3R_b} = \frac{U}{2}$。假设 U 为 220V，则 $U_b = 110V$，这个电压是很危险的。通常不接地系统都用在 3～35kV 系统，因而加在人体上的电压和流过人体上的电流是非常大的，足以致人死地。

如图 12-14（b）所示，在设备的外壳接地时，如果发生电气设备绝缘损坏，当外壳带电时，发生人体触及，则接地电流分别通过接地装置和人体两条通路。由于接地电阻 R_E 必须小于 10Ω，而人体电阻一般为 1000～2000Ω，可视为 $R_E \ll R_b$，则对地电压 $U_d =$

$\dfrac{3R_EU}{|3R_E+Z|}$。

因为 $R_E \ll |Z|$，所以只要适当控制 R_E，就可以使对地电压小得多。流过人体的电流 $I_b = \dfrac{R_E}{R_b}I_E$，可视为两者并联分流，电阻大的分流小，则有 I_b 为 I_E 的 $1/100 \sim 1/200$。

通过上述比较可知，在 IT 系统中装有保护接地的电气设备比没有保护接地的设备安全程度大大提高，这种措施是积极有效的。但是要想从根本上解决漏洞问题，还需要在不接地系统中采用绝缘监视，当有漏电部位出线时，及时发出警告信号以便人员及时检修。

(2) TN 系统

这种系统多用于三相四线制的 220V/380V 低压供电系统中，中性点直接接地。如图 12-15 所示。

如图 12-16 所示，在电气设备正常不带电的金属外壳及构架不作任何接地的情况下，当发生单相碰壳使电气设备外壳带电时，外壳对地电压为相电压 U，漏电电流尚不足以使保护断路器或熔断器动作，人体触及外壳时，流经人体的电流 I_b 为 $I_b = \dfrac{U}{R_b+R_0}$，由于系统中性点工作接地电阻 $R_0 = 4\Omega$，$R_0 \ll R_b$，可以略去不计。若 $U = 220V$，$R_b = 1000\Omega$，则 $I_b = 0.22A = 220mA$，这个电流是危险的。因此这种方式是不允许的。

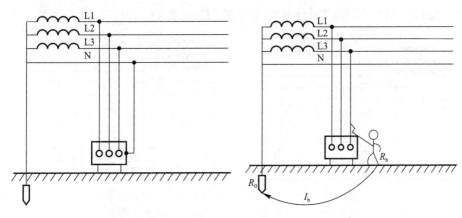

图 12-15 中性点直接接地系统图　　图 12-16 电气设备正常不带电的金属
外壳及构架不作任何接地

如图 12-17 所示，在电气设备正常不带电的金属外壳及构架装有直接接地的情况下，当设备发生单相短路时，其单相接地短路电流 $I_E = \dfrac{U}{R_E+R_0} = \dfrac{220}{4+4} = 27.5A$。这个电流不足以使中等容量以上的保护电器动作。因此，在设备外壳上将一直存在一个危险电压，其值 $U_d = I_E R_E = \dfrac{UR_E}{R_E+R_0}$，如果这个电压超过安全电压 65V，人一旦触及外壳，则不能保证安全，要是 U_d 不超过 65V，则 R_E 的极值应为 $R_E = \dfrac{65R_0}{U-5} = \dfrac{65 \times 4}{220-65} = 1.68\Omega$。要想把接地装置的接地电阻做得这么小，必须埋设更多接地体，投资大，即使这样，中性点的对地电压仍达 155V，也不安全。

当电气设备正常不带电的金属外壳与中性线相连时，即构成 TN 系统。如图 12-18 所示。

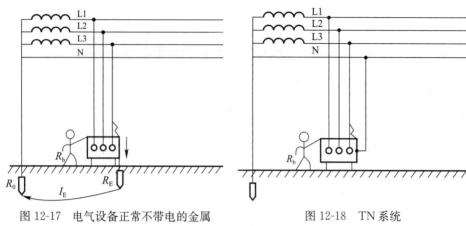

图 12-17　电气设备正常不带电的金属　　　　图 12-18　TN 系统
　　　　外壳及构架装有直接接地

当电气设备漏电时，由图 12-18 可见，故障相电压直接加在中性线上即发生了单相短路，该短路电流 $I_{dl} = \dfrac{U}{R_L}$，R_L 为连线电阻，电阻值很小。因此短路电流很大，足以使电气设备的保护电器动作，切断电源。因而保护接零在中性点直接接地的系统中对于防止人身触电是较理想的。

TN 系统根据其 PE 线的形式可分为 TN-C 系统、TN-S 系统和 TN-C-S 系统。如图 12-19 所示。

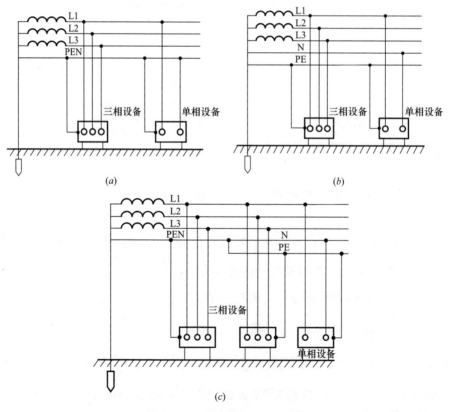

图 12-19　不同形式的 TN 系统
（a）TN-C 系统；（b）TN-S 系统（c）TN-C-S 系统

TN-C 系统，把中性线 N 和 PE 线合为一根 PEN 线，所用材料少，投资小。TN-S 系统，PE 线和 N 线是分开的，正常时 PE 线上无电流，各设备间互不干扰，即使 N 线断线，也不会影响保护作用。这种系统在现代的低压配电系统中最为常见。TN-C-S 系统兼有前两种系统的特点，适用于配电系统局部环境条件较差或有数据处理、紧密检测装置等设备的场所。

在中性点直接接地的低压系统中，为了进一步提高安全度，除采用保护接零外，还须在零线的一处或多处再次接地，这就是重复接地。其作用是当系统中发生碰壳或接地短路时，可以降低零线的对地电压；当零线一旦断线时，可使故障程度减轻。

（3）TT 系统

TT 系统就是电源中性点直接接地、用电设备外壳也直接接地的系统，如图 12-20 所示。通常将电源中性点接地叫做工作接地，而将设备外壳接地叫做保护接地。TT 系统中，这两个接地必须是相互独立的。设备接地可以是每一设备都有各自独立的接地装置，也可以是若干设备共用一个接地装置，图 12-20 中单相设备和单相插座就是共用接地装置的。

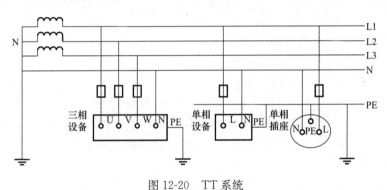

图 12-20　TT 系统

12.3.3　接地装置的安装、接地电阻的要求和测量

（1）对于接地装置的安装应满足以下几点要求：

1）电气设备及构架应该接地的部分，都应直接与接地体或它的接地干线相连接，不允许把几个接地的部分用接地线串接起来再与接地体连接。

2）接地线必须用整线，中间不能有接头。

3）不论所需要的接地电阻是多少，接地体都不能少于两根。

4）接地装置各接地体的连接，要用电焊或气焊，不允许用锡焊。焊接处应涂沥青防腐。

5）接地体应尽量埋在大地冰冻层以下潮湿的土壤中，埋深应不小于 0.6m。

6）垂直接地体的长度不应小于 2.5m，间距一般不小于 5m。

7）接地装置使用的角钢、扁钢、钢管、圆钢等都应用镀锌制品。

8）变压器出线处的工作 N 母线和中性点接地线应分别敷设。为测量方便，在变压器中性点接地回路中靠近变压器处，做一可拆卸的连接点。

9）接地或接零的明线部分应图上黑漆。

（2）接地电阻的允许值

对于接地电阻值当然是越小越好，但由于其值越小，则工程投资越大，且有时在土壤电阻率较高的地区很难将其降低，但接地装置的接地电阻值绝对不允许超过允许值。

1）电压为 1000V 以上的中性点直接接地系统中的电气设备。这种大接地电流系统，线路电压高，接地电流很大，当发生单相碰壳对地短路时，接地装置的对地电压、接触电压都很高，为保证人身安全，这种系统的接地电阻允许值不应超过 0.5Ω。

2）电压为 1000V 以上的中性点不接地系统中的电气设备。这种小接地电流系统中的对地安全电压值根据高压侧设备和低压侧设备是否采用公用接地装置而定。

当接地装置与 1000V 以下的设备共用接地时，其接地电阻允许值 R_{eal} 应为：

$$R_{eal} \leqslant \frac{125}{I_e}(\Omega)$$

当接地装置只用于 1000V 以上的设备时，则为：

$$R_{eal} \leqslant \frac{250}{I_e}(\Omega)$$

式中接地电流采用以下经验公式计算：

$$I_e = \frac{U_N(35l_{cab} + l_{oh})}{350}(A) \tag{12-5}$$

式中　U_N——网路的额定线电压，kV；

l_{cab}——电缆网路的总长度，km；

l_{oh}——架空网路的总长度，km。

如按公式（12-5）所计算的值大于 10Ω，则应取 10Ω 为允许值。

3）电压为 1000V 以下的中性点不接地系统中的电气设备。在这种系统中，当发生单相接地短路时，短路电流一般只有十几安，为保证碰壳时对地电压不超过 60V，其接地电阻值均规定不超过 4Ω。

4）重复接地的接地电阻值不应超过 10Ω，防雷装置的接地电阻值不应超过 1Ω。

12.3.4　接地电阻的测量

（1）测量接地电阻的原理

如图 12-21 所示，E 为接地体，B 为电位探针，C 为电流探针，PA 为测量通过接地体电流的电流表，PV 为测量接地体电位的电压表。

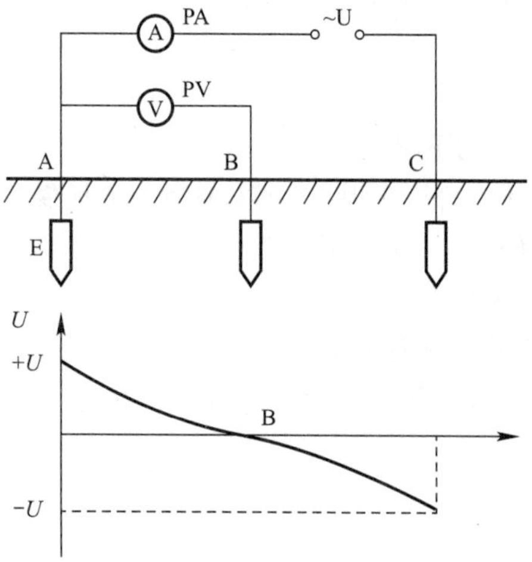

在接地电极 A 与辅助电极 C 之间加上交流电压 U 之后，通过大地构成电流回路。当电流从 A 向大地扩散时，在接地电极 E 周围土壤中形成电压降，其电位分布如图 12-21 所示。由电位分布图可知，距离接地体 E 越近，土壤中的电流密度越大，单位长度的压降也越大；而距 A、C 越远的地方，电流密度越小，沿电流扩散方向单位长度土壤中的压降也越小。如果 A、C 两极间的距离足够大，就会在中间出现压降近于零的区域 B。一般离电极 20m，即可视为压降为零。

接地电极 A 的工频接地阻抗为：

图 12-21　测量接地电阻的原理图

$$Z = \frac{U_{AB}}{I} \tag{12-6}$$

式中 U_{AB}——接地电极 A 对大地零电位 B 处的电压，V；

I——流入接地装置的工频电流，A；

Z——接地电极 A 的工频接地阻抗，Ω。

（2）接地电阻的测量方法

接地电阻一般可以用电流表、电压表法或用接地电阻测量仪测量。接地电阻测量仪测量方法简单，不受电源限制。

测量前先将两根 500mm 长的测量接地棒分别与接地电阻测量仪上的 P 和 C 接线桩引出线连接，然后将 P′ 和 C′ 两根测量接地棒插入地中 400mm 深，依直线相距接地极 20m 和 40m，如图 12-22 所示。

测量时，要将测量仪放在水平位置，检查检流计的指针是否指在红线上，若未指在红线上，则可用"调零螺钉"把指针调整指于红线上。然后将仪表的"倍率标度"置于最大倍数，慢慢转动发电机的摇把，同时旋动"测量标度盘"，使检流计指针平衡。当指针接近红线时，加快发电机摇表的转速达到 120r/min 以上，再调整"测量标盘"，使指针指于红线上。如"测量标度盘"的读数小于 1 时，则应将"倍率标度"指于较小倍数，再重新调整"测量标度盘"，以得到正确的读数。

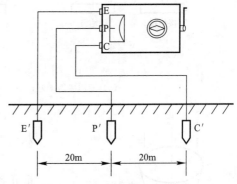

图 12-22 接地电阻的测量方法

当指针完全平衡在红线上时，用"测量标度盘"的读数乘以"倍率标度"即为所测的电阻值。

（3）接地电阻的测量注意事项

1）测量应选择在干燥季节和土壤未冻结时进行。

2）采用电极直线布置测量时，电流线与电压线应尽可能分开，不应缠绕交错。

3）在变电站进行现场测量时，由于引线较长，应多人进行，转移地点时，不得甩扔引线。

4）测量时，接地电阻表无指示，可能是电流线断（经过实际测量最可能的就是电流线的夹子从电极地桩上掉下来）；接地电阻表指示很大，可能是电压线断或接地体与接地线未连接（实际中同样最大的可能就是夹子掉下来）；接地电阻表摆动严重，可能是电流线、电压线与电极或接地电阻表端子接触不良，也可能是电极与土壤接触不良造成的。

12.3.5 水厂中需要接地的设备

在水厂电气设备中，下列装置的金属部分应接地和接零：

（1）电机、变压器的金属底座和外壳。

（2）屋内外配电装置的金属或钢筋混凝土构架以及靠近带电部分的金属遮拦和金属门。

（3）配电、控制、保护用的屏（柜、箱）及操作台等的金属框架和底座。

（4）电缆桥架、支架和井架。

（5）互感器的二次绕组。

（6）控制电缆的金属护层。

（7）避雷器、避雷针、避雷线的接地端子。

（8）变频器和 PLC 控制柜。这里最好不要与其他电气设备通用接地。如图 12-23 所示。

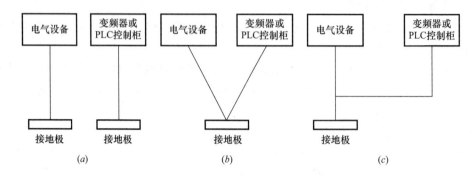

图 12-23　变频器或 PLC 控制柜接地

（a）专用接地最好；（b）共用接地可用；（c）公共接地不可以采用

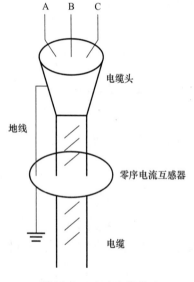

图 12-24　电力电缆接地

（9）交流电力电缆的接头盒、终端头的金属外壳以及可触及的电缆金属护层和穿线的钢管。

当电缆穿过零序电流互感器时，为了使零序保护能正确动作，抵消电网正常运行时地线中的杂散电流，当电缆接地点在互感器以下时，接地线应直接接地；当电缆接地点在互感器以上时，电缆头的接地线应通过零序电流互感器后接地，如图 12-24 所示。由电缆头至穿过零序电流互感器的一段电缆金属层和接地线应对地绝缘。

在电力系统或变配电所中，中性点的接地方式决定了系统的运行方式。接地装置的安装是否规范，接地电阻值是否达到要求，对系统中电气设备的安全运行保护是至关重要的；同时还必须定期做好接地电阻值的测量及整改工作。

第 13 章　安全用电知识

电力是国民经济重要经济能源，现已广泛应用于国民经济各个部门和日常生活中，电力在对我们提供便利的同时，也会因各种故障或不正常因素对设备和人身造成损害。在生产运行中应采取严密的措施，避免造成危害，因此作为变配电运行工需要掌握安全用电相关知识。

13.1　常见电气事故类型

（1）触电

一般把人体和电源接触及电流通过人体造成的各种生理和病理的伤害称为触电；触电事故往往造成严重后果，它直接关系到人身安全，是劳动保护的重点。据相关资料统计，发现触电事故具有如下特点：

1）每年 6～9 月份触电事故多。主要是因为这段时间天气炎热，人体衣服单薄而且多汗，触电危险性较大；同时这段时间多雨、潮湿，电气设备绝缘性能降低，用电负荷较高，容易造成触电事故。

2）低压设备触电事故多。主要是由于低压设备使用广泛，与之接触的机会较多，操作者在使用过程中容易放松安全警惕，造成低压安全事故频发。

3）便携式和移动式设备触电事故多。主要是由于这些设备需要经常移动，工作条件不利，而人体皮肤经常与之接触，容易发生故障导致触电事故的发生。

4）电气连接部位触电事故多。主要是由于插销、开关、接头等连接部分机械牢固性较差，电气可靠性也较低，容易出现故障。

5）工矿企业、建筑工地触电事故多。主要是这些行业现场较乱、湿度高、用电设备多等原因造成的。

（2）短路

短路是电力系统或变配电所中常见的一种事故。所谓"短路"是指供配电系统中相线与相线、相线与中性线、相线与地短接（中性点直接接地系统）；不管哪种形式的短路，短路时在电路中都将产生很大的短路电流，其数值是正常值的几倍到几十倍甚至上百倍。瞬间短时大电流对电气设备、工作人员安全造成严重威胁；在发生故障时需快速有选择性地将短路部分切除。研究发现，发生短路事故将产生如下严重后果：

短路电流会使电气设备导体严重发热，严重时使导体烧红、熔化，绝缘损坏甚至起火燃烧，使电气设备损坏。

短路电流通过导体使相互间电动力增加很多，强大的电动力会使设备产生机械变形甚至损坏。

短路发生后，短路点电压为零；短路点后电气设备失去电源，将停止工作，造成相应生产中断；电源到短路点之间电压会突然降低，当电压降到额定值的 30%～40%，并持续 1s 以上时，线路上电动机可能停止转动，影响到生产运行。

发生单相接地短路时会对通信线路等弱电设施产生干扰，并产生出很高的电动势影响到邻近通信线路。

（3）电气设备爆炸和火灾

电气设备发生爆炸和火灾是电气事故中常见事故。爆炸和火灾的原因除了设备缺陷或安装不当等设计、制造和施工方面外，在运行中电气设备过热和发生火花或电弧是引起电气爆炸和火灾的直接原因；尤其是变压器等充油设备，假如油面过低或油箱内发生设备短路、局部放电，使油箱内温度急剧升高，油箱内压力激增，如果不及时处理，就会发生设备爆炸事故，进而引起火灾。

（4）电气误操作

常见的电气误操作事故有：带负荷拉合隔离开关、带电挂接地线、带接地线合闸、误入带电间隔、误拉合开关，这五种恶性误操作事故危害极大，会给企业和个人带来严重的损失。有关部门针对变配电运行人员，除了加强技术业务培训以外，特制定了各种规章制度和防止误操作措施，但这些事故还是经常发生，这要引起变配电工作人员的高度重视。

13.2　电气安全用具

（1）电气安全用具的种类

生产（建设）工作中，无论是施工安装、运行操作还是检修工作，为了保障工作人员的人身安全和设备的安全运行，必须使用相应的安全用具。例如，爬杆登高作业时，工作人员只有把系在身上的安全带正确地固定好，才能防止高空坠落伤亡事故的发生。

电气安全用具可划分为绝缘安全用具和一般防护安全用具两大类。

1）绝缘安全用具

绝缘安全用具指带电作业或使用电气工器具时，为防止工作人员触电，必须使用的绝缘工具。依据绝缘强度和所起的作用又可分为基本安全用具和辅助安全用具两类。

① 所谓基本安全用具，是指在作业过程中能长时间直接与带电设备发生工作接触，而不使工作人员触电的绝缘工器具；这种绝缘工器具，能长时间承受相应等级的工作电压；属于基本安全用具有的高压绝缘棒、高压验电器、绝缘夹钳等。

绝缘工器具应放在清洁、干燥的地方，有条件的可放在红外箱中，防止积尘。

② 所谓辅助安全用具，是指那些绝缘强度不高，不能承受高压电气设备线路的工作电压，只能起基本安全用具的加强、保护作用，用来防止接触电压、跨步电压、电弧烧灼对操作人员伤害的用具，辅助安全用具包括绝缘手套、绝缘靴（鞋）、绝缘垫、绝缘台等；不允许用辅助安全用具直接与高压电气设备的带电部分发生接触。

2）一般防护安全用具

一般防护安全用具，本身不具备绝缘性能，只能起到防护作用，一旦发生事故，可以减轻对工作人员的伤害程度。这种安全用具对电气工作来说，主要用来防止停电检修设备误送电或与邻近带电设备发生感应电压时，减轻工作人员的伤害程度；防止工作人员走错间隔、误登带电设备，导致触电伤亡；防止跨越安全距离，产生电弧灼伤；对一切登高作业人员来说，防止发生高空坠落事故。属于一般防护安全用具的有接地线、安全帽、临时遮栏、标示牌、安全带；另外，登高用的梯子、脚扣、升降板也属于一般防护安全用具。

（2）几种主要的绝缘安全用具

1）绝缘棒

绝缘棒也叫绝缘杆或操作杆、令克棒。

不同电压等级的绝缘棒可以承受相应的电压。它的绝缘强度高，可用来带电操作，拉合跌落保险、高压隔离开关，如图 13-1 所示。在接装和拆除携带型接地线及带电进行测量和试验工作时，往往也要用绝缘棒。

绝缘棒由工作部分、绝缘部分和握手部分组成，如图 13-2 所示。

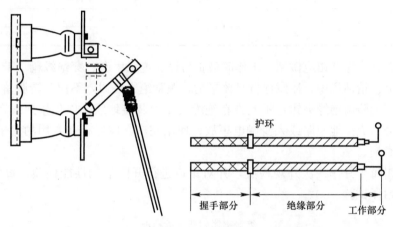

图 13-1　绝缘棒拉合隔离开关　　　图 13-2　绝缘棒结构示意图

绝缘棒使用前必须核准与所操作电气设备的电压等级是否相符。使用时，工作人员应戴绝缘手套，穿上绝缘靴（鞋）；遇下雪、下雨天在室外使用绝缘棒时，绝缘棒应装有防雨的伞形罩，使用过程中，必须防止绝缘棒与其他物体碰撞而损坏表面绝缘漆。绝缘棒不得移作他用，也不得直接与墙壁或地面接触，防止破坏绝缘性能。工作完毕应将绝缘棒放在干燥的特制的架子上，或垂直悬挂在专用的挂架上。绝缘棒应进行定期绝缘试验，不合格的及时更换。

绝缘棒应每 3 个月作一次外观检查，表面应光洁无纹、无机械损伤、绝缘层无损坏。每年按表 13-1 的要求进行耐压试验。

绝缘棒耐压试验标准 表 13-1

名称	电压等级（kV）	周期	交流耐压（kV）	时间（min）
绝缘棒	10	1 年	45	1
	35		95	
	110		220	

2）绝缘夹钳

绝缘夹钳是 35kV 以下电力系统或变配电所中高压熔断器的拆卸、安装或需要有夹持力的电气作业时的一种常用工具。绝缘夹钳结构如图 13-3 所示，由工作钳口、绝缘部分和握手部分组成。绝缘夹钳的各部分具体尺寸，随使用场合和电压等级而不同，可参见表 13-2。

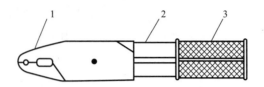

图 13-3 绝缘夹钳结构示意图

1—钳口部分；2—绝缘部分；3—握手部分

绝缘夹钳的最小长度   表 13-2

电压（kV）	户内设备用（m）		户外设备用（m）	
	绝缘部分	握手部分	绝缘部分	握手部分
10	0.45	0.15	0.75	0.20
35	0.75	0.20	1.20	0.20

使用和保管绝缘夹钳应做到：工作时戴护目镜、绝缘手套、穿绝缘靴（鞋）或站在绝缘台（垫）上，精神集中，注意保持身体平衡，握紧绝缘夹钳，不使其滑脱落下；潮湿天气应使用专门的防雨绝缘夹钳；不允许在绝缘夹钳上装接地线，以免接地线在空中游荡，触碰带电部分造成接地短路或人身触电事故；使用完毕，应保存在专用的箱子或匣子里，以防受潮和磨损。

绝缘夹钳每个月作一次外观检查，并对钳口进行开闭活动性能检验，每年按表 13-3 的要求进行耐压试验。

绝缘夹钳耐压试验标准   表 13-3

名称	电压等级（kV）	周期	交流耐压（kV）	时间（min）
绝缘夹钳	10	1 年	45	1
	35		95	

3）验电器

验电器又称测电器、试电器或电压指示器。验电器分为高压、低压两种，是检验电气设备、导线是否带电的专用器具。

高压验电器（6～220kV）按电压等级制成 2～3 种。按结构原理又可分为氖管式、回转式和声光报警式验电器。

高压验电器一般由指示和支持两部分组成。指示部分是一个绝缘材料制成的空心管，在绝缘空心管内装有一个指示是否带电的氖灯管。如果被检验的电气设备或线路带电，此时氖灯管因通过电容电流而发出光亮。支持部分是用胶木或硬橡胶制成的圆筒，包括绝缘和握手（握柄）部分。

高压验电器的使用应注意下列事项：必须使用和被检验电气设备或线路电压等级相一致的合格验电器；验电器不应装接地线，除非在木梯、木杆上验电，不接地不能指示时，方可装接地线，但勿使接地线碰及带电体；验电时，工作人员应戴绝缘手套，按验电"三步骤"进行操作，即先将验电器逐步靠近带电部分，直到验电器发出有电指示信号（不要立即直接接触或碰撞带电部分，避免验电器损坏），证明验电器是良好的，然后再对被验设备进行验电，若验得无电时，还需要重新在带电部分复核检验，验电器再次发出带电指示信号，证实验电可靠；验电器用毕应存放在专用匣子里，置于干燥处，防止受潮积灰，验电器应按规定进行检查、试验。

验电器每次使用前都应检查，绝缘部分有无污垢、损伤、裂纹，声、光显示是否完好。氖管式验电器每半年应按表13-4进行发光电压和耐压试验。

验电器试验标准

表 13-4

器具	项目	周期	要求				说明
电容型验电器	启动电压试验	1年	启动电压值不高于额定电压的40%，不低于额定电压的15%				试验时接触电极应与试验电极相接触
	工频耐压试验	1年	额定电压（kV）	试验长度（m）	工频耐压（kV）	持续时间（min）	
			10	0.7	45	1	
			35	0.9	95	1	
			66	1.0	175	1	
			110	1.3	220	1	

低压验电器俗称试电笔、验电笔。用来检验500V及以下电气设备、线路是否带电，也可以用来区分火（相）线和地（中性）线。如果测试时氖灯管发亮，即证明有泄漏电流通过，火（相）线带电。还可以用来区分交、直流电，当交流电通过氖灯管时，两电极附近都发亮，若是直流电，仅一个电极发亮。

为携带和使用方便，低压验电器外形制成钢笔式或螺丝刀式，其结构如图13-4所示。

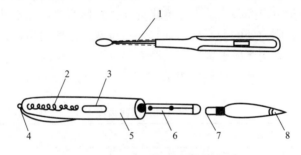

图 13-4　低压验电器结构示意图

1—绝缘套管；2—弹簧；3—小窗；4—笔尾的金属体（笔卡）；5—笔身；6—氖灯管；7—电阻；8—笔尖的金属体

使用低压验电器应注意的事项是：按验电"三步骤"进行验电；使用时，手持验电器，一个手指与笔卡或螺丝端接触，验电器另一金属尖顶端与被测导体接触；绝不允许用低压验电器测试高压电气设备、线路是否带电，因低压验电器无绝缘部分，会造成触电事故。

4）绝缘手套和绝缘靴（鞋）

绝缘手套是用特种橡胶制成的，套身应有足够的长度，戴上后应超过手腕10cm，其式样如图13-5所示。绝缘手套有12kV、5kV两种。

在高压电气设备、线路上操作隔离开关、跌落保险、油断路器时，绝缘手套只能作为辅助安全用具；在

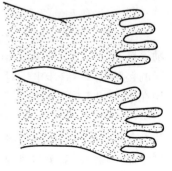

图 13-5　绝缘手套式样

低压电气设备上操作时，只要戴上绝缘手套，就可直接带电操作，可作为基本安全用具使用。

使用前先进行外观检查，外表应无磨损、破漏、划痕等。检查方法是将手套筒吹气压紧筒边朝手指方向卷曲，卷到一定程度，若手指鼓起，证明无砂眼漏气，可以使用。漏气、裂纹的，禁止使用。使用绝缘手套，最好先戴一双棉纱手套，夏天防出汗操作不便，冬天起保暖作用。外衣袖口应塞在绝缘手套筒身内。使用完毕应擦净、晾干，最好在绝缘手套内撒些滑石粉，以免粘连。要保存在干燥、阴凉的地方，可倒置套在指形架上或存放在专用柜内。绝缘手套上面不得堆压任何物件，也不得与石油类油脂接触，不合格的手套及时清除，避免错用。绝缘手套每半年按表 13-5 的要求进行试验。

绝缘手套试验标准

表 13-5

器具	项目	周期	要求				说明
绝缘手套	工频耐压试验	半年	电压等级	工频耐压（kV）	持续时间（min）	泄漏电流（mA）	
			高压	8	1	≤9	

绝缘靴（鞋）的作用是使人体与地面隔离绝缘。它是高压操作时保持绝缘的辅助安全用具，在低压操作或防护跨步电压时，可作基本安全用具使用。

绝缘靴（鞋）是由特种橡胶制成的，外形与普通橡胶靴相似，但不上漆，无光泽。使用保管时应注意：使用前进行外观检查，表面应无损伤、磨损或破漏、划痕；如有砂眼气孔，不准使用；现场至少应配备大、中号绝缘靴（鞋）各两双，并不准挪作雨具使用；使用完毕应存放在干燥、阴凉处的专用柜内，其上不得堆压其他物品，并不得与石油类油脂接触；要及时检查，发现绝缘靴（鞋）底面磨光并露出黄色绝缘层时，应清除换新，按规定做耐压试验。绝缘靴（鞋）每半年按表 13-6 的要求进行一次试验。

绝缘靴（鞋）试验标准

表 13-6

器具	项目	周期	要求				说明
绝缘靴（鞋）	工频耐压试验	半年	电压等级	工频耐压（kV）	持续时间（min）	泄漏电流（mA）	
			高压	15	1	≤7.5	

5）绝缘垫和绝缘台

绝缘垫又称绝缘毯，一般铺设在配电装置室地面及控制屏、保护屏、发电机和调相机励磁机端处，用于带电操作时增强操作人员对地绝缘，避免单相短路、电气设备绝缘损坏时的接触电压、跨步电压对人体伤害。用在低压配电室地面时，可作为基本安全用具，但用在 1kV 以上时，只能作为辅助安全用具。

绝缘垫使用过程中应保持清洁、干燥，不得与酸、碱及各种油类物接触，以免腐蚀老化、龟裂、变黏，降低绝缘性能。发现上述情况，应及时更换。应避免阳光直射或锐利金属划刺，存放时避免与热源（暖气等）距离太近，以免加剧老化变质。绝缘垫每年试验一次，试验标准如表 13-7 所示。

绝缘垫试验标准   表 13-7

器具	项目	周期	要求			说明
绝缘垫	工频耐压试验	1 年	电压等级	工频耐压（kV）	持续时间（min）	用于带电设备区域
			高压	15	1	
			低压	3.5	1	

绝缘台用干燥、直木纹、无节疤的木条拼制而成，板条间留有不大于 2.5cm 的缝隙，以免鞋跟陷入，台面尺寸最小为 0.8m×1.5m，最大不宜超过 1.5m×1.5m，以便移动和检查。台面板四脚用高度不小于 10cm 的绝缘子作撑脚，与地绝缘。制作时绝缘板边缘不得伸出绝缘子以外，防止绝缘台倾翻，作业人员摔倒。

使用绝缘台之前，先检查台脚绝缘子有无裂纹、破损，木质台面是否干燥、清洁。绝缘台多用于变电所和配电室内，若用在户外时，应置于坚硬的地面，不应放在松软泥地或泥草中以防台脚陷入，降低绝缘性能。使用后应妥善保管，不能随意蹬、踩或作板凳使用。每年做一次耐压试验，试验电压一律为交流 40kV，持续 1min。

（3）一般防护安全用具

为了保证电力工作人员在生产中的安全和健康，除了使用上述基本安全用具和辅助安全用具之外，还有一般防护安全用具，如安全带、安全帽、接地线、临时遮栏、标示牌等。

1）安全带

在没有脚手架或者在没有栏杆的脚手架上工作，高度超过 1.5m 时，应使用安全带，或采取其他可靠的安全措施。

安全带按作业性质不同，分为围杆作业安全带、悬挂作业安全带两种，安全带由带子、绳子和金属配件组成。

2）安全帽

安全帽是保护使用者头部免受外物伤害的个人防护用具。按使用场合性能要求不同，分别采用普通型或电报警型安全帽。安全帽保护原理是：安全帽受到冲击载荷时，可将其传递分布在头盖骨的整个面积上，避免集中打击在头颅一点而致命；头部和帽顶的空间位置构成一个冲击能量吸收系统，起缓冲作用，以减轻或避免外物对头部的打击伤害。

3）接地线

在高压电气设备停电检修或进行清扫等工作之前，必须在停电设备上设置接地线，以防设备突然来电或因邻近高压带电设备产生感应电压对人体产生触电危害，也可用来放尽停电设备的剩余电荷。

携带型接地线由专用夹头和多股软铜线组成，如图 13-6 中 1、4、5 是专用夹头（线夹），夹头 4 将接地线与接地装置连接起来，夹头 5 将短路线与接地线连接起来，夹头 1 把短路线设置在需要短路接地的电气设备上，2、3 均由多股软铜线编成 3 根（三相）短的和 1 根（接地）长的软铜线，其截面积不得小于 25mm²，并应符合短路电流通过时不致因高热而熔断的要求，此外还需具有足够的机械强度。

接地线使用前必须认真检查其是否完好，夹头和铜线连接应牢固，一般应由螺丝栓紧，再加锡焊焊牢。接地线应经验电确认断电后，由两人戴上绝缘手套用绝缘棒操作。装拆顺序为：装设接地线要先接接地端，后接导体端；拆接地线顺序与此相反。夹头必须夹紧，以防短路电流较大时，因接触不良熔断或因电动力作用而脱落，严禁用缠绕的办法短

路或接地。禁止在接地线和设备之间连接刀闸、熔断器，以防工作过程中断开而失去接地
作用。接地线的旋置位置应编号，对号入座，避免误拆、漏拆接地线造成事故。

4）临时遮栏

临时遮栏如图 13-7 所示，用干燥木材、橡胶或其他坚韧绝缘材料制作，但不准用金属
材料制作，高度不低于 1.7m，并悬挂："止步，高压危险！"的标示牌。临时遮栏是一种可
移动的隔离防护用具，用以防护工作人员意外碰触或过分接近带电体，避免触电事故。

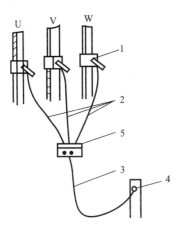

图 13-6　接地线组成
1、4、5—专用夹头（线夹）；
2—三相短路线；3—接地线

图 13-7　临时遮栏

5）标示牌

标示牌用来警告工作人员不准接近设备带电部分，提醒工作人员在工作地应采取的安
全措施，以及表明禁止向某设备合闸送电，指示为工作人员准备的工作地点等。按其用途
分为警告、允许、提示和禁止 4 类 9 种，其式样如图 13-8 所示。

标示牌用木质或绝缘材料制作，不得用金属板制作，标示牌悬挂和拆除应按照《电力安
全工作规程　发电厂和变电站电气部分》GB 26860—

图 13-8　标示牌示意图

2001 进行。悬挂位置和数目应根据具体情况和安全要
求确定。在现场工作中，也可以根据需要，制作一些
非标准（字样、尺寸）的标示牌，悬挂在醒目处。

13.3　电流的人体效应

电流对人体的作用是个复杂的问题。电流会引起神经肌肉功能的紊乱和电烧伤。典型
症状是沿人体的电通路或在电流通过人体皮肤进出口处产生刺疼、麻木并伴随肌肉痉挛、
收缩，严重时导致触电者因停止呼吸而死亡或因心脏功能紊乱而死亡；心室纤维性颤动，
阻碍心脏向大脑供血，使大脑缺氧死亡；或电流直接到达大脑，使人昏迷、损伤大脑，直
接死亡，还有因电气原因引发的间接伤害。

电流对人体的伤害程度与电流通过人体的持续时间、途径、电流频率以及触电者身体
状况、触电电压等多种因素有关。

（1）电流大小

通过人体的电流越大，人体生理反应越强烈，伤害就越大。15～100Hz 正弦交流电，通过人体能引起肌肉不自觉收缩的最小电流，通用值为 0.5mA。手握电极的人能自行摆脱电极的最大电流，平均值为 10mA。

直流电流易于摆脱。当电击时间大于心搏周期时，直流电流的心室纤维性颤动阈比交流电高得多。要产生相同的刺激效应，恒定的直流电流的强度要比交流电流大 2～4 倍。直流电流通过人体能引起肌肉不自觉收缩的最小电流，通用值为 2mA。

（2）持续时间

通电时间越长，越容易引起心室纤维性颤动，伤害就越严重。

心室纤维性颤动阈：通电时间长，电流热效应、化学效应会使人体出汗和人体组织电解，从而降低人体电阻，导致电流增大，且能量积累变多，较小的电流就可能引起心室纤维性颤动。

人的心脏每收缩、扩张一次，中间约有 0.1s 的间歇，在这 0.1s 内心脏对电流最为敏感。通电时间越长，与心脏最敏感的间歇重合次数越多，危险就越大。500mA 以上的电流就有可能引起心室纤维性颤动。

国际电工委员会（IEC）提出的人体触电时间和通过人体电流（50Hz）对人身肌体反应的关系曲线如图 13-9 所示，从图中可以看出：

① 区——人体通常无反应；

② 区——人体触电后有麻木感，但一般无病理生理反应，对人体无害；

③ 区——人体触电后，可产生心律不齐、血压升高、强烈痉挛等症状，但一般无器质性损伤；

④ 区——人体触电后，可发生心室纤维性颤动，严重的可导致死亡。

因此，通常将①、②、③区视为人身"安全区"，③区与④区之间的一条曲线称为"安全曲线"。但③区也不是绝对安全的，这一点必须注意。

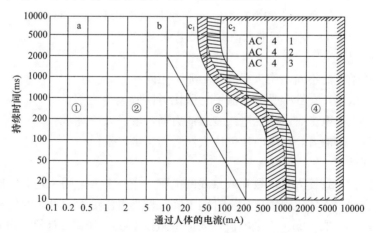

图 13-9　人体触电时间和通过人体电流（正弦交流）对人身肌体反应的关系曲线

（3）电流路径

电流沿任何路径通过人体都可以致人死亡。其中电流直接流经或接近心脏和胸部时最危险，如由胸部到左手，就是最危险的路径。

电流流过中枢神经系统，会使中枢神经系统严重失调，引起窒息而导致死亡。电流流过头部，会使人昏迷；流经大脑，会造成严重损伤，甚至死亡。电流流过脊髓，会使人瘫痪。

不同电流路径对人体伤害的危险性可用心脏电流系数来表示，系数越大，对人体危害越大，如表 13-8 所示。

不同电流通路的心脏电流系数　　　　　　　　　　　　　　　表 13-8

电流通路	心脏电流系数 F
左手到左脚、右手或两脚	1.0
两手到两脚	1.0
左手到右手	0.4
右手到左脚、右脚或两脚	0.8
后背到右手	0.3
后背到左手	0.7
胸部到右手	1.3
胸部到左手	1.5
臀部到左手、右手或双手	0.7

用心脏电流系数可算出某一通路的心室纤维性颤动电流 I_h，该电流与从左手到双脚通路的电流 I_{ref} 有相同的危险性。即：

$$I_h = I_{ref}/F$$

心脏电流系数只是对各电流通路引起的心室纤维性颤动的相对危险作大致的估算。

直流向下电流的心室纤维性颤动约为向上电流的 2 倍。

（4）电流频率

在相同的电压下，频率 40～60Hz 的交流电对人体最危险。以成年男性为例，平均摆脱电流为：交流 10mA，直流 76mA。高频电流伤害程度远小于交流电流，但电压过高的高频电流仍会使人触电死亡。高频电流比低频电流容易引起皮肤灼伤。一般来说，50Hz 左右的交流电触电，约有 45% 的死亡率；当频率升至 100Hz 以上时，死亡率就降至 20% 左右；频率高于 2000Hz 时，基本上消除了触电危险。

（5）人体状况

触电随人体条件的不同，伤害程度也不完全相同。

女性比男性敏感，女性感受的电流平均值比男性低 30% 左右。

儿童、老年人遭电击时，耐受电流刺激能力弱，较成人危险。

体弱多病者、醉酒者，触电时比健康人所受伤害更严重。

（6）电压高低

安全电压是指不致使人直接致死或致残的电压。当一个人电阻一定时，电压越高，电流越大；另一方面，人体电阻随电压上升而下降，使得电流更大，对人的伤害更加严重。

在一般情况下，取 30mA 安全电流，人体电阻按 1000～2000Ω 计算，可得安全电压范围为 30～60V。我国规定，一般环境安全电压为 36V。在特别危险场合，取人体电阻为 400Ω 或 800Ω，故取安全电压为 12V 或 24V。

我国规定的安全电压等级，即为防止因触电造成人体直接伤害事故而采取的由特定电源供电的电压等级；还规定在正常和事故情况下，此电压等级的上限值为任何两导体间或任一导体与地间均不得超过交流（50～800Hz）有效值50V或直流（非脉动值）120V。应根据使用环境、人员和使用方式等因素选用安全电压，安全电压等级及选用举例见表13-9。

安全电压等级及选用举例   表13-9

安全电压（交流有效值）		选用举例
额定值（V）	空载上限值（V）	
42	50	在有危险的场所使用的手持式电动工具等
36	43	在矿井、多导电粉尘等场所使用的行灯等
24	29	供某些人体可能偶然触及的带电体设备选用
12	15	
6	8	

为确保人身安全，供给安全电压的特定电源，除采用独立电源外，供电电源的输入电路与输出电路必须实行电气上的隔离。工作在安全电压下的电路必须与其他电气系统和与之无关的可导电部分实行电气上的隔离。当电气设备采用24V以上的安全电压时，必须采取防止直接接触带电体的保护措施，其电路必须与大地绝缘。

实际上，从电气安全的角度来说，安全电压与人体电阻是有关系的。人体电阻由体内电阻和皮肤电阻两部分组成。体内电阻约为500Ω，与接触电压无关。皮肤电阻随皮肤表面的干湿洁污状况及接触面积而变，约为1700～2000Ω。从人身安全的角度考虑，人体电阻一般取下限值1700Ω。

由于安全电流取30mA，而人体电阻取1700Ω，因此人体允许持续接触的安全电压为：$U_{saf}=30×1700=51000mV≈50V$。这50V（50Hz交流有效值）称为一般正常环境条件下允许持续接触的"安全特低电压"。现行国家标准《低压配电设计规范》GB 50054—2011明确规定："设备所在环境为正常环境，人身电击安全电压限值为50V。"

13.4 触电防范与现场急救

一般把人体和电源接触及电流通过人体造成的各种生理和病理的伤害称为触电；触电又分为电击和电伤。

电击时，电流通过人体内部，由于电流的热效应、化学效应和机械效应等，造成人体内部组织的破坏，影响呼吸、心脏和神经系统，严重的将导致死亡。电击者有刺痛、痉挛、昏迷、心室颤动、停跳、呼吸困难或停止等现象。

电伤是电流对人体外部造成的伤害。电伤虽使人遭受痛苦，甚至失明、被截肢，但一般很少造成死亡。

电击和电伤经常同时发生，特别是在大电流触电、高压触电或雷击时。此外，电气事故还包括因触电引起的高空坠落、跌伤等间接性伤害。

13.4.1 触电事故的方式

主要分为直接触电和间接触电两种。

（1）直接触电：人体直接接触或过分靠近带电体而受到的电击，包括单相触电、两相触电、电弧放电触电。

1）单相触电

指人体在地面或接地体上，人体某一部位触及一相带电体的触电。中性点直接接地电网中单相触电，如图 13-10 所示。由于 $R_b \gg R_0$，人体承受的电压十分接近相电压。这时流过人体的电流大约是：

$$I_b = \frac{U_\Phi}{R_b + R_0}$$

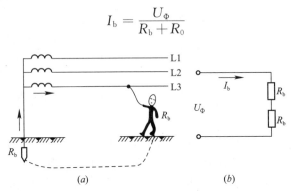

图 13-10　单相触电（中心点直接接地电网）

（a）示意图；（b）等效图

对三相四线 380V/220V 供电的电网，$R_0 = 4\Omega$，$U_\Phi = 220V$，得 $I_b = 129mA$，足以使触电者死亡。

中性点不接地电网中单相触电，如图 13-11 所示。

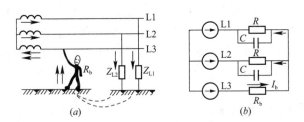

图 13-11 单相触电（中性点不接地电网）

（a）示意图；（b）等效电路

在低压电网中，对地电容很小，正常时线路绝缘阻抗 Z 很大。通过人体的电流很小，不会造成大的危险。当线路复杂，距离又远时，线路对地电容 C 将增大，使通过人体的电流对人造成伤害。若线路绝缘再下降，危险性就会变得很大。

2）两相触电

人体同时触及带电的任何两相导体，引起的触电称为两相触电，如图 13-12 所示。

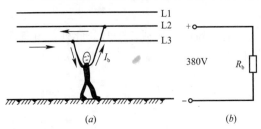

图 13-12　两相触电

（a）示意图；（b）等效图

此时，人体承受线电压 380V。设人体电阻<1500Ω，可求出通过人体的电流>253mA，远超过致命电流。可见，两相触电比单相触电危险性更大。

3）电弧放电触电

除上述单相触电、两相触电外，当人体过分靠近高压带电体，或者带大负荷合闸、拉闸时，均会引起电弧放电，这样电流通过导电气体就会对人造成伤害，人体将同时受到电击和电伤。这种情况也属于直接触电，后果仍相当严重。

（2）间接触电

一般分为接触电压触电和跨步电压触电。两种均与电气设备发生接地故障有关。

1）接地故障分析

当电气设备发生碰壳短路、漏电或遭受雷击时，或因线路击穿而导致单相接地故障时，接地体将流过较大电流。当电力系统发生故障、带电体接地（如导线断裂落地）时，也有较大电流流入大地。不论何种原因，电流入地后，都是通过接地体向大地作半球形流散，如图 13-13（a）所示。

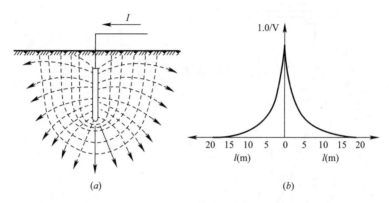

图 13-13　电流入地点分析
（a）电流流散图；（b）地面电位分布

靠近接地体处，土层的电流流散截面最小，呈现最大土壤电阻值，接地电流沿流散途径单位长度上将产生较大的电压降。远离接地体处，半球截面积随半径增加而迅速增大，呈现较小土壤电阻值，所产生的电压降也减少。由此可作出电流入地点周围地面各点电位分布，如图 13-13（b）所示。

离开接地体 20m 处，半球截面积达 2500m²，土壤电阻值已小到可以忽略，入地电流产生的电压降也可用零计。电气安全技术中所称"地"或零电位就是指远离接地体 20m 处的大地，而不是距接地体 20m 范围以内。对地电压就是指带电体对零电位点的电位差。

2）接触电压触电

当出现接地故障时，人体两部分（如手和脚）同时触及设备外壳（接地体）和地面时，人体这两个部分的电位不相同，两点间的电位差就称为接触电压。人体承受接触电压的触电称为接触电压触电。

接触电压大小随人体站立点距接地体远近有所不同，如图 13-14 所示。设三台电机共用一个接地体，某一台电机碰壳，使三台电机外壳均带电，电位都接近相电压。这时，触及 1 号电机的人，因脚靠近接地体，手脚接触点的电位几乎相等，接触电压最小，危险最小；触及 2 号电机的人，危险增大；触及 3 号电机的人，接触电压最大，最危险。

3）跨步电压触电

当人行走于接地体电流入地点周围有电位分布的区域内时，两脚将处于不同电位点上。这时，两脚间存在的电位差称为跨步电压，这种触电称为跨步电压触电，如图 13-15 所示。

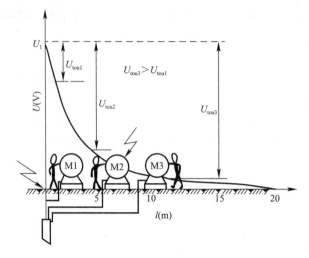

图 13-14　接触电压触电

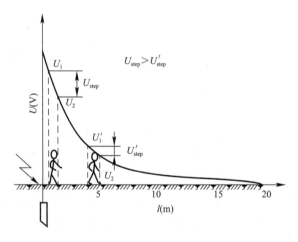

图 13-15　跨步电压触电

　　发生跨步电压触电时，触电者会因脚发麻、抽筋导致跌倒，使电流改变路径（如人头到手或脚）增加危险。经验证明，人倒地后，只要电压持续作用 2s 以上，就足以致命。一般距接地体 20m 以外，地面已是零电位，就不考虑跨步电压。故发觉跨步电压触电时，可用一只脚或双脚并拢着跳出危险区，从而减轻事故危害。

　　当人穿有绝缘靴（鞋）时，靴（鞋）与地面还存在一定的绝缘电阻，可使人体减小接触电压和跨步电压，降低危险性。因为生产和生活中人触及漏电设备外壳而触电的比率很高，所以规定禁止赤脚或裸臂去操作电气设施。

　　4）其他形式触电

　　① 高压电场：在超高压输电线路和配电装置周围存在着强大的电场，使处于电场中的物体因静电感应也带有电压。人触及这些物体时，就有电流通过人体而造成伤害。在高压下，0.1mA 的电流就能使人有明显的感觉。避免的措施是降低人体高度范围内的电场强度。如提高线路及设备安装高度、装设比人高的接地围栏等。

　　② 电磁感应电压：一条运行中的导体周围存在着交变磁场，在附近另一条与其平行

的导体上会产生感应电压。运行中电流越大，两导体平行部分越长，距离越近，感应电压就越高。避免感应触电的措施就是在有感应电压的停电线路检修作业时，必须将同杆架设的其他线路或邻近的平行线路同时停电。

③ 静电：金属物体受到静电感应或绝缘体间摩擦都会产生静电。静电的特点是电压高（可达数万伏）、能量小，人体遭受静电电击时，一般不会有生命危险，但可能会使触电者从高处坠落或摔倒，造成二次事故。

④ 高频电磁场：高频电磁场辐射的能量被人吸收后，人的器官组织及神经系统功能将受到伤害，如头晕、头疼、失眠、健忘、心悸、血压变化、心区疼痛等。这种伤害是随时间逐渐累积的，并具有滞后性的特点。一般来说，离开高频电磁场后就会慢慢消失。频率$>0.1MHz$的电磁场就称为高频电磁场。高频电磁场存在于广播电视发射地、雷达站、微波治疗机、高频感应炉等环境中。避免的方法一般是采取屏蔽，其中屏蔽体的一点接地。

13.4.2 触电急救

（1）基本原则

紧急救护的基本原则是在现场采取积极的措施保护伤员生命，减轻伤情，减少痛苦，并根据伤情需要，迅速联系医疗部门救治。急救成功的条件是动作快，操作正确。任何拖延和操作错误都会导致伤员伤情加重或死亡。

要认真观察伤员全身情况，防止伤情恶化。发现呼吸、心跳停止时，应立即在现场就地抢救，用心肺复苏法支持呼吸和循环，对脑、心等重要脏器供氧。应当记住，在心脏停止跳动后只有分秒必争地迅速抢救，救活的可能才较大。

现场工作人员都应定期进行培训，学会紧急救护法。会正确解脱电源、会心肺复苏法、会止血、会包扎、会转移搬运伤员、会处理急救外伤或中毒等。

生产现场和经常有人工作的场所应配备急救箱，存放急救用品，并应指定专人经常检查、补充或更换。

（2）触电急救的方法

1）使触电者迅速脱离电源。

触电急救，首先要使触电者迅速脱离电源，越快越好。因为电流作用的时间越长，伤害越重。

脱离电源就是要把触电者接触的带电设备的开关、刀闸或其他断路设备断开，或设法将触电者与带电设备脱离。在脱离电源中，救护人员既要救人，也要注意保护自己。

触电者未脱离电源前，救护人员不准直接用手触及伤员，防止触电。

如触电者处于高处，脱离电源后会自高处坠落，采取相应防护措施。

如果电流通过触电者入地，并且触电者紧握电线，可设法将干木板塞到其身下，使之与地隔绝，也可用干木把斧子或有绝缘柄的钳子等将电线剪断。剪断电线要分相，一根一根剪断，并尽可能站在绝缘物体或干木板上操作。

触电者触及高压带电设备时，救护人员应迅速切断电源，或用适合该电压等级的绝缘工具（戴绝缘手套、穿绝缘靴并用绝缘棒）解脱触电者。救护人员在抢救过程中应注意保持自身与周围带电部分必要的安全距离。

如果触电者触及断落在地上的带电高压导线，且尚未确认线路无电，救护人员在未做好安全措施（如穿绝缘靴或临时双脚并紧跳跃接近触电者）前，不能接近至断线点 8～10m 范围内，防止跨步电压伤人。触电者脱离带电导线后，亦应迅速带至 8～10m 以外后再立即开始触电急救。只有在确认线路已经无电时，才可在触电者离开触电导线后立即就地进行急救。

救护触电伤员切除电源时，有时会同时使照明电消失。因此应考虑事故照明、应急灯等临时照明的准备。临时照明要符合使用场所防火、防爆的要求，但不能因此延误切除电源和进行急救。

2）触电急救必须分秒必争，立即就地迅速用心肺复苏法进行抢救，并坚持不断地进行，同时及早与医疗部门联系，争取医务人员接替治疗。在医务人员未接替救治前，不应放弃现场抢救，更不能只根据没有呼吸或脉搏，擅自判定伤员死亡，放弃抢救。只有医生有权做出伤员死亡的诊断。

（3）触电者脱离电源后的抢救

应立即根据具体情况对症救治，同时通知医生前来抢救。

如果触电者神志尚清醒，则应使之就地躺平，或抬至空气新鲜、通风良好的地方让其躺下，严密观察，暂时不要让他站立或走动。

如果触电者已神志不清，则应使之就地仰面躺平，且确保空气通畅，并用 5s 左右时间，呼叫伤员，或轻拍其肩部，以判定其是否丧失意识。禁止摇动伤员头部呼叫伤员。

如果触电者已失去知觉、停止呼吸，但心脏微有跳动时，应在通畅气道后，立即施行口对口或口对鼻的人工呼吸。

1）人工呼吸法

人工呼吸法有仰卧压胸法、俯卧压背法和口对口（鼻）吹气法等，这里只介绍现在公认简便易行且效果较好的口对口（鼻）吹气法。

首先迅速解开触电者衣服、裤带，松开上身的紧身衣、胸罩、围巾等，使其胸部能自由扩张，不致妨碍呼吸。

应使触电者仰卧，不垫枕头，头先侧向一边，清除其口腔内的血块、假牙及其他异物。如果舌根下陷，应将舌根拉出，使气道畅通。如果触电者牙关紧闭，救护人员应以双手托住其下颌骨的后角处，大拇指放在下颌角边缘，用手将下颌骨慢慢向前推移，使下牙移到上牙之前；也可用开口钳、小木片、金属片等，小心地从口角伸入牙缝撬开牙齿，清除口腔内的异物。然后将其头扳正，使之尽量后仰，鼻孔朝天，使气道畅通。

救护人位于触电者一侧，用一只手捏紧鼻孔，不使漏气；用另一只手将下颌拉向前下方，使嘴巴张开。可在其嘴上盖一层纱布，准备进行吹气。

救护人作深呼吸后，紧贴触电者嘴巴，向他大口吹气，如图 13-16 所示。如果掰不开嘴，也可捏紧嘴巴，紧贴鼻孔吹气。吹气时，要使其胸部膨胀。

救护人吹完气换气时，应立即离开触电者的嘴巴（或鼻孔）并放松紧捏的鼻孔（或嘴巴），让其自由排气，如图 13-16 所示。

按照上述操作要求对触电者反复地吹气、换气，每分钟约 12 次。对幼小儿童施行此法时，鼻子不必捏紧，任其自由漏气，而且吹气也不能过猛，以免其肺包胀破。

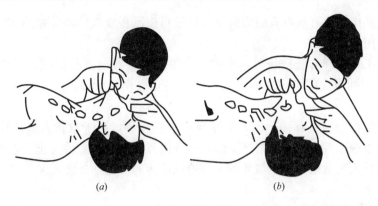

图 13-16　口对口吹气的人工呼吸法

(*a*) 贴紧吹气；(*b*) 放松换气（气流方向）

2）胸外按压心脏的人工循环法

按压心脏的人工循环法，有胸外按压和开胸直接挤压两种。后者是在胸外按压心脏效果不大的情况下，由胸外科医生进行的一种手术。这里只介绍胸外按压心脏的人工循环法。

与上述人工呼吸法的要求一样，首先要解开触电者的衣服、裤带、胸罩、围巾等，并清除口腔内的异物，使气道畅通。

使触电者仰卧，姿势与上述口对口吹气法一样，但后背着地处的地面必须平整牢固，为硬地或木板之类。

救护人位于触电者一侧，最好是跨腰跪在触电者腰部，两手相叠（对儿童可只用一只手），手掌根部放在心窝稍高一点的地方，如图 13-17 所示。

救护人找到触电者的正确压点后，自上而下、垂直均衡地用力向下按压，压出心脏里面的血液，如图 13-18（*a*）所示。对儿童，用力应适当小一些。

按压后，掌根迅速放松（但手掌不要离开胸部），使触电者胸部自动复原，心脏扩张，血液又回流到心脏里来，如图 13-18（*b*）所示。

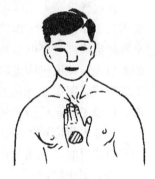

图 13-17　胸外按压心脏
的正确压点

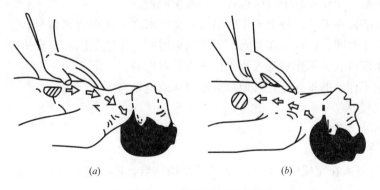

图 13-18　人工胸外按压心脏法

(*a*) 向下按压；(*b*) 放松回流（血流方向）

按照上述操作要求对触电者的心脏反复地进行按压和放松，每分钟约 60 次。按压时，定位要准确，用力要适当。

在施行人工呼吸和心脏按压时，救护人应密切观察触电者的反应。只要发现触电者有苏醒征象，例如眼皮闪动或嘴唇微动，就应终止操作几秒钟，以让触电者自行呼吸和心跳。

对触电者施行心肺复苏法——人工呼吸和心脏按压，对于救护人员来说是非常劳累的，但为了救治触电者，还必须坚持不懈，直到医务人员前来救治为止。事实说明，只要正确地坚持施行人工救治，触电假死的人被抢救成活的可能性非常大。

13.5　电气安全措施

（1）一般措施

变配电工作人员须经医师鉴定，无妨碍工作的病症（体格检查至少每两年一次）；具备必要的安全生产知识和技能；应掌握触电急救等救护法；具备必要的电气知识和业务技能，熟悉电气设备及其系统。

作业现场的生产条件、安全设施、作业机具和安全工器具等应符合国家标准或行业标准的要求，安全工器具和劳动防护用品在使用前应确认合格、齐备。

在电气设备上工作应有保证安全的制度措施，可包含工作申请、工作布置、书面安全要求、工作许可、工作监护，以及工作间断、转移和终结等工作程序。在电气设备上进行全部停电或部分停电检修工作时，应向设备运行维护单位提出停电申请，由调度机构管辖的需事先向调度机构提出停电申请，同意后方可安排检修工作。在开展检修工作前应进行工作布置，明确工作地点、工作任务、工作负责人、作业环境、工作方案和书面安全要求，以及工作班成员的任务分工。

作业人员应被告知其作业现场存在的危险因素和防范措施，在发现直接危及人身安全的紧急情况时，现场负责人有权停止作业并组织人员撤离作业现场。

（2）组织措施

安全组织措施作为保证安全的制度措施之一，包括工作票、工作的许可、监护、间断、转移和终结等。工作票签发人、工作负责人（监护人）、工作许可人、专责监护人和工作班成员在整个作业流程中应履行各自的安全职责。

工作票是准许在电气设备上工作的书面安全要求之一，可包含编号、工作地点、工作内容、计划工作时间、许可工作时间、工作结束时间、停电范围和安全措施，以及工作票签发人、工作许可人、工作负责人和工作班成员等内容。

除需填用工作票的工作外，其他可采用口头或电话命令方式。

1）工作票制度

详见本书 8.2 节。

2）工作许可制度

① 工作许可人在完成施工作业现场的安全措施后，还应完成以下手续：

a. 会同工作负责人到现场再次检查所做的安全措施；

b. 对工作负责人指明带电设备的位置和注意事项；

c. 会同工作负责人在工作票上分别确认、签名。

② 工作许可后，工作负责人、工作许可人任何一方不应擅自变更安全措施。

③ 带电作业工作负责人在带电作业工作开始前，应与设备运行维护单位或值班调度员联系并履行有关许可手续，带电作业结束后应及时汇报。

3）工作监护制度

① 工作许可后，工作负责人、专责监护人应向工作班成员交代工作内容和现场安全措施。工作班成员履行确认手续后方可开始工作。

② 工作负责人、专责监护人应始终在工作现场，对工作班成员进行监护。工作负责人在全部停电时，可参加工作班工作；部分停电时，只有在安全措施可靠，人员集中在一个工作地点，不致误碰有电部分的情况下，方可参加工作班工作。

③ 工作票签发人或工作负责人，应根据现场的安全条件、施工范围、工作需要等具体情况，增设专责监护人并确定被监护的人员。

4）工作间断、转移和终结制度

① 工作间断时，工作班成员应从工作现场撤出，所有安全措施保持不变。隔日复工时，应得到工作许可人的许可，且工作负责人应重新检查安全措施。工作班成员应在工作负责人或专责监护人的带领下进入工作地点。

② 在工作间断期间，若有紧急需要，运行人员可在工作票未交回的情况下合闸送电，但应先通知工作负责人，在得到工作班全体班成员已离开工作地点、可送电的答复，并采取必要措施后方可执行。

③ 检修工作结束以前，若需将设备试加工作电压，应按以下要求进行：

a. 全体工作人员撤离工作地点；

b. 收回该系统的所有工作票，拆除临时遮栏、接地线和标示牌，恢复常设遮栏；

c. 应在工作负责人和运行人员全面检查无误后，由运行人员进行加压试验。

④ 在同一电气连接部分依次在几个工作地点转移工作时，工作负责人应向工作班成员交待带电范围、安全措施和注意事项。

⑤ 全部工作完毕后，工作负责人应向运行人员交代所修项目状况、试验结果、发现的问题和未处理的问题等，并与运行人员共同检查设备状况、状态，在工作票上填明工作结束时间，经双方签名后表示工作票终结。

⑥ 除上述第二条给出的规定外，只有在同一停电系统的所有工作票都已终结，并得到值班调度员或运行值班人员的许可指令后，方可合闸送电。

（3）技术措施

在电气设备上工作，应有停电、验电、装设接地线、悬挂标示牌和装设遮栏（围栏）等保证安全的技术措施。

在电气设备上工作，保证安全的技术措施由运行人员或有操作资格的人员执行。

工作中所使用的绝缘安全工器具应满足相应要求。

1）停电

符合下列情况之一的设备应停电：

① 检修设备；

② 与工作人员在工作中的距离小于表 13-10 规定的设备；

③ 工作人员与 35kV 及以下设备的距离大于表 13-10 规定的安全距离，但小于设备不停电时的安全距离，同时又无绝缘隔板、安全遮栏等措施的设备；

④ 带电部分邻近工作人员，且无可靠安全措施的设备；

⑤ 其他需要停电的设备。

人员工作中与设备带电部分的安全距离 表 13-10

电压等级（kV）	安全距离（m）
10 及以下	0.35
20	0.6
35	0.6
66	1.5
110	1.5

注：表中未列电压等级按高一档电压等级的安全距离。

停电设备的各端应有明显的断开点，或应有能反映设备运行状态的电气和机械等指示，不应在只经断路器断开电源的设备上工作。

应断开用电设备各侧断路器、隔离开关的控制电源和合闸能源，闭锁隔离开关的操作机构。

高压开关柜的手车开关应拉至"试验"或"检修"位置。

2）验电

① 直接验电应使用相应电压等级的验电器在设备的接地处逐相验电。验电前，验电器应先在有电设备上确证验电器良好。在恶劣气象条件时，对户外设备及其他无法直接验电的设备，可间接验电。

② 高压验电应戴绝缘手套，人体与被验电设备的距离应符合安全距离要求（10kV 以下电压等级不小于 0.7m，20kV 与 35kV 电压等级不小于 1m）。

3）装设接地线

① 装设接地线不宜单人进行。

② 人体不应碰触未接地的导线。

③ 当验明设备确无电压后，应立即将检修设备接地（装设接地线或合接地刀闸）并三相短路。电缆及电容器接地前应逐相充分放电，星形接线电容器的中性点应接地。

④ 可能送电至停电设备的各侧都应接地。

⑤ 装、拆接地线导体端应使用绝缘棒，人体不应碰触接地线。

⑥ 不应用缠绕的方法进行接地或短路。

⑦ 接地线采用三相短路式接地线，若使用分相式接地线，则应设置三相合一的接地端。

⑧ 成套接地线应由有透明护套的多股软铜线和专用线夹组成，接地线截面积不应小于 $25mm^2$，并应满足装设地点短路电流的要求。

⑨ 装设接地线时，应先装接地端，后装接导体端，接地线应接触良好，连接可靠。拆除接地线的顺序与此相反。

⑩ 在配电装置上，接地线应装在该装置导电部分的适当部位。

已装设的接地线发生摆动，其与带电部分的距离不符合安全距离要求时，应采取相应措施。

在门型构架的线路侧停电检修，如工作地点与所装接地线或接地刀闸的距离小于10m，工作地点虽在接地线外侧，也可不另装接地线。

在高压回路上工作，需要拆除部分接地线应征得运行人员或值班调度员的许可。工作完毕后立即恢复。

因平行或邻近带电设备导致检修设备可能产生感应电压时，应加装接地线或使用个人保安线。

4）悬挂标示牌和装设遮栏

在对停电检修设备完成停电、验电、装设接地线措施后，还应在适当的位置悬挂标示牌和装设临时遮栏。用以表示工作地点和工作范围，提醒或警告工作人员及操作人员禁止操作，注意人身安全，并防止工作人员误碰带电设备。

标示牌的分类：

禁止类：如"禁止合闸，有人工作！"和"禁止合闸，线路有人工作！"；

警告类：如"止步，高压危险！"和"高压，生命危险！"；

准许类：如"在此工作！"和"由此向下！"；

提醒类：如"已接地！"。

标示牌的式样和悬挂地点见表13-11。

标示牌式样及悬挂地点　　　　　表 13-11

名称	悬挂处	式样	
		颜色	字样
禁止合闸，有人工作！	一经合闸即可送电到施工设备的隔离开关（刀闸）操作把手上	白底，红色圆形斜杠，黑色禁止标志符号	黑字
禁止合闸，线路有人工作！	线路隔离开关（刀闸）操作把手上	白底，红色圆形斜杠，黑色禁止标志符号	黑字
在此工作！	工作地点或检修设备上	衬底为绿色，中有直径200mm和65mm白圆圈	黑字，写于白圆圈中
止步，高压危险！	施工地点邻近带电设备的遮栏上；室外工作地点的围栏上；禁止通行的过道上；高压试验地点；室外构架上；工作地点邻近带电设备的横梁上	白底，黑色正三角形及标志符号，衬底为黄色	黑字
从此上下！	工作人员可以上下的铁架、爬梯上	衬底为绿色，中有直径200mm白圆圈	黑字，写于白圆圈中
从此进出！	室外工作地点围栏的出入口处	衬底为绿色，中有直径200mm白圆圈	黑体黑字，写于白圆圈中
禁止攀登，高压危险！	高压配电装置构架的爬梯上，变压器、电抗器等设备的爬梯上	白底，红色圆形斜杠，黑色禁止标志符号	黑字

注：1. 在计算机显示屏上一经合闸即可送电到工作地点的隔离开关的操作把手上所设置的"禁止合闸，有人工作！"、"禁止合闸，线路有人工作！"的标记可参照表中有关标示牌的式样。
　　2. 标示牌的颜色和字样参照《安全标志及其使用导则》GB 2894—2008。

部分停电工作，对于小于规定安全距离的未停电设备，应装设临时遮栏，并悬挂"止步，高压危险！"标示牌。35kV及以下设备可用与带电部分直接接触的绝缘隔板代替临时遮栏。

工作地点应设置"在此工作！"的标示牌。

工作人员不应擅自移动或拆除遮栏、标示牌。

13.6　电气防火与防爆

（1）电气火灾原因

安全用电除了预防触电事故和设备事故发生外，还必须注意电气装置的防火。根据统计，电气火灾在火灾事故中占 40%～50%。火灾事故往往是由于线路负荷过载、绝缘不良漏电，使电路发生过热或烧毁电线产生火花而造成的。特别是这些电气设备与可燃物接触或接近时，火灾危险性更大。在高压电气设备中，电力变压器和多油断路器有较大的火灾危险性，而且还有爆炸的危险性。电气火灾和爆炸事故除可能造成人身伤亡和设备毁坏外，还会给国家财产带来不可估量的损失。

为了防止电气火灾和爆炸，首先应了解电气火灾和爆炸的原因。造成电气火灾的原因有很多，除了电气本身的缺陷及设计、施工、安装等方面的原因外，在运行中，电流产生的热量和电火花或电弧是引起火灾或爆炸的直接原因。

引起电气设备过度发热，导致发生火灾或爆炸的原因大体有：电气设备短路；设备严重过载；电路连接点接触不良引起过热现象；电气设备绝缘损坏漏电；设备运行铁芯发热；使用电器不当（尤其是电热器具）等。

电火花和电弧：主要有过电压（雷电）放电火花、静电火花、感应电火花及电刷火花；开关或接触器通断时的火花；熔丝熔断时及导线连接松脱时的火花等。

间接原因多是外界热源、火源导致电气绝缘损坏及绝缘油的分解或汽化等。

（2）扑灭电气火灾的常识

电气设备着火时，首先应切断电源，以防火势蔓延和灭火时造成触电。

为了争取灭火时间和防止火灾扩大而来不及断电，或因生产需要等其他原因不能断电时，则可带电灭火。带电灭火须注意下列几点：

1）应按火情选用灭火器的种类：二氧化碳、四氯化碳、1211、二氟二溴甲烷或干粉灭火器的灭火剂都是不导电的，可用于带电灭火。只有变压器油着火时才能使用泡沫灭火剂。如果不能扑灭火灾，必须尽快打电话通知消防部门灭火。

2）选择适当的灭火水枪：用水枪灭火时宜采用喷雾水枪，因为通过水柱的泄漏电流较小，带电灭火比较安全；若用普通直流水枪灭火，可将水枪喷嘴接地；也可以让灭火人员穿戴绝缘手套和绝缘靴或穿戴均压服工作。

3）必须保持安全距离：用水灭火时，水枪喷嘴至带电体（电压 110kV 以下）的距离不应小于 3m。用二氧化碳等灭火器灭火时，灭火器本体、喷嘴至带电体（10kV）的最小距离不应小于 0.4m 或 0.6m（35kV）。

4）对架空线路等架空设备进行灭火时，人体位置与带电体之间的仰角不应超过 45°，以防导线断落伤人。

5）如遇带电导线断落地面，要划出一定的警戒区，防止跨步电压伤人。

（3）电气防火和防爆措施

1）爆炸和火灾危险环境

根据发生爆炸和火灾事故的可能性及其后果的严重程度，按照爆炸性环境出现的频繁程度和持续的时间可分为三类八区，且对不同危险程度有相应的处理措施。

① 第一类

第一类是爆炸性气体环境。根据爆炸性气体混合物出现的频繁程度和持续时间可分为不同危险程度的三个区域。

0 区：连续出现或长期出现爆炸性气体混合物的环境。

1 区：在正常运行时可能出现爆炸性气体混合物的环境。

2 区：在正常运行时不可能出现爆炸性气体混合物的环境，或即使出现也仅是短时存在爆炸性气体混合物的环境。

② 第二类

第二类是爆炸性粉尘环境。根据爆炸性粉尘混合物出现的频繁程度和持续时间分为两个区域。

10 区：连续出现或长期出现爆炸性粉尘混合物的环境。

11 区：有时会将积留下来的粉尘扬起而偶然出现爆炸性粉尘混合物的环境。

③ 第三类

第三类是火灾危险环境。根据火灾事故发生的可能性和后果，按危险程度及物质状态的不同，分为三个区域。

21 区：具有闪点高于环境温度的可燃液体，在数量和配置上能引起火灾危险的环境。

22 区：具有悬浮状、堆积状的可燃粉尘或可燃纤维，虽不可能形成爆炸混合物，但在数量和配置上能引起火灾危险的环境。

23 区：具有固态状可燃物质，在数量和配置上能引起火灾危险的环境。

2）防火防爆措施必须是综合性措施

① 电气设备的选用

主要根据使用环境的危险程度来选择。

根据爆炸危险场所区域选用：在 0 区及 1 区范围内必须用隔爆型，2 区可用隔爆型、增安型，10 区可用尘密型，11 区可用尘密型或防尘型等的电动机、电器仪表、灯具、变压器、通信电器、配电装置等。

按火灾危险场所等级选用防溅式、封闭式、防尘型、充油型等电器设备。

危险场所的电气线路不得采用铝芯绝缘线，其额定电压不得低于电网的额定电压，且不得低于 500V。绝缘导线须采用穿钢管敷设，并要密封。钢管配线的连接应采用螺纹连接。

② 电气设备的正确装置

在有爆炸火灾危险场所，选择合理的安装位置、保持必要的防火间距是防火防爆的一项重要措施，而密封是局部防爆的重要措施。

保持间距：如把易产生火花的电气设备（如开关、熔断器、电热器具等）装设在有爆炸火灾危险场所的外间。

密封：密封是防爆的重要措施。

保持电气设备的正常运行。

防止出现事故火花和危险温度，火灾事故往往是由于线路负荷过载、绝缘不良漏电，使电路发生过热或烧毁电线产生火花造成的。

保持通风良好：降低爆炸性混合物的浓度和场所的温度，防止爆炸。

装设良好的保护装置：易发生火灾和爆炸的场所应有比较完善的短路、过载等保护措施；应装设自动检测装置，当爆炸混合物的浓度达到危险浓度时能发出信号或报警。

采用耐火设施：变配电装置的建筑物应为耐火建筑；穿入和穿出建筑物通向油区的沟道和孔洞，应采用非燃材料严密堵死或加装挡油设施；为了提高耐火性能，木质开关箱等内表面应衬以白铁皮；电热器具应有耐热垫座等。

等电位接地措施：有爆炸危险场所的接地（或接零）较一般场所要求高，必须将所有设备的金属部分、金属管道以及建筑物的金属结构全部接地（或接零），并连接成连续的整体，以保持电流不中断，防止电火花产生。接地不少于两处。

（4）静电的危害与预防

1）静电的危害

静电现象是一种常见的带电现象，如雷电、电容器残留电荷、摩擦带电等，还有液体流动、气体流动、搅拌也容易产生静电，就是生活中的行走、起立、穿脱衣服等都会产生静电。这里主要从工业生产过程中静电的产生、静电的特点来叙述静电的危害。

静电是指相对静止的电荷。两种不同的物质紧密接触，再分离时，一种物质把电子传给另一种物质，失去电子的物质就带正电，得到电子的物质就带负电，这样就产生了静电。在生产过程中产生静电是很多的。特别是石油化工部门，塑料、化纤等合成材料生产部门，橡胶制品生产部门，印刷和造纸部门，纺织部门以及其他制造、加工、转运高电阻材料的部门，都经常遇到有害的静电。

工业生产中的静电可以造成多种危害：静电火花引起的火灾和爆炸，会直接危及人身安全，静电的产生会妨碍生产，还可能直接给人以电击而造成伤亡事故。

2）静电的预防

消除静电危害有两条主要途径：一是采取措施，加速工艺过程中静电的泄漏或中和，限制静电的积累，使其不超过安全限度；二是控制工艺过程，限制静电的产生，使之不超过安全限度。

3）具体技术措施

① 使生产过程尽量少产生静电荷（工艺控制法），即从工艺流程、材料选择、设备结构和操作管理等方面采取措施，控制静电的产生和积累，使之不超过危险的程度。

② 泄漏和导走静电荷（泄漏导走法），即使带电体上的静电荷能够顺利地向大地泄漏消散，如加入抗静电剂、空气增湿、接地、涂导电涂料等均属泄漏导走法。

③ 复合或中和物体上积聚的静电荷（复合中和法），系运用感应中和器、高压中和器、放射线中和器等装置消除静电危害的方法。

④ 屏蔽带静电的物体（静电屏蔽法），即用接地的金属板、网或缠上线匝加以全部或局部包覆，使带电体发生的电力线中止在金属屏蔽体里侧的感应电荷上，从而减少或消除了带电体对周围导体的静电感应作用。如图 13-19 所示。

⑤ 使物体内、外表面光滑和无棱角（整净措施）。尖端放电能造成事故，故带电体及其生产装置、贮存容器、输送管道等的所有部件（包括邻近的接地体）应制成表面光滑、无棱角凸起者，设备、管道中的毛刺尤其要除掉。

在这五种措施中，工艺控制法是最积极的措施，它是防静电工作的核心所在。在具体工程设计中，应将这五方面有机结合起来，因地制宜地采取多种手段，避免单一的做法。

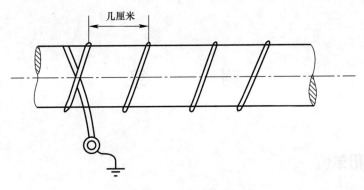

图 13-19 接地屏蔽示意图

防静电工作的各种管理工作是十分重要的，没有严格的管理工作，再好的防静电措施也得不到正确的实施，静电事故照样会出现。更由于存在着已不起作用的防静电措施，人们得到的是虚假的安全感，在某种情况下是会坏事的。

附　　　录

附录 1　量和单位

量的名称	单位名称	单位符号
长度	米	m
质量	千克（公斤）	kg
时间	秒	s
电流	安［培］	A
热力学温度	开［尔文］	K
物质的量	摩［尔］	mol
发光强度	坎［德拉］	cd

电磁量的 SI 单位　　　　　附表 1-2

量的名称	单位名称	单位符号
电流	安［培］	A
电荷［量］	库［仑］	C①
电荷［体］密度	库［仑］每立方米	C/m^3
电荷面密度	库［仑］每平方米	C/m^2
电场强度	伏［特］每米	V/m
电位，电位差，电压，电动势	伏［特］	V②
电通［量］密度	库［仑］每平方米	C/m^2
电通［量］	库［仑］	C
电容	法［拉］	F③
介电常数（电容率）	法［拉］每米	F/m
电极化强度	库［仑］每平方米	C/m^2
电偶极矩	库［仑］米	C·m
电流密度	安［培］每平方米	A/m^2
电流线密度	安［培］每米	A/m
磁场强度	安［培］每米	A/m^4
磁位差（磁势差）	安［培］	A
磁通［量］密度，磁感应强度	特［斯拉］	T⑤
磁通［量］	韦［伯］	Wb⑥
磁矢位（磁矢势）	韦［伯］每米	Wb/m
自感，互感	亨［利］	H⑦
磁导率	亨［利］每米	H/m

276

量的名称	单位名称	单位符号
［面］磁矩	安［培］平方米	A·m²
磁化强度	安［培］每米	A/m
磁极化强度	特［斯拉］	T
［直流］电阻	欧［姆］	Ω⑧
［直流］电导	西［门子］	S⑨
电阻率	欧［姆］米	Ω·m
电导率	西［门子］每米	S/m
磁阻	每亨［利］	H⁻¹
磁导	亨［利］	H
阻抗，电抗，［交流］电阻	欧［姆］	Ω
导纳，电纳，［交流］电导	西［门子］	S
［有功］功率	瓦［特］	W⑩
［有功］电能［量］	焦［耳］	J⑪

注：［］内的字是在不致混淆的情况下，可省略的字。
① 1C＝1A·s。
② 1V＝1W/A。
③ 1F＝1C/V。
④ 1A/m＝4π×10⁻³Oe。
⑤ 1T＝1Wb/m²。
⑥ 1Wb＝10⁶Mx。
⑦ 1H＝1Wb/A。
⑧ 1Ω＝1V/A。
⑨ 1S＝1A/V。
⑩ 视在功率（VA）、无功功率（var）可与 SI 并用。
⑪ Wh 也可并用。

国际单位制中具有专门名称的导出单位　　　附表 1-3

量的名称	单位名称	单位符号	其他表示示例
频率	赫［兹］	Hz	s⁻¹
力，重力	牛［顿］	N	kg·m/s²
压力，压强，应力	帕［斯卡］	Pa	N/m²
能［量］，功，热量	焦［耳］	J	N·m
功率，辐射［能］通量	瓦［特］	W	J/s
电荷［量］	库［仑］	C	A·s
电压，电动势，电位	伏［特］	V	W/A
电容	法［拉］	F	C/V
电阻	欧［姆］	Ω	V/A
电导	西［门子］	S	A/V
磁通量	韦［伯］	Wb	V·s
磁通［量］密度，磁感应强度	特［斯拉］	T	Wb/m²
电感	亨［利］	H	Wb/A

附录 2　常用电气图形符号

常用电气图形符号　　　　　　　　　　　　　　　　　　　附表 2-1

符号	说明	符号	说明	符号	说明
	开关（机械式）		跌落式熔断器	Ⓐ	电流表
	多极开关一般符号单线表示		三相变压器星形-三角形连接	(A Isinφ)	无功电流表
	多极开关一般符号多线表示		具有有载分接开关的三相变压器星形-三角形连接		50V 及以下电力照明线路
	接触器（在非动作位置触点断开）		操作器件一般符号		控制及信号
	接触器（在非动作位置触点闭合）		热继电器驱动器件		蓄电池
	负荷开关（负荷隔离开关）		气体继电器		熔断器式开关
	具有自动释放功能的负荷开关		自动重闭合器件		熔断器式隔离开关
	熔断器式断路器		电阻器一般符号		熔断器式负荷开关
	断路器		可变电阻器可调电阻器		当操作器件被吸合时延时闭合的动合触点
	隔离开关		电容器一般符号		当操作器件被释放时延时断开的动合触点
	熔断器一般符号	Ⓥ	电压表		当操作器件被释放时延时闭合的动断触点

符号	说明	符号	说明	符号	说明
	当操作器件被吸合时延时断开的动断触点		直流母线		先断后合的转换触点
	按钮开关，旋转开关（闭锁）		装在支柱上封闭式母线	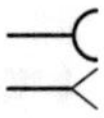	插座（内孔的）或插座的一个极
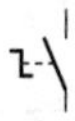	旋钮开关，旋转开关（闭锁）		母线伸缩接头		插头（凸头的）或插头的一个极
	位置开关，动合触点 限制开关，动合触点		中性线	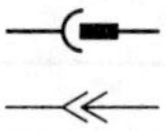	插头和插座（凸头和内孔的）
	位置开关，动断触点 限制开关，动断触点	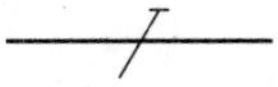	保护线		接通的连接片
	热敏开关，动合触点 θ可用动作温度代替	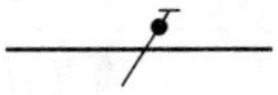	保护和中性共用线	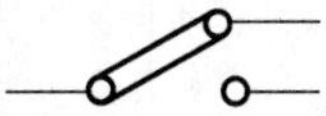	换接片
var	无功功率表		接地一般符号	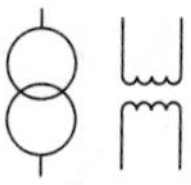	双绕组变压器
 cosφ	功率因数表	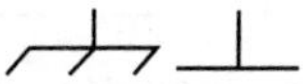	接机壳或接底板		电抗器，扼流圈
Hz	频率表		无噪声接地	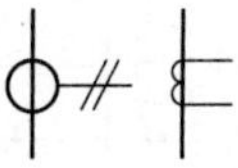	电流互感器，脉冲变压器
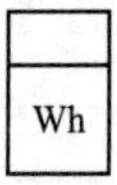 Wh	电能表		热敏自动开关，动断触点，注意区别此触点和下图所示热继电器的触点		具有保护和中性线的三相配线
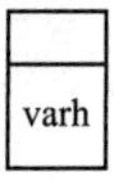 varh	无功电能表		动合（常开）触点，本符号也可以用作开关一般符号		滑触线
～	交流母线		动断（常闭）触点		地下线路

符号	说明	符号	说明	符号	说明
	架空线路		挂在钢索上的线路		事故照明线
	管道线路		导线、电路线路、母线一般符号		保护接地
	沿建筑物明敷设通信线路		三根导线		等电位
	沿建筑物暗敷设通信线路		四根导线		电缆终端头

附录3　常用电气文字符号

常用字母符号　　　　　　　　　　　　　　　附表 3-1

序号	名称	符　号	
		单字母	双字母
1	电动机	M	
	同步电动机	M	MS
	异步电动机	M	MA
2	变压器	T	
	电力变压器	T	TM
	自耦变压器	T	TA
	互感器	T	
	电流互感器	T	TA
	电压互感器	T	TV
3	断路器	Q	QF
	隔离开关	Q	QS
	自动开关	Q	QA
4	控制开关	S	SA
	行程开关	S	ST
	按钮开关	S	SB
5	继电器	K	
	电压继电器	K	KV
	电流继电器	K	KA
	时间继电器	K	KT
	信号继电器	K	KS
	热继电器	K	KH

续表

序号	名称	符号	
		单字母	双字母
6	电磁铁	Y	
	合闸线圈	Y	YC
	跳闸线圈	Y	YT
7	熔断器	F	FU
8	连接片	X	XB
9	测量仪表	P	
	电流表	P	PA
	电压表	P	PV
	电能表	P	PJ

常用辅助文字符号   附表 3-2

序 号	名 称	符 号
1	高	H
2	低	L
3	红	RD
4	绿	GN
5	黄	YE
6	白	WH
7	直流	DC
8	交流	AC
9	电压	V
10	电流	A
11	闭合	ON
12	断开	OFF
13	控制	C
14	信号	S

特殊用途文字符号   附表 3-3

序 号	名 称	符 号
1	交流系统电源第 1 相	L1
2	交流系统电源第 2 相	L2
3	交流系统电源第 3 相	L3
4	中性线	N
5	交流系统设备第 1 相	U
6	交流系统设备第 2 相	V
7	交流系统设备第 3 相	W
8	直流系统电源正极	L+
9	直流系统电源负极	L−
10	保护接地	PE
11	保护接地线和中性线共用	PEN
12	交流电	AC
13	直流电	DC

参 考 文 献

[1] 许公毅. 电工培训教材 [M]. 南京：南京师范大学出版社，2002.

[2] 中国城镇供水协会编. 供水设备维修电工 [M]. 北京：中国建材工业出版社，2005.

[3] 计鹏. 工业电气安装工程实用技术手册 [M]. 北京：中国电力出版社，2004.

[4] 陈家斌. 电气设备安装及调试 [M]. 北京：中国水利水电出版社，2003.

[5] 丁昱. 工业企业供电 [M]. 北京：冶金工业出版社，2002.

[6] 陈天翔，王寅仲，海世杰. 电气试验 [M]. 北京：中国电力出版社，2008.

[7] 国网北京电力建设研究院. GB 50168—2006 电气装置安装工程电缆线路施工及验收规范 [S]. 北京：中国计划出版社，2008.

[8] 牟龙华，孟庆海. 供配电安全技术 [M]. 北京：机械工业出版社，2003.

[9] 安顺合. 工厂常用电气设备故障诊断与排除 [M]. 北京. 中国电力出版社，2002.

[10] 阎士琦. 常用电气设备故障诊断技术手册 [M]. 北京. 中国电力出版社，2002.

[11] 东北电网有限公司等. DL/T 573—2010 电力变压器检修导则 [S]. 北京：中国电力出版社，2010.

[12] 上海市电力公司生产科技部. Q/SDJ 1021—2004 35 千伏 HD4-40. 5 型六氟化硫断路器检修维护导则 [S].

[13] 孙文章，郭德铨，陈连详. 机泵运行工 [M]. 北京：中国建材工业出版社，2005.

[14] 金亮. 电气安装识图与制图 [M]. 北京：中国建筑工业出版社，2000.

[15] 史永梅. 电气设备安装、试验、检修与运行维护实务全书 [M]. 北京：金版电子出版公司，2003.

[16] 本书编委会. 高压开关柜安装、调试、运行与维护手册 [M]. 北京：中国电力出版社，2002.

[17] 安顺合，赵家礼. 电工安全操作实用技术手册 [M]. 北京：机械工业出版社，2005.

[18] 周希章，周全，赵柳. 电工实用技术丛书：如何保证安全用电 [M]. 北京：机械工业出版社，2002.

[19] 国家电网公司. 国家电网公司电力安全工作规程（试行）[M]. 北京：中国电力出版社，2005.

[20] 电气标准规范汇编（含修订本）[M]. 北京：中国计划出版社，2008.

[21] 姜乃昌. 水泵及水泵站 [M]. 第五版. 北京：中国建筑工业出版社，2007.

[22] 金亮. 电气安装识图与制图 [M]. 北京：中国建筑工业出版社，2000.

[23] 郑凤翼，杨洪升. 怎样看电气控制电路图 [M]. 北京：人民邮电出版社，2003.

[24] 中国电力企业联合会. GB 50059—2011 35kV～110kV 变电站设计规范 [S]. 北京：中国计划出版社，2012.

[25] 中机中电设计研究院有限公司. GB 50053—2013 20kV 及以下变电所设计规范 [S]. 北京：中国计划出版社，2014.

[26] 国家电网公司等. GB 26860—2011 电力安全工作规程 发电厂和变电站电气部分 [S]. 北京：中国标准出版社，2012.

[27] 中国电力科学研究院（原国电电力建设研究所）等. GB 50147—2010 电气装置安装工程 高压电器施工及验收规范 [S]. 北京：中国计划出版社，2010.

[28] 中国电力科学研究院（原国电电力建设研究所）等. GB 50148—2010 电气装置安装工程 电力变压器、油浸电抗器、互感器施工及验收规范 [S]. 北京：中国计划出版社，2010.

[29] 中国电力企业联合会. GB 50150—2016 电气装置安装工程 电气设备交接试验标准 [S]. 北京：中国计划出版社，2010.

[30] 电力工业部电力科学研究院等. DL/T 596—1996 电力设备预防性试验规程 [S]. 北京：中国电力出版社，1996.